SHIPIN
PEIFANG SHEJI 7BU

刘静　邢建华　编著

食品
配方设计7步

2第二版
EDITION

·北京·

食品配方设计是生产的前提,在食品行业中占有重要的地位。本书第一版是市面上第一本以宏观的视野、面向整个食品领域介绍食品配方设计方法的图书,提出了模块化设计的理念。第二版仍旧分 7 步介绍了主体骨架设计、调色设计、调香设计、调味设计、品质改良设计、防腐保鲜设计和功能性设计,其中包括每一步的设计原理、方法、注意事项、常见错误与分析、设计结果评价、设计举例等。第二版根据最新的法律、法规、标准对第一版的内容进行了更新,增加了设计方法,提升了设计理念,强化了实例深度。第二版将给读者提供更加全面、宏观的配方设计与剖析方法,能够帮助读者建立整体知识结构和思维方式。

本书可供食品行业的技术人员参考,也可作为高等院校食品相关专业师生的教学参考书。

图书在版编目(CIP)数据

食品配方设计 7 步/刘静,邢建华编著. —2 版. —北京:化学工业出版社,2011.10(2024.12重印)
ISBN 978-7-122-11966-7

Ⅰ. 食… Ⅱ. ①刘…②邢… Ⅲ. 食品加工-配方 Ⅳ. TS205

中国版本图书馆 CIP 数据核字(2011)第 151194 号

责任编辑:傅聪智　路金辉　　　　装帧设计:王晓宇
责任校对:徐贞珍

出版发行:化学工业出版社(北京市东城区青年湖南街 13 号　邮政编码 100011)
印　　刷:北京云浩印刷有限责任公司
装　　订:三河市振勇印装有限公司
850mm×1168mm　1/32　印张 11½　字数 307 千字
2024 年 12 月北京第 2 版第 15 次印刷

购书咨询:010-64518888
售后服务:010-64518899
网　　址:http://www.cip.com.cn

凡购买本书,如有缺损质量问题,本社销售中心负责调换。

定　　价:39.00 元　　　　　　　　　　　　版权所有　违者必究

前 言

食品配方设计是实践性很强的工作，不必把这项工作看得很深奥玄妙，只要在实践中多思多想，就会有思想，行动就有保障。直觉、顿悟，都是建立在知识与经验基础之上的，就像"忽如一夜春风来，千树万树梨花开"，工作就进入佳境了。

2007年8月，我们参考了大量资料，编写了本书第一版，对食品配方设计进行一次全面解读，探讨食品配方设计的本质和规律，为读者增加一个观察食品配方设计的视角。

正如我们在第一版的前言中写道："当我们编写完毕，面对曾经为此而收集到的大量资料，重读本书时，我们相信：它能为读者推开一扇窗，吹来清新的风。"

承蒙广大读者的厚爱，本书成为食品行业的畅销书之一。

本书的设计理念已经超出了食品行业，被其他行业所引用、借鉴。本书的设计理念、结构、经典句子、段落被反复引用。典型的是，某高校女研究生王某利用本书的内容在某核心刊物上连续"发表"了六篇文章……

本书的编写，旨在建立一个框架、一种模块化设计模式。它由7大模块组成，这7大模块由更小的模块（子配方）组成，各模块之间进行更换、组合，从而形成众多的食品配方。

其实，很多不成功的配方设计，只是其中局部的模块存在问题，只需要修改或更换就行了；错误的方法是全盘否定，推倒重来，结果做了很多重复工作，还理不清头绪，这是最徒劳无功的做法。

我们平常查阅资料，都能够看到大量的框架和模块，都是可以参考、使用的；本书中也提供了很多这样的框架和模块。这些都可以为我所用，只需要善于重新组合，就可以方便、快捷地设计出不同的食品配方。

这种设计理念存在于本书第一版中,在第二版中进行了深化。

第二版着重在以下几处进行了修订。

第一章食品配方设计概述,重新进行了梳理,对设计理念进行了更清晰的阐述,增加了食品配方的模块化设计等内容,并画出了设计图,方便大家理解;第二章主体骨架设计,增加了食品添加剂的使用;第三章调色设计,增加饮料褪色分析;第四章调香设计,增加了香兰素和乙基香兰素的内容;第五章调味设计,增加了咸味剂调味和苦味调味;第六章品质改良设计,增加了植物蛋白饮料配方设计举例等内容;第七章防腐保鲜设计,增加抗氧化剂的效果评价;第八章功能性设计,增加了食品营养强化剂使用卫生标准、营养素的加入规定等内容。

在编写过程中,我们在设计理念上作了进一步的深入和开拓,当然书中难免有不妥和遗漏之处,恳请大家批评、指正,以便我们在以后做进一步的修改、完善,在此深表感谢!在本书的编写过程中,刘索菲、黄文富、邢建蓉、陈雪萍、阮子潮、周建美参与了资料的搜集、整理工作,在此一并致谢。

刘静　邢建华
2011 年 7 月

第一版前言

民以食为天,食品消费是我国城乡居民消费的主体,食品工业市场年销售额已经超过一万亿元。随着我国国民经济的发展和居民消费的多样化,食品消费的总量不断增加,食品消费的档次、结构也发生着较大变化。

食品配方设计技术以生产工艺学为中心,融合感官科学、分析化学、胶体化学、物性学等相关学科,已经逐渐形成一门科学学科。

随着我国食品行业的发展壮大,食品技术也随之而得到发展,尤其是近年来随着市场竞争的加剧、新材料的应用、检测技术的发展以及中外技术的交流,使食品配方技术得到了很大的发展。

食品配方设计是生产的基础,市场竞争迫使企业需要不断进行新产品的研发,这是永远的持续的话题,即使是既有的产品也需要与时俱进地对配方进行调整。对这方面进行关注,是一个合格的技术人员的必修课。

基于以上的背景,我们编写了这本面向食品行业技术人员的食品配方设计图书。

当我们把本书第一章写出后,在同事中传阅,大家说:写出了真实感受。

当我们把前面几章发给编辑,编辑审读后说:相当实用。

当我们编写完毕,面对曾经为此而收集到的大量资料,重读本书时,我们相信:它能为读者推开一扇窗,吹来清新的风。

这是一本全面介绍食品配方设计的图书。它带给读者的是:

(1) 全面的、宏观的配方设计与剖析方法,这是全局性的视野,不仅是一般食品的配方设计,也包括强化食品、保健食品、运动饮料的设计;

(2) 配方设计每一步的原理、方法以及设计结果的测试、评价方法、常见错误、注意事项等相关内容；

（3）多种食品的相关设计举例，并综合了相关研究成果，揭示其规律，提供了常用参数、配合比例等。

这是我们结合自己在食品行业近二十年的工作经验和感悟，参阅了众多的资料，对食品配方设计进行的一次全面解读，有一些概念、提法是新的，有一些段落带有明显的工作笔记的性质。希望书中提供的理念、思维、方法及相关数据能对读者有所帮助。

在此，向所有参考文献的每一位作者表示诚挚的感谢！同时，也感谢化学工业出版社和乔富企业有限公司提供的大力支持和帮助！

由于食品配方设计技术发展迅速，内容繁多，作者水平有限，时间仓促，书中不妥和遗漏之处在所难免，敬请各位专家、同仁和读者批评、指正（fpxjh@163.com），以便我们以后修改、完善，在此深表感谢！

刘静　邢建华

2007 年 8 月

CONTENTS 目 录

■ 第一章　食品配方设计概述/1

第一节　食品配方设计基本功/2

第二节　食品配方的模块化设计/4

　一、模块化设计图/5

　二、模块化设计的好处/6

　三、模块化设计的关键/6

第三节　食品配方设计7步简述/7

　一、主体骨架设计/9

　二、调色设计/9

　三、调香设计/9

　四、调味设计/10

　五、品质改良设计/10

　六、防腐保鲜设计/11

　七、功能性设计/11

第四节　子配方与食品添加剂复配/12

　一、子配方的作用/12

　二、复配的三种效果与两种类型/13

　三、增效复配及其类型/14

　四、相加复配/15

第五节　食品配方剖析/16

　一、食品配方剖析的意义/16

　二、食品感官分析/17

　三、食品分析技术的发展/17

　四、食品配方剖析的特点/19

第六节　食品配方调整/19

　一、食品配方调整的方法/20

　二、促使配方调整的因素/20

　三、食品配方调整举例/21

■ 第二章　主体骨架设计/23

第一节　食品原料分类/24

一、主体原料/24

二、辅助原料/26

第二节　食品添加剂的使用/27

一、合理使用食品添加剂/27

二、食品添加剂使用的基本要求/28

三、在下列情况下可使用食品添加剂/29

四、食品添加剂的最大使用量（或残留量）/29

五、带入原则/30

六、食品用香料、香精的使用原则/30

七、食品用加工助剂的使用原则/31

第三节　食品安全档次的提升/31

一、无公害食品/32

二、绿色食品/33

三、有机食品/35

第四节　食品形态的形成/36

一、原料定"形"/36

二、工艺定"形"/37

第五节　主体原料的配方设计/38

一、主体原料的选择原则/38

二、主体原料的量化原则/38

三、设计举例/40

■ 第三章　调色设计/43

第一节　调色原理/44

一、食品色泽的影响力/44

二、食品色泽的变化/46

三、食品色泽的来源/48

四、拼色/49

五、护色/51

第二节　色素的使用/52

一、食用色素分类/52

二、食用人工合成色素/53

三、天然色素/55

四、色淀/57

五、常见色素的性能比较/59

六、色素溶液的配制与注意事项/61

第三节　常见调色问题与错误/63

一、常见问题与原因/63

二、常见错误与分析/65

第四节　调色结果评价/67

一、目视法/67

二、比色计法/68

三、色素稳定性及护色效果测试/69

第五节　食品调色举例/70

一、饮料调色/70

二、肉制品调色/72

■ 第四章　调香设计/77

第一节　调香原理/78

一、香气的生化本质/78

二、香气阈值和香气值/78

三、香气的形成途径/79

四、香气的稳定途径/79

五、香气的增强途径/80

六、调香步骤/80

七、调香的作用/81

第二节　增香剂的使用/82

一、香兰素和乙基香兰素/82

二、麦芽酚和乙基麦芽酚/84

第三节　香精调香/86

一、香精的类型/86

二、食用香精的组成/87

三、香味的体现过程与价值评价/88

四、香精的使用方法与用量/89

五、香精复配的意义/90
　　六、香精复配的原则/91
　　七、复配调香的要求/92
第四节　香辛料调香/94
　　一、香辛料的作用/94
　　二、天然香辛料的特点/95
　　三、香辛料的分类/95
　　四、常用的天然香辛料/96
　　五、香辛料的调香原则/99
　　六、几种常用的复配香辛料与配方/100
第五节　调香应注意的问题/104
第六节　调香结果评价/106
　　一、感官评价/106
　　二、仪器测试/108
第七节　食品调香举例/109
　　一、乳饮品调香/109
　　二、饮料调香/111
　　三、糖果调香/112

第五章　调味设计/117

第一节　调味原理/118
　　一、味感/118
　　二、五原味/118
　　三、调味的基本原理/119
　　四、味觉的影响因素/121
第二节　甜味剂调味/122
　　一、常见的甜味剂/122
　　二、甜味剂的复配调味/131
第三节　酸味剂调味/135
　　一、常用的酸味剂/135
　　二、酸味机制、强度及特征/138
　　三、有机酸的复配调味/140
第四节　鲜味剂调味/142

一、常用的鲜味剂/142
　　二、鲜味剂的协同增效/147
　　三、常用的复配方式/148
　　四、调味要点/151
　第五节　咸味剂调味/152
　　一、咸味剂的品种/152
　　二、影响咸味的因素/154
　　三、调味要点/155
　第六节　苦味调味/155
　　一、食品中的苦味物质/157
　　二、苦味调味料/158
　第七节　常见调味错误/159
　　一、调味不当/159
　　二、口味测试不科学/160
　　三、违规/160
　第八节　调味效果评价/161
　　一、口感测试/161
　　二、仪器测试/163
　第九节　调味设计举例/163
　　一、甜酸比与饮料设计/163
　　二、无糖糖果配方设计/167

■ 第六章　品质改良设计/173
　第一节　品质改良原理/174
　　一、食品质构/174
　　二、食品质构对风味的影响/174
　　三、食品质构的特点/175
　　四、食品质构的分类/176
　　五、改良的方式/176
　第二节　增稠（胶凝）设计/178
　　一、食品胶分类/179
　　二、食品胶的功能特性/180
　　三、食品胶的复配/183
　　四、实验分析方法/184

第三节 乳化设计/187
　　一、乳浊液及其稳定性/187
　　二、乳化剂的 HLB 值/187
　　三、常用的乳化剂/189
　　四、乳化剂的复配/193
　　五、应用配比设计举例/194
第四节 水分保持设计/195
　　一、磷酸盐的作用/196
　　二、常用的磷酸盐/197
　　三、磷酸盐的复配/200
　　四、应用配方设计举例/202
第五节 膨松设计/203
　　一、常用的膨松剂/203
　　二、复合膨松剂的组成/209
　　三、膨松剂的复合方式/210
　　四、使用注意事项/212
　　五、应用配方设计举例/212
第六节 催化设计/213
　　一、常用的酶制剂/214
　　二、酶制剂的增效复配/215
　　三、使用注意事项/216
　　四、应用配方设计举例/217
第七节 品质改良设计注意事项/218
　　一、时间的影响/218
　　二、原辅料的影响/218
　　三、工艺的影响/218
　　四、合法性问题/219
第八节 设计结果评价/220
　　一、感官测试/220
　　二、简易测试/221
　　三、仪器测试/221
第九节 设计举例/223
　　一、果冻配方设计/223

二、冰淇淋配方设计/228

三、植物蛋白饮料配方设计/239

第七章　防腐保鲜设计/251

第一节　食品的腐败机理/252

第二节　防腐剂的增效设计/253

一、防腐剂的防腐原理/253

二、常用的防腐剂/254

三、防腐剂增效复配的方式与作用/260

四、防腐剂的增效配方设计/262

第三节　抗氧化剂的增效设计/263

一、抗氧化剂的作用机理/263

二、常用的抗氧化剂/265

三、酸性增效剂/269

四、抗氧化剂的增效复配方式/269

五、抗氧化剂的增效配方设计/271

六、抗氧化剂的效果评价/272

七、使用注意事项/273

第四节　常见问题与栅栏技术/274

一、常见问题/274

二、栅栏技术/275

第五节　防腐保鲜的效果评价/279

一、油脂氧化/279

二、水分活度/279

三、微生物/280

四、感官/280

第六节　设计举例/281

一、控制初始菌量/282

二、低温抑菌/283

三、高温灭菌/284

四、降低水分活度/284

五、调节 pH 值/285

六、降低氧化-还原电势/286

七、添加防腐剂/287

第八章　功能性设计/289

第一节　功能性简述/290
一、趋势/290
二、功能性食品分类/291
三、功能性食品与药品的区别/291
四、功能因子/292

第二节　营养强化食品设计/293
一、营养强化食品的管理/294
二、营养强化剂的分类/295
三、营养素预混料/305
四、食品营养强化的基本原则/306
五、食品营养强化的方式与方法/307
六、营养强化配方设计/308
七、营养强化设计评价/311
八、常见设计问题/311
九、营养强化设计举例/313

第三节　保健食品设计/317
一、配方分类/318
二、功能定位/319
三、原料选择/322
四、选方途径/326
五、组方依据/327
六、设计评价/328
七、评审内容/330
八、常见设计错误/332
九、配方设计举例/333

第四节　运动饮料设计/339
一、概述/339
二、主要设计项目/339
三、确定添加量的依据/345
四、设计评价/347
五、参考配方/348

■ **参考文献**/350

第一章
食品配方设计概述

　　所谓配方设计，就是根据产品的性能要求和工艺条件，通过试验、优化、评价，合理地选用原辅材料，并确定各种原辅材料的用量配比关系。

　　食品配方的模块化设计，一是将食品配方的组分按功能分解为多个模块，形成设计框架，二是通过不同模块的不同组合，快速换用模块，从而得到不同的产品配方。

第一节
食品配方设计基本功

如何开发一个新产品,如何设计一个新配方,对企业来说至关重要。要设计一个好的食品配方,成为一个真正优秀的技术人员,必须要有扎实的基本功。有了扎实的基本功,才能够进行技术创新。那么配方设计需要具备哪些基本功呢?

1. 熟悉原料的性能、用途以及相关背景

每种原料都有其各自的特点,你只有熟悉它,了解它,才能用好它。在不同的配方里,根据不同的性能指标的要求,选择不同的原料十分重要。例如,面粉分为三类:①高筋粉,适宜制作面包和起酥糕点等;②低筋粉,宜制作蛋糕和饼干等;③中筋粉,适宜做水果蛋糕、面包。这是在配方设计中的基础,譬如盖一栋房子,原料就像是它的基石。因此,要想成功地设计一个配方,必须熟悉各种原料的特性、用途以及相关背景。既然是熟悉,就不是一般的简单的了解,要求全面细致。

2. 熟悉食品添加剂的特点及使用方法

食品添加剂是食品生产中应用最广泛、最具有创造力的一个领域,它对食品工业的发展起着举足轻重的作用,被誉为食品工业的灵魂。依靠优化使用食品添加剂的方法,促进食品工业的技术进步,是投资少、见效快的途径。

了解食品添加剂的各种特性,包括复配性、安全性、稳定性(耐热性、耐光性、耐微生物性、抗降解性)、溶解性等,对食品配方设计来说,是重要的事情。不同的加工方法产生不同的性能,例如,湿法魔芋精粉是干法魔芋精粉的升级,两者的性能有天壤之别。利用食品添加剂的复配性可以增效或派生出一些新的效用,这对降低食品添加剂的用量、降低成本、改善食品品质、提高安全

性等有着重要的意义。

3. 熟悉设备和工艺特点

熟悉设备和工艺特点，对配方设计是有百利而无一害；只有如此，才能发挥配方的最佳效果，才是一项真正的成熟技术。比方说喷雾干燥和冷冻干燥、夹层锅熬煮和微电脑控制真空熬煮、三维混合和捏合混合等，不同的设备导致不同的工艺与配方。

4. 积累工艺经验

毋庸讳言，重视工艺，重视加工工艺经验的积累是每个配方设计人员必须具备的基本功。就好比一道好菜，配料固然重要，可厨师的炒菜火候同样重要。一样的配方，不一样的工艺，出来的产品质量相差天壤之别，这需要进行总结、提炼。

5. 熟悉试验方法及测试方法

配方研究中常用的试验方法有单因素优选法、多因素变换优选法、平均试验法以及正交试验法。一个合格的配方设计人员必须熟悉试验方法和测试方法，这样才能使他不至于在做完试验后，面对一堆试验数据而无所适从。

6. 熟练查阅各种文献资料

许多在校的学生和老师十分注重查阅各种文献，具体的生产企业则很少这样做。现在网络十分发达，一般都可以找到你需要的。查文献并不耽误你的时间，恰恰可以节约你的宝贵时间，因为你看到的都是一些间接经验。通过检索、收集资料，配置原料比例，经感官评定调整后设计出自己的产品配方。

7. 多做试验，学会总结

仅有理论知识，没有具体的试验经验，是做不出好的产品来的。多做试验，不要怕失败，做好每次试验的记录。成功的或是失败的试验，都要有详细的记录，要养成这个好的习惯。学会总结每次试验的数据和经验。善于总结每次的试验数据，找出它们的规律来，可以指导试验，取到事半功倍的效果，并且在以后写论文的时候用起来也十分方便。

8. 进行资源整合

配方设计人员应把配方设计当成一个系统的过程来考虑，设计不仅仅是设计本身，而是需要考虑与设计相关的任何可以促进发展的因素。因此，设计人员不应该仅仅是在试验室内闭门造车，而要"推倒两面墙"：对内，要推倒企业内部门之间的墙，与生产、销售等部门建立联系；对外，要推倒企业之间的墙，与这个行业的人员建立联系。观念一变，世界全变。通过传播知识、交流经验，才能触发创新思想，激发创新热情，才能增强吸收、转化、创新的能力。

你就处于这样一个无形的网中间，你的网有多大，牵涉多远，这就是你的活动平台。不能靠自己的微弱力量，做着低水平的改善，目光向外看而非向内。你对资源的认识与定义决定了你能否有效地配置资源，包括整合的数量与规模、整合到什么程度。

资源整合力＝核心竞争力。

第二节　食品配方的模块化设计

食品配方的模块化设计是将食品配方的组分按功能分解为若干模块，通过模块的不同组合得到不同品种的产品。

模块划分的合理与否，对产品的性能、外观以及模块的通用化程度和成本等都有很大影响，是模块化设计成功与否的关键。模块如何产生，能否有效地组合成产品，产品的分解和组合的技巧和运用水平，是模块化的核心问题。建立模块是实施模块化设计的前提，形成模块化产品则是模块化的最终归宿。

一、模块化设计图

食品的类别繁多，表现形式千差万别，种类和规格举不胜举，但从某种意义上讲，各种食品的组成之间都存在不同程度的共性，这就是食品配方设计的规律。

食品配方中各组分所实现的主要功能归纳起来为7种：主体骨架、调色、调香、调味、品质改良、防腐保鲜、功能营养。这些不同功能单元分工明确，各负其责。这7大模块能够组合成任何食品配方。不同的食品由这7大模块中的部分或全部组成。这就形成食品配方设计的框架。

从功能上看，食品配方的整体功能可以分解为一系列子功能，而每一种子功能又可分解为多个更低级别的子功能。于是，在这7大模块的基础上，我们对各模块进一步向下进行分解，可以得到看到两种情况：

① 由单个原料组成；

② 由两种或两种以上的原料组成。

这两者，我们都称之为子配方，都是食品配方设计的重要内容。

对于前者，单个原料的选择及用量是配方设计的内容，这是一种小模块；对于后者，具有更高的技术含量，通常所说的子配方主要指后者，它分为两类：增效复配和相加复配，它主要发生在食品添加剂的应用过程中（这将在本章第四节进行讲述）。这是食品配方设计的发展方向。

由此可以看到，食品配方设计首先可分解为7大模块，然后再分解为更小的模块——子配方。这两个层次的设计，就是食品配方设计7步的内容（见图1-1）。这是进行食品配方设计的平台。市场不断在变，按照简单流程处理（增、删、改），就能适应市场变化的需求，这个平台发挥着很大的作用。

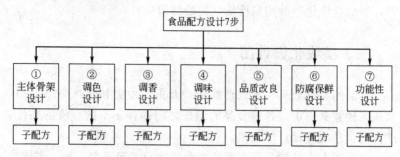

图 1-1 食品配方的模块化设计图

二、模块化设计的好处

食品配方的模块化设计,一是将食品配方的组分按功能分解为若干模块,形成设计框架,二是通过不同模块的不同组合,快速换用模块,从而得到不同的产品配方。

这样在配方设计时更简洁、方便,在配方出现问题时,也可以通过模块来分析,能更快地发现问题和解决问题。

模块化产品设计的目的是以少变应多变,以尽可能少的投入生产尽可能多的产品,以最为经济的方法满足各种要求。

由于模块化设计推进了产品设计的速度,使得企业对市场反应的时间大大缩短。设计框架和模块的重复使用可以大大缩短设计周期,利用已有成熟模块可大大加快产品上市时间。

模块是产品知识的载体,模块的重复使用就是设计知识的重复使用,可以大大降低设计成本;大量利用已有的经过试验、生产和市场验证的模块,可以降低设计风险,提高产品的可靠性和设计质量。

三、模块化设计的关键

模块化设计有三个关键:备料、拼图、特色。

1. 备料

拿来主义也是一种创新，模仿可以变为创造。采取拿来主义，把各种配方拿来，分解成不同的模块，分门别类地装在脑子里，多多益善，有差异更好，有差异才有创新。

"不要重复发明轮子"，很多人都知道这句话，但真正做起来又会另一回事，缺少的不是轮子，而是看你想不想去找轮子。

2. 拼图

根据一定的理念，将众多子配方（模块）组装起来，形成一个整体配方。材料不同、构思不同、配置不同，会拼出不同的图案。

找准对象：竞争对手、开源产品或者类似产品。拿着别人的产品进行对比，把共同的部分记录下来，这样产品的基本框架就成型了，这时候你拼出的产品就是一个山寨版的。

然后再看哪些是它们做的优秀的，哪些是它们做得不好的，不同产品肯定存在一些各自的亮点，这也是我们需要特别关注的，很有可能就是你的产品的增值部分。

在参考别人的基础上，加入自己的见解，解决自己的问题才是关键。

3. 特色

把形成的拼图摆来摆去地用于实践，反复修正，形成特色，就会创造更大的经济效益。

将现有技术和产品中有价值的部分引入到一起，整合别人已经实践的方法，提高我们自身的开发能力，以求快速、高质量地开发产品。

第三节
食品配方设计 7 步简述

我们从食品的属性出发，来讨论食品配方设计的 7 大模块。

通常认为，食品的属性有四。

其一是感官性(也称为愉悦功能),即在摄取过程中使人得到色、香、味、形和触觉等的享受,同时也满足人体饱腹的要求。食品的颜色、香气、滋味和造型,对人的食欲、食感和食量起着十分重要的调节作用。

其二是营养性(也称为营养功能),即通过摄取食物来满足人体生长发育和各种生理功能对营养素的需要。

其三是安全性。食品安全是指对食品按其原定用途进行制作、食用时不会使消费者受害的一种担保。食品的安全问题关系到人民群众的身体健康和生命安全,关系到经济的健康发展和社会的稳定。

还有一类特殊的食品具有第四个属性:功能性。这类食品在一般食品共性的基础上还具有特定的功能。一个产品的功能可以分为基本功能和特定功能两方面。基本功能是指产品能满足人们某种需要的物质属性。食品的色、香、味、形等就是它的基本功能,满足人体饱腹的要求。在通常情况下,基本功能是消费者对商品诸多需要的第一需要。特定功能往往是在具备基本功能的基础上,附加的特殊的新功能,从而成为功能性食品。这类的食品包括强化食品、保健食品。

将这些属性细化、延伸,可以形成食品作为商品的基本要求,见表1-1。

表1-1 食品作为商品的基本要求

序号	项目	说明
1	卫生、安全性	最基本的要素;产品的生命线
2	营养、可消化性	食用(保健)价值的体现
3	风味(气味、滋味等)	影响食欲与消费欲
4	质地(硬度、弹性、柔软性、脆性等)	应对不同年龄人群的不同口感特性要求
5	外观(正常的色泽、形状、完整性等)	商品的第一印象,(外)包装也需考虑
6	耐贮藏性	拥有一定的货架(保质)期
7	方便性	食用、贮藏、运输(携带)等便利
8	价格低廉	一次性的日常消费品,以此形成消费依赖

在进行多视角研究时，必须突出主要视角。这样，理论推导才能有初始的核心出发点。采用上述视角，食品配方设计结合自身工作特点可分为：主体骨架设计，调色、调香、调味设计，品质改良设计，防腐保鲜设计，功能营养设计。这是全局性的概括，简述如下。

一、主体骨架设计

主体骨架设计主要是主体原料的选择和配置，形成食品最初的档次和形态。这是食品配方设计的基础，对整个配方的设计起着导向作用。

主体原料能够根据各种食品的类别和要求，赋予产品基础架构的主要成分，体现食品的性质和功用。

配方设计就是把主体原料和各种辅料配合在一起，组成一个多组分的体系，其中每一个组分都起到一定的作用。

二、调色设计

调色设计是食品配方设计的重要组成部分之一。在食品调色中，食品的着色、保色、发色、退色是食品加工者重点研究内容。

食品中的色泽是鉴定食品质量的重要感观指标。食品色泽的成因主要来源于两个方面：一是食物中原有的天然色素，二是食品加工过程中配用的色素。通过调色，在食品生产过程中，先用适当的色素加于食品中，从而获得色泽令人满意的食品。

三、调香设计

调香设计是食品配方设计的重要组成部分之一，它对各种食品的风味起着画龙点睛的作用。

香味是食品风味的重要组成部分，香气是由多种挥发性的香味物质组成，各种香味的发生与食品中存在的挥发性物质的某些基因有密切关系。食品中的香气有：果香、肉香、焙烤香、乳香、清香和甜香等。食品添加剂工业有着突飞猛进的进步，新的食品添加剂已经为人们提供更新、更美味的食品，远远超出天然食品的风味。在食品的生产过程中，往往需要添加适量的香精、香料，以改善和增强食品的香气和香味。

四、调味设计

调味设计是配方设计的重要组成部分之一。食品中的味是判断食品质量高低的重要依据，也是市场竞争的一个重要的突破口。

食品中的味是判断食品质量高低的重要依据。从广义上讲，味觉是从看到食品到食品从口腔进入消化道所引起的一系列感觉。各种食品都有其特殊的味道。味道包括基本味与辅助味。基本味有甜味、酸味、咸味、苦味、鲜味；辅助味有涩味、辣味、碱味和金属味等。有人将辣味也作为基本味。

食品中加入一定的调味剂，不仅可以改善食品的感官性，使食品更加可口，增进食欲，而且有些调味剂还具有一定的营养价值。调味剂主要有酸味剂、甜味剂、鲜味剂、咸味剂和苦味剂等。其中苦味剂应用很少，咸味剂（一般使用食盐）我国并不作为食品添加剂管理；前三种的调味剂使用较多。

食品的调味，就是在食品的生产过程中，通过原料和调味品的科学配制，产生出一种特殊的人们喜欢的滋味，就叫调味。通过科学的配制，将产品独特的滋味微妙地表现出来，以满足人们的口味和爱好。

五、品质改良设计

品质改良设计是在主体骨架的基础上进行的设计，目的是为了改变食品的质构。

品质改良剂的名称是10年前的"历史遗留"叫法,随着食品添加剂的发展,原来国标 GB 2760—86 上的这一栏已分成面粉处理剂、水分保持剂两大类,品质改良剂中还有些品种划入增稠剂等类食品添加剂的范围。

品质改良设计就是通过多类食品添加剂的复配作用,赋予食品一定的形态和质构,满足食品加工工艺性能和品质要求。

六、防腐保鲜设计

食品配方设计在经过主体骨架设计、品质改良设计、色香味设计之后,整个产品就形成了,色、香、味、形都有了。但是,这样的产品可能保质期短,不能实现经济效益最大化,因此,还需要进行保质设计——防腐保鲜设计。

食品在物理、生物化学和有害微生物等因素的作用下,可失去固有的色、香、味、形而腐烂变质,有害微生物的作用是导致食品腐烂变质的主要因素。通常将蛋白质的变质称为腐败,碳水化合物的变质称之为发酵,脂类的变质称之为酸败。前两种都是微生物作用的结果。

防腐和保鲜是两个有区别而又互相关联的概念。防腐是针对有害微生物的,保鲜是针对食品本身品质。

七、功能性设计

功能性设计是在食品的基本功能的基础上附加的特定功能,成为功能性食品。按其科技含量分类,第一代产品主要是强化食品,第二代、第三代产品称为保健食品。

食品是人类赖以生存的物质基础,人们对食品的要求随着生活水平的提高而越来越高。人们在能够吃饱以后,便要求吃得好。要吃得好,首先必须使食品有营养。根据不同人群的营养需要,向食物中添加一种或多种营养素、或某些天然食物成分的食品添加剂,用以提高食品营养价值的过程称为食品营养强化。

一般食品通常只具有提供营养、感官享受等基础功用。在此基础上,经特殊的设计、加工,含有与人体防御、人体节律调整、防止疾病、恢复健康和抗衰老等有关的生理功能因子(或称功效成分、有效成分),因而能调节人体生理机能的,但不以治疗疾病为目的的食品,国际上称为"功能食品"或"保健食品"。

第四节
子配方与食品添加剂复配

我们在前面谈了食品配方设计的七大模块,构成这七大模块的是更小的模块,也就是这里所说的子配方与食品添加剂复配。

一、子配方的作用

食品配方的设计离不开食品添加剂的应用。食品添加剂应用技术的重点之一是复配技术。多种组分共存于一个配方中,称为复合配方,简称复配,也称为复合。复配食品添加剂是指由两种以上单一品种的食品添加剂经过物理混匀的食品添加剂。

配方的特点之一就是技术的高度保密性,而复配技术就是打开这道门的一把钥匙。食品添加剂的复配技术是子配方技术,产品的最终配方是围绕着产品的设计目标,根据各子配方的特点和感官质量等确定各子配方物料在配方中的使用比例。

子配方就是我们进行产品配方设计的模块。我们不必去尝试设计一个彻彻底底的全新的配方,因为实际上不太需要,很多这种模块(子配方)是可供组合使用,很多新配方可以在原有配方的基础上加以修改而成。我们可以知道某个配方、某个原料配合比例以前行之有效,而且能提供一种快速完成项目的途径,因为它是可用的。很多时候,一个快速的修改配方已足以满足需求;它还可以减少、也可能完全消除反复实验和失败的风险。为使配方行之有效,配方设计工作人员应设法利用内在或外在已有的各类技术资料,然后根据所需而加以整理、分析,并运用创造力进行设计。

二、复配的三种效果与两种类型

不同的物质,由于其化学组成和结构的不同而具有不同的性能,而当不同物质同时存在时,往往因为它们相互之间的作用和影响而使其性质发生不同的改变。一般来讲,不同组分的复合,对产品性能可能产生的效果分为以下三种。

(1) 增效作用 又称为协同增效效应,即两种食品添加剂联合应用所显示的效应明显超过两者之和,$1+1>2$,可以简单地理解为复配后提高了产品性能。例如,茶多酚是抗氧化剂,当它与维生素E复合使用时,其抗氧化效果明显提高。鲜味剂之间存在显著的协同增效效应。这种协同增效不是简单的叠加效应,而是相乘的增效。根据这个原理,人们开发出了复合味精、特鲜味精。

(2) 相加作用 两种作用相同的食品添加剂联合应用而产生的效应相等或接近两者分别应用所产生的效应之和,$1+1=2$。此时虽然没有增效作用,但组分的性能可以互相补充,因而在实际应用过程中经常利用这种搭配方式。例如,乳化剂通常和食品胶复配使用就属于这种情况。

(3) 对抗作用 又称为拮抗、降效、协同减效,即两种食品添加剂联合应用所产生的效应小于单独应用一种的效应,$1+1<2$。这是食品添加剂复配使用中的禁忌。这种禁忌分为物理性和化学性。物理性配伍禁忌是指复配后发生了物理性状变化,如琼脂和瓜尔胶配合使用反而使凝胶强度降低。化学性配伍禁忌是指配伍过程中发生了化学变化,包括发生沉淀、氧化还原、变色反应。如酸法明胶和碱法明胶混用,溶液发生浑浊。这种现象在配方设计中必须注意避免。

防腐剂复配使用,可能有增效效应,也可能有相加效应,还可能有对抗效应。一般采用同类型防腐剂配合使用,如酸性防腐剂与其盐,同种酸的几种酯配合使用等。因此,当两种或多种食品添加剂复配时,首先必须确定其属于哪一类相互作用。

食品添加剂的复配主要是利用增效作用,兼顾相加作用,避免对抗作用。所以,食品添加剂的复配分为两种类型:增效复配和相加复配。这两种类型在食品添加剂的实际应用过程中都被广泛采用,才有了食品品种的花样翻新、丰富多彩。

食品添加剂的复配不是一种简单的复合,它是食品添加剂的二次加工,有较高的科技含量。它是在正确理论指导下,针对食品加工的技术要求,通过大量的实验,才能获得最佳配比。

三、增效复配及其类型

食品添加剂的增效复配,就是利用协同增效效应,改良食品添加剂的性质和功能,使之可以更经济、更有效地应用于更广泛的范围。它是根据各种食品添加剂及食品配料单体的性质和功能,将两种或两种以上功能互补或有协同作用的单体按适当的比例复配在一起形成的复合物,即具有相互协同增效作用的混合物。通常的文献资料所说的复配大多是指增效复配。因此人们常说,复配技术是 $1+1>2$ 的技术。

增效复配的配方具有如下优势:①有利于系列产品的开发和扩大应用领域;②提高产品性能,或赋予产品新的功能;③通过复配提高产品的综合性能,降低投入量,降低成本;④有利于解决安全性问题。

若按照功能的复配形式来分,食品添加剂的增效复配可分为以下三种类型。

(1) 同一功能型的品种,但其效果有差异,复配之后能叠加,显著大于各自单一品种的功能。如,某种防腐剂对一些微生物效果好而对另一些微生物效果差,而另一种防腐剂刚好相反;两者合用,就能达到广谱抗菌的防治目的。

(2) 只有一种功能,并以此为主,由于加工工艺上的特殊和使用上的需要，必须添加1～2种甚至多种的辅助剂加以复配，如添加填料或者分散剂到主成分中即属此类型。

（3）只有一种功能，并以此为主，用另外的不同功能的食品添加剂作为增效剂加以复配，起到增效作用。如有机酸（如异丁酸、葡萄糖酸、抗坏血酸）对防腐剂有增效效应。金属盐类中重金属盐往往对防腐剂具有增效作用。各种金属离子的螯合剂（如柠檬酸、植酸、EDTA等）是抗氧化剂的增效剂。因为这些酸性物质对金属离子有螯合作用，能促进微量金属离子钝化，从而降低了氧化作用。

食品添加剂的增效复配通常只强调一种功能，并在此功能上实现 $1+1>2$ 的协同增效效果，甚至实现 $1+1\gg2$ 的相乘效果。

四、相加复配

食品添加剂的相加复配是将不同功能的食品添加剂复配在一起，起着多功能的作用。例如，乳化剂和食品胶复配、酸味剂和甜味剂复配、酸味剂和其他调味剂配合使用等。食品添加剂的相加复配往往是增效复配的再复配。

所谓的再复配是指在食品添加剂增效复配的基础之上再次进行复配，例如，复配乳化稳定剂通常先由不同的乳化剂进行增效复配（形成复配乳化剂），由不同的食品胶进行增效复配（形成复配食品胶），在此基础上再将两者配制成最终的成品——复配乳化稳定剂；这种再复配的过程，对前面由增效复配所形成的复配乳化剂和复配食品胶的性能没有影响，但是对于成品而言，复配乳化剂和复配食品胶的结合，形成了一个产品的两个面，相得益彰，使产品的性能更加完美。

如果说，增效复配是针对产品应用过程中的问题的解决方案，那么相加复配通常是针对问题的综合性的解决方案。

在食品添加剂的应用过程中，这种相加复配的现象比较普遍。可以说，食品就是这种相加复配的结果。例如饮料，首先是酸味剂的增效复配、甜味剂的增效复配，然后通过甜酸比确定两者之间的相加复配，然后通过调香等相加复配的过程就成了饮料。

第五节
食品配方剖析

一、食品配方剖析的意义

食品配方剖析是指对食品样品进行成分定性、定量和结构分析，也就是"综合分析"。

剖析加改进是非常有效的研发方法，剖析是站在前人的肩上，改进是一种创造。

市场竞争加剧，加速了产品创新的程度。产品创新可以分为两类，一类是前无古人的，一类是巧借他山之石的。这两种情况都可以称为创新。在不违法的前提下，借鉴竞争对手的成果完全是一种聪明之举。企业都是在市场中趋利而动的，鲁迅先生曾经提倡"拿来主义"，我们的企业要发展就应该发扬"拿来主义"，将别人的优点变成自己的优点本身就是一种进步。

食品配方剖析对于食品生产企业来说，是一项重要的工作。当自己企业的产品和国内外同行业产品同类时，密切注视同行业的产品的技术动向是一件重要的工作，知己知彼，百战百胜，道理自在其中。对手的产品是其技术先进性的集中表现，直接剖析产品，进行借鉴，加上自己的创造，是一种新产品研发的捷径。剖析是直接仿制的捷径，它使仿制的投入少，周期短，见效快，这已成为不争的事实。当然仿制要注意知识产权问题，如何规避并超越对方的保护范围，也有一个技术创新的问题。

一个训练有素的配方设计人员，对不同的原料和食品添加剂有各自独特的样品处理方法和认识，通过对竞争对手的产品进行配方剖析，按照剖析的结果，寻找符合要求的原料组配，使产品达到预期的效果。这对配方设计往往起到事半功倍的效果。

二、食品感官分析

食品感官分析主要依据评价员 5 个方面的感觉,即目视、鼻嗅、口尝、触觉和听觉,再通过神经末梢将得到的信号通过神经元传导到大脑,通过对刺激的记忆、比较、综合分析等形成判断。主要的食品感觉种类见表 1-2。

表 1-2　食品感觉的主要种类

感觉		感觉器官	感 觉 内 容
视觉		眼	颜色、形状、大小、光泽、动感
听觉		耳	声音的大小、高低、咬碎的声音(脆度)
嗅觉		鼻	香气
味觉		舌	酸、甜、苦、咸等
触觉	口齿感	牙齿	弹力感、坚韧性、硬、软
	滑爽、粗细、软硬感	口舌感	口腔、舌等
	冰、凉、热、烫	温度感	口腔、舌等

食品感官分析常包括四种活动:组织、测量、分析和结论。它是一门测量的科学。我国自 1988 年开始,相继制定和颁布了一系列感官分析方法的国家标准,包括《感官分析方法总论》(GB 10220—1988)、《感官分析术语》(GB 10221.1~10221.4)、感官分析的各种方法(GB 12310~12316)等。

感官分析技术在食品工业中的应用非常广泛,不仅涉及新产品开发的整个领域,而且产品的质量控制也离不开感官分析相关技术。此外,应用感官分析技术可以对同类相关产品进行分析比较,从而更好地了解产品间的差异,并为产品的改进提供参考依据。

三、食品分析技术的发展

食品分析不只是为终端产品的质量检测服务,也为食品配方的剖析服务。食品剖析技术的发展,依赖于食品分析技术的发展。

16世纪,天平的出现,分析化学具有了科学的内涵;20世纪初,依据溶液中四大反应平衡理论,形成分析化学的理论基础,分析化学由一门操作技术变成一门科学。20世纪40年代后,是仪器分析的大发展时期,仪器分析使分析速度加快,促进化学工业发展;化学分析与仪器分析并重,仪器分析的发展引发了分析化学的第二次变革。20世纪80年代初,产生了以计算机应用为标志的分析化学第三次变革。

分析化学是高科技发展的基础和伴侣,高科技发展有力地促进分析化学产生质的飞跃。现代分析技术的发展带来食品分析检测技术的革命,也为食品配方剖析提供了广阔的发展空间。表1-3为部分分析方法的应用举例,这些使食品配方剖析有了质的飞跃。

表1-3 部分分析方法的应用举例

分析方法		应用
近红外光谱分析法		分析食品中防腐剂成分,检测粮食中的水分、蛋白质、脂肪、氨基酸、纤维素、灰分等。 这种方法已成为测量大豆蛋白质和脂肪含量及小麦蛋白质含量的美国官方标准方法
色谱分析	气相色谱法	分析测定直接或间接气化的有机物质,如蛋白质、氨基酸、核酸、糖类、脂肪酸、残留农药等。也可以检测保健食品中的抗氧化活性
	高效液相色谱法	近年来很多新型专用的高效液相色谱仪不断问世,如氨基酸分析仪、糖分析仪等,分别在检测食品中的污染物、营养成分、添加剂、毒素等方面得以充分应用。 高效液相色谱法是食品分析的重要手段,特别是在食品组分分析(如维生素分析等)及部分外来物分析中,有着其他方法不可替代的作用
质谱分析法		定性或定量地检测出食品中挥发性成分、糖类组成、氨基酸(蛋白质)、香味成分及有毒有害物质等成分
核磁共振分析法		分析粉状食品结块的机理,研究食品的结块与玻璃态转变温度、化学组成之间的关系,为延长食品的保质期提供理论基础
生物传感技术		作为一种多学科交叉的高新技术日渐渗透到食品分析领域,并把热点集中在微型化、分子识别元件、感觉传感器(酸、甜、苦、辣、咸)、图像传感(颜色、外貌)等方面。如电子鼻在食品、饮料、酒类等方面的广泛应用

四、食品配方剖析的特点

食品是一个多种组分的混合体，要对其中的成分和结构进行综合分析，这是一件困难的事情。产品样品随着其成分的多样性和化学结构的复杂性决定着剖析工作的复杂程度。食品配方的剖析不必剖析得很完整，因为任何剖析都不能为您提供完整的配方，而且花费也会是一个问题。

一个正确的思路可以把样品的成分类型集中在某一大类化合物，尽管这类化合物种类很多。通过解析，找到其行为机理，然后把该机理适用范围扩大到普遍或者一般意义，为新的开发做指导。

配方剖析是为配方设计服务的。如果把食品看作复杂系统，那么食品配方剖析就是进行分主题"分割"，使之模块化；在配方剖析基础上进行的配方设计，就是模块的再集中化的过程，即：配方剖析→分割、模块化→模块再集中组合→配方设计。

这是一个从整体到局部、再从局部到整体的过程。不论信息之间的表面差异有多大，依靠模块化的思路可以清晰地找到联系之处，就可以很清楚地看出行走的脉络和所使用的手段方法，就会惊奇地发现，事情原来并没有想象中那么复杂。

这种分割出来的模块，进行测试评价更方便一些。配方设计的测试评价不等同于产品的质量评价，产品的质量评价主要依据的是产品质量标准，是针对整个完整的产品而言的；配方设计的测试评价不完全针对整个完整的产品，更主要的是针对局部进行评价，针对设计的过程进行评价，即针对所设计的"模块"进行评价。

第六节　食品配方调整

配方设计是一项技术性很强而又非常重要的工作，它就像一根杠杆，一头是企业，另一头是消费者。配方设计工作就像一个支点,要维护二者平衡,它的一举一动都直接影响企业利益和消费者利益。

食品配方也要与时俱进。设计出来的配方并不是永恒不变的,它是一定的时间、地点、环境等特定条件下的产物,当制约因素改变时,配方也会随之而调整,进行优化,固定只是存在于相对的较长时间而已。

一、食品配方调整的方法

配方调整是慎之又慎的事情,通常采用一些诸如取代、比较、反复的方法。

取代,包括原料的取代、条件的取代、设备的取代、分析的取代、应用范围的取代等。

比较,是指要把各种方案拿来进行多方面的比较,以使判断更准确。

反复,是指配方调整不要太匆忙,经过全面的比较之后,还需要一个深思熟虑的反复过程,要留一个反复考虑的时间。

二、促使配方调整的因素

科技进步、政策法规、消费者的习惯等因素的变化,都可能促使配方随之而调整。

技术的进步,尤其是新的质优价廉的原料、添加剂的出现,或者是增效复配的成果出现,为取代创造了条件。

像可口可乐和百事可乐两个对手对峙百年,它们在配方调整上也是亦步亦趋,不离不弃。例如,1980年可口可乐使用低价高果糖谷物糖浆,3年后百事可乐也采用;1984年百事可乐用阿斯巴甜取代糖精,6个月后可口可乐也采用了阿斯巴甜。

红牛饮料是一种具有提神醒脑、补充体力的功能饮料。目前在欧洲、美国、澳大利亚、中国等50个国家均有销售。红牛中国公司向媒体介绍，红牛饮料进入中国，同样经国家卫生部严格审批，根据中国食品法规标准的要求，对红牛饮料的配方设计进行了相应调整，如氨基酸、牛磺酸的含量有所降低。

达能公司1987年在中国市场推出其第一款酸奶时遭遇惨败。该公司负责人曾解释说："当时生产的是法式酸奶，带有果粒，比较稠，要用勺子吃。"这种酸奶没有引起中国消费者的兴趣，而且大多数中国人家里没有适用的勺子。从此，公司改弦易辙。各种配料的酸奶都被改良以满足用吸管的需求，而且酸奶还提供吸管。"中国饮食平衡的原则决定了消费者的口味。就酸奶而言，一定要注意酸和甜之间的平衡。既不能过酸，也不能过甜。"于是，达能公司在上海郊区建立实验室，将法国酸奶配方进行调整以适应中国市场。

三、食品配方调整举例

可口可乐起源于1886年美国佐治亚州亚特兰大城一家药品店。店里的药剂师约翰·潘伯顿自制了一种有提神作用的药水，且销售不错。一天，潘伯顿在匆忙中，不小心将另一种褐色溶液加入药水中，不料顾客竟然大加赞赏。潘伯顿把握机会，将这种药水冲淡变成饮料，命名为可口可乐（Cocacola），扩大销售。Cola是指非洲所出产的可乐树，树上所长的可乐子内含有咖啡因，果实是制作可乐饮料的主要原料。

事实上，可口可乐的主要配料是公开的，包括糖、碳酸水、焦糖、磷酸、咖啡因、"失效"的古柯叶等，但其中占不到1％的配料被视为核心技术。

有一位名叫马克·彭德格斯特的人为可口可乐写了一本传记——《为了上帝、国家、"可口可乐"》，作者在此书中公布了所谓的可口可乐配方。这是他在对可口可乐公司的档案进行研究时，在一卷旧档案中偶然发现有一张标有"X"记号的纸，上面列有全部配料名称。他当即拍照复制，随后又设法核实了其真实性。但可口可乐公司对此一直否认。《泰晤士报》好事，按此配方制作，并请了10位专家品尝。结果表明，产品在色、香、味诸方面与可口可乐无甚差异。制作过程是这样的：第一步，将微量的香菜籽油和橘花油、0.94g 橘油、1.79g 柠檬油、0.14g 豆蔻油、0.41g 桂皮油、9.42g 酒精与 5.5g 水混合。24h 后混合液将分离开，取出上层透明的黄色液体——"七味"秘密香液。第二步，将 4.88g 糖融化在最少量的沸水里，冷却后放入 73g 焦糖、6.3g 咖啡因、22.4g 五价磷酸及少量科拉（Cola）果仁粉，搅拌成黏稠的糖浆。第三步，将 61g 酸橙汁、38.7g 甘油和 3.07g 香草精加入糖浆中，再同"七味"香液混合后搅匀，最后兑上 5.5 倍的充气凉水，就生产出 50 品脱（1 品脱=1.136L）可乐了。

后来，两位德国人——生物学家瓦尔穆特和食品学专家珀尔梅尔，宣称破解了可口可乐神秘配方。他们在《大众饮食误区辞典》一书中说，事实上，一百多年来一直被生产者秘藏的可口可乐的配方并没有那么神秘，基本上是一种水占 99.5% 的碳酸蔗糖水。为了获得 10L 可口可乐，最基本的配料是：8L 水，1070g 蔗糖、90g 碳氧化合物、少量柠檬酸或正磷酸，咖啡因也是必不可少的配料。不过，可口可乐中有一种叫做香料混合剂的物质中，在每一公升可口可乐中仅为 1g，正是它奠定了可口可乐的独特口味。这种香料混合剂包括野豌豆、生姜、含羞草、橘子树叶、古柯叶、桂树和香子兰的皮等的提炼物、过滤物和染料。他们指出，在不同国家和地区内所生产的可口可乐的配方不完全相同，以适应各地顾客的口味。两位作者还在书中就可口可乐公司多年来不惜血本保守神秘配方的做法进行调侃，他们认为，把神秘配方锁进银行保险柜中不过是可口可乐公司玩的一个心理把戏，其目的在于用悬念和神秘感吊起世人的胃口，让"永远的可口可乐"的梦想永不衰竭。

可能以后还会有人宣称破解了可口可乐的配方，但每次公布的配方都不会相同。实际上可口可乐的配方也在与时俱进地进行优化。一个多世纪以来，尽管可口可乐公司始终谨慎地维护着配方的神话地位及其神秘色彩，但同时对可口可乐配方的改进不下十次。

第二章

主体骨架设计

　　主体骨架设计主要是主体原料的选择和配置，形成食品最初的档次和形态。这是食品配方设计的基础，对整个配方的设计起着导向作用。

　　主体原料能够根据各种食品的类别和要求，赋予产品基础架构的主要成分，体现了食品的性质和功用。

　　配方设计就是把主体原料和各种辅料配合在一起，组成一个多组分的体系，其中每一个组分都起到一定的作用。

　　设计举例：饮料、糖果。

第一节
食品原料分类

食品配方中的原料按其在食品中的性能和用途,可分为两大类:主体原料和辅助原料。

主体原料和辅助原料之间没有绝对的界限,在不同的配方产品中所起的作用也不一样。

配方设计就是把主体原料和各种辅料配合在一起,组成一个多组分的体系,其中每一个组分都起到一定的作用。

一、主体原料

有人也称之为基质原料。主体原料能够根据各种食品的类别和要求,赋予产品基础架构的主要成分,体现了食品的性质和功用。常见的主体原料有水、能量原料及蛋白质原料等。

1. 水

例如,软饮料就是用水为基本原料,采用不同的配方和制造方法生产出供人们直接饮用的液体食品。一般情况下,一个人一天大约需要喝 1.6L 水。饮料中含有大量的水分,能补充人体所需的水分,是获取水分的主要途径之一。

2. 能量原料

能量原料是指绝干物质中蛋白质含量小于 20%,同时热能较高的谷类、淀粉质根茎类、油脂类及糖类等。

① 谷类:包括稻米(粉)、小麦粉、大麦、黑麦、燕麦、薏米、玉米面(糁)、小米等。

② 淀粉质根茎类:包括甘薯、马铃薯、木薯及莲藕等。

③ 油脂类:包括动物脂肪如猪脂、乳脂和植物油如菜油、豆

油、沙拉油等。

④ 糖类：包括以谷类、淀粉质根茎类、甘蔗、甜菜等为原料加工而成的淀粉、糊精、蔗糖、葡萄糖、麦芽糖、果糖、半乳糖等。

营养特性：①高能量是这类原料的突出特点，尤其是油脂类能量很高，1g 油脂代谢产生热能 3.768×10^4 J。此外，油脂还提供人体所需的必需脂肪酸，油脂中其他营养素含量均很少。②谷类、淀粉质根茎类除含有较高的热能外，还含有一定量的蛋白质、维生素和矿物质，谷类为膳食中维生素 B_1 与尼克酸的重要来源。③糖类除提供热能外，其他营养素含量均很少。

3. 蛋白质原料

蛋白质原料是指绝干物质中蛋白质含量不小于 20% 的豆类、花生瓜子类、畜禽肉类、畜乳类、蛋类、鱼类、虾蟹类、软体动物类、菌藻类及其他类等。

① 豆类：包括大豆、绿豆、红小豆、蚕豆、豌豆、芸豆等。大豆通常指黄豆、黑豆、青豆三类。

② 花生瓜子类：包括花生、西瓜子、南瓜子、白瓜子、葵花子等。

③ 畜禽肉类：包括畜肉如猪、牛、羊、驴、狗、兔肉和禽肉如鸡、鸭、鹅、鸽肉等。

④ 畜乳类：包括牛乳、羊乳、马乳等。

⑤ 蛋类：包括鸡蛋、鸭蛋、鹅蛋等。

⑥ 鱼类：包括鲢鱼、草鱼、鲤鱼、青鱼、鳝鱼、泥鳅、带鱼、鲫鱼等。

⑦ 虾蟹类：包括对虾、龙虾、河蟹、海蟹等。

⑧ 软体动物类：包括海蜇、墨鱼、鱿鱼、海参、蛤蜊、螺、鱼翅、牡蛎、扇贝等。

⑨ 菌藻类：包括香菇、白木耳、黑木耳、平菇、蘑菇、松菌、金针菇、冬菇、发菜、紫菜、酵母、螺旋藻等。

⑩ 其他类：包括蚕蛹、甲鱼、蛇、中国鲎、田鸡、芝麻、蝎子等。

营养特性：①这类原料的突出特点是蛋白质含量较高，蛋类、畜乳类、鱼类、畜禽肉类等其蛋白质生物价皆在 80 左右，属于优质和良质蛋白质。②能量、矿物质、维生素等营养素含量差别较大。油脂含量高者，其能量较高；畜乳类矿物质含量比蛋类丰富，但 Fe、Se 等元素不足，而蛋类 Fe、Se 等元素含量颇丰。③菌藻类和其他类大多含有多糖体，具有医疗保健功能。④豆类和花生存在抗营养因子，应注意消除。

二、辅助原料

辅助原料是对食品的色、香、味、形和某些特性起作用，用量较少，但不可缺少。常见的辅助原料有食品添加剂和药食两用食品。

1. 食品添加剂

食品添加剂是指为改善食品品质和色、香、味、形、营养价值，以及为储存和加工工艺的需要而加入食品中的化学合成物质或天然物质。食品添加剂包括营养添加剂、食品加工助剂。食品添加剂可以是一种物质或多种物质的混合物。其大多数并不是基本食品原料本身所固有的物质，而是生产、贮存、包装、使用等过程在食品中为达到某一目的而添加的物质。食品添加剂一般不能单独作为食品食用，使用量很少，并且有严格的控制。

目前，国际上对食品添加剂的分类，还没有统一的标准。因为各国各地区的使用情况、特点和传统习惯不尽相同，而许多食品添加剂的作用是多方面的，如香料也有抗氧化作用，乳化剂也有保鲜作用等。所以，各国、各地区大都根据本国的具体情况来分类。我国 1990 年颁布的"食品添加剂分类和代码"，按其主要功能作用不同，其分类和代码分别为：酸度调节剂、抗结剂、消泡剂、抗氧化剂、漂白剂、膨松剂、胶姆糖基础剂、着色剂、护色剂、乳化剂、酶制剂、增味剂、面粉处理剂、被膜剂、水分保持剂、营养强化剂、防腐剂、稳定和凝固剂、甜味剂、增稠剂,其他共21类,另有食用香料、加工助剂。

营养特性:维生素、矿物质及合成氨基酸能增加食品的营养,属于营养性添加剂,其他属于非营养性添加剂。非营养性添加剂的主要作用是改善食品的品质,提高食品质量,增加适口性;增加食品的品种和方便性,增强食品的个性特征;利于加工处理,使加工工艺变得容易可行;减少营养物质的损失,延长食品的保存期;有利于原材料的综合应用等。

2. 药食两用食品类

卫生部先后3次批准了77种既是食品又是药品的物品名单,包括薄荷、陈皮、枸杞、丁香、红花、八角、茴香、刀豆、姜(生姜、干姜)、枣(大枣、酸枣、黑枣)、山药、山楂、小茴香、木瓜等。

药食两用食品类某些方面的营养素含量特别高,如100g红花的胡萝卜素含量为852000μg,是那些富含胡萝卜素的果品蔬菜的几十倍甚至几百倍。这类食品均具有多种医疗保健功能,部分还有增香、调味作用。

第二节
食品添加剂的使用

食品添加剂属于辅助原料,但对主体原料有着很大的影响,因此需要予以高度重视。

一、合理使用食品添加剂

首先,我们应该把非法和合法的添加剂区别对待。不能因为苏丹红事件、三聚氰胺、塑化剂事件等食品安全事件而祸及合法的食品添加剂，害怕所有的食品添加剂。像苏丹红、三聚氰胺、塑化剂这样的属于非法添加，是禁止使用的。

其次，合法的食品添加剂也不可过量添加。

食品安全国家标准 GB 2760—2011《食品添加剂使用标准》规定了食品添加剂的使用原则、允许使用的食品添加剂品种、使用范围及最大使用量或残留量。该标准适用于所有的食品添加剂生产、经营和使用者。

GB 2760—2011《食品添加剂使用标准》明确规定，使用食品添加剂应当在技术上确有必要，且经过风险评估证明安全可靠；在达到预期效果情况下，应当尽可能降低食品添加剂在食品加工中的用量。食品添加剂并非强制使用，即使写进了标准里，在生产中生产厂家可以根据需要按量使用，如果不需要，则无需使用。

依据《食品添加剂新品种管理办法》的要求，如果某种食品添加剂不再具有技术必要性，或者有新的科学证据表明存在安全隐患的，卫生部将及时组织重新评估。

GB 2760—2011《食品添加剂使用标准》代替 GB 2760—2007《食品添加剂使用卫生标准》，与后者相比，主要变化为：修改了标准名称；增加了 2007 年至 2010 年第四号卫生部公告的食品添加剂规定；调整了部分食品添加剂的使用规定；删除了表 A.2 食品中允许使用的添加剂及使用量；调整了部分食品分类系统，并按照调整后的食品类别对食品添加剂使用规定进行了调整；增加了食品用香料、香精的使用原则，调整了食品用香料的分类；增加了食品工业用加工助剂的使用原则，调整了食品工业用加工助剂名单。

二、食品添加剂使用的基本要求

（1）不应对人体产生任何健康危害；

（2）不应掩盖食品腐败变质；

（3）不应掩盖食品本身或加工过程中的质量缺陷或以掺杂、掺

假、伪造为目的而使用食品添加剂;

(4) 不应降低食品本身的营养价值;

(5) 在达到预期的效果下尽可能降低在食品中的用量;

(6) 食品工业用加工助剂一般应在制成最后成品之前除去,有规定食品中残留量的除外。

三、在下列情况下可使用食品添加剂

(1) 保持食品本身的营养价值;

(2) 作为某些特殊膳食用食品的必要配料或成分;

(3) 提高食品的质量和稳定性,改进其感官特性;

(4) 便于食品的生产、加工、包装、运输或者贮藏。

四、食品添加剂的最大使用量(或残留量)

《食品添加剂使用标准》GB2760 中主要规定的是食品添加剂的最大使用量,只是部分品种规定了在使用范围中的残留量,如二氧化硫。

食品添加剂的最大允许使用量的涵义包括:在使用具体的食品添加剂时,其使用量不一定达到最大使用量,而应该按照食品添加剂的使用原则,在达到其使用目的的条件下尽可能减少在食品中的使用量,在具体食品类别中的使用量不能超过最大使用量。

如果超过《食品添加剂使用标准》中规定的最大使用量,应按照《食品添加剂卫生管理办法》规定,向卫生部申请审批。卫生部批准后方可使用。

食品添加剂的残留量是指食品添加剂或其分解产物在最终食品中的允许残留水平。如果按照标准检测方法检出食品添加剂的残留量超过《食品添加剂使用标准》规定的残留量水平则是违法的。

最大使用量并不能作为确定产品中最终残留量的依据,而要根据实际使用情况和带入原则等进行综合判定。

五、带入原则

在下面所开列情况下,食品添加剂可以通过食物配料(含食品添加剂)带入食物中。

(1) 根据 GB 2760—2011 标准以及增补通知布告,食品配料中允许使用该食品添加剂。

(2) 食品配料中该添加剂的用量不应超过允许的最大使用量。

(3) 应在正常生产工艺前提下使用这些配料,并且食物中该添加剂的含量不应超过由配料带入的水平。

(4) 由配料带入食物中的该添加剂的含量应明显低于直接将其添加到该食物中凡是所需要的水平。

例如,红烧猪肉的加工制作。肉类制品中不允许加入一种叫苯甲酸钠的防腐剂,但红烧猪肉里要使用酱油,酱油为保鲜,是可以使用苯甲酸钠防腐,但有限量。肉制品中因为使用了酱油而含有少量的苯甲酸钠,不违规。根据"带入原则",可不将苯甲酸钠写入标签。

但有个别肉制品生产企业要求供应酱油的厂家多添加苯甲酸钠,为其肉制品防腐。酱油生产厂家不得不添加,否则就失去了客户。这是违背带入原则的行为。

六、食品用香料、香精的使用原则

(1) 在食品中使用食品用香料、香精的目的是使食品产生、改变或提高食品的风味。食品用香料一般配制成食品用香精后用于食品加香,部分也可直接用于食品加香。食品用香料、香精不包括只产生甜味、配味或咸味的物质,也不包括增味剂。

(2) 食品用香料、香精在各类食品中按生产需要适量使用,GB 2760—2011 表 B.1 中所列食品没加香的必要,不得添加食品用香料、香精,法律、法规或国家食品安全标准另有规定者除外。除表

B.1所列食品外,其他食品是否可以加香应按相关食品标准规定执行。

(3)用于配制食品用香精的食品用香料品种应符合标准的规定。用物理方法、酶法或微生物法(所用酶制剂应符合标准的有关规定)从食品(可以是未加工过的,也可以是经过了适合人类消费的传统的食品制备工艺的加工过程)制得的具有香味特性的物质或天然香味复合物可用于配制食品用香精(天然香味复合物是一类含有食品用香味物质的制剂)。

(4)具有其他食品添加剂功能的食品用香料,在食品中发挥其他食品添加剂功能时,应符合本标准的规定。

七、食品用加工助剂的使用原则

(1)加工助剂应在食品生产加工过程中使用,使用时应具有工艺必要性,在达到预期目的前提下应尽可能降低使用量。

(2)加工助剂一般应在制成最终成品之前除去,无法除去的,应尽可能降低其残留量,其残留量不应对健康产生危害,不应在最终产品中发挥功能作用。

(3)加工助剂应该符合相应的质量规格要求。

第三节
食品安全档次的提升

主体原料是食品档次的基础。在食品界,除了普通食品之外,同时存在着无公害食品、绿色食品、有机食品三种食品标准体系。这三者都是在强调主体原料的基础上,对某些辅助原料作出限制。对于三者的关系,有人形象地用"金字塔"来形容,从塔底到塔尖依次为无公害食品、绿色食品、有机食品。

无公害食品是保障国民食品安全的基准线,绿色食品是有中国特色的安全、环保食品,有机食品是国际上公认的安全、环保、健康食品。但国际上只有有机食品,并无绿色食品或无公害食品之说,因为在发达国家消费者眼里,既然是食品都应该是无公害的。

一、无公害食品

无公害食品产生于20世纪80年代后期,那时,我国基本解决了农产品的供需矛盾,药物残留问题开始引起广泛关注,为解决农产品中农残、有毒有害物质等"公害"问题,部分省、市开始推出无公害农产品。2001年农业部提出"无公害食品行动计划",并在北京、上海、天津、深圳4个城市进行试点,2002年"无公害食品行动计划"在全国范围内展开。

根据《无公害农产品管理办法》中规定,无公害食品是指产地环境、生产过程和最终产品符合无公害食品标准和规范,经专门机构认定,许可使用无公害农产品标识的食品。无公害食品生产过程中允许限量、限品种、限时间地使用人工合成的安全的化学农药、兽药、渔药、肥料、饲料添加剂等。

无公害食品实行综合检测,如粮食有20个项目22项指标,蔬菜有19个项目21项指标。果蔬类主要明确限定其相关的残留农药量,如六六六(BHC)、滴滴涕(DDT)、毒死蜱(chlorpyrifos)、马拉硫磷(malathion)、乐果(dimethoate)、敌百虫(trichlorfon)、氯氰菊酯(cypermethrin)、百菌清(chlorothalonil)等;重金属含量(如砷、铅、汞、镉等);以及亚硝酸盐含量。禽畜肉蛋类主要限定其微生物(如菌落总数、大肠杆菌数、沙门菌数等)、富集类农药(如六六六、滴滴涕等)、重金属、药类(如金霉素、土霉素、氯霉素、磺胺类等)的含量。

简单来说,无公害食品是在一定安全范围内允许有农药残留、药物残留以及痕量重金属的存在的。理论上来说应该是我国食品的最低要求,但实际上我国许多食品远没有达到此标准。

由省级农业行政主管部门组织完成无公害农产品产地的认定（包括产地环境监测），并颁发《无公害农产品产地认定证书》。

无公害农产品标志（图2-1）由绿色和橙色组成。无公害农产品标志图案主要由麦穗、对勾和无公害农产品字样组成，标志整体为绿色，其中麦穗与对勾为金色。绿色象征环保和安全，金色寓意成熟和丰收，麦穗代表农产品，对勾表示合格。标志图案直观、简洁、易于识别，涵义通俗易懂。

图2-1　无公害农产品标志

二、绿色食品

绿色食品是较无公害食品高级的食品，其要求更为严格，品质也更好。

绿色食品产生于20世纪90年代初期，产生背景与无公害食品产生背景大致相同，是在社会强烈期盼"无毒、营养、环保"的背景下，我国推行的一种食品质量标准。1990年由农业部发起，1992年正式成立中国绿色食品发展中心，1993年农业部发布了《绿色食品标志管理办法》。

绿色食品不是指"绿颜色"的食品，而是指遵循可持续发展原则，按照特定生产方式生产，经专门机构认定，许可使用绿色食品标志，无污染的安全、优质、营养类食品。

"按照特定生产方式生产"是指在生产、加工过程中按照绿色食品的标准，禁用或限制使用化学合成的农药、肥料、添加剂等生产资料及其他可能对人体健康和生态环境产生危害的物质，并实施"从土地到餐桌"全程质量控制。这是绿色食品工作运行方式中的重要部分，同时也是绿色食品质量标准的核心。"经专门机构认定，许可使用绿色食品标志"是指绿色食品标志是中国绿色食品发展中心在国家工商行政管理总局商标局注册的证明商标,受《中华人民共和国商标法》保护,中国绿色食品发展中心作为商标注册人享有专用权,包括独占权、转让权、许可权和继承权。未经注册人许可,任何单位或个人不得使用。"安全、优质、营养"体现的是绿色食品的质量特性。

我国的绿色食品分为 AA 级和 A 级,但目前我国生产的绿色食品大多属于 A 级。

A 级绿色食品是指生产地的环境质量符合（NY/T 391—2000）的要求,生产过程中严格按照绿色食品生产资料使用准则和生产技术操作规程要求,限量使用限定的化学合成生产物资,产品质量符合绿色食品产品标准,经专门机构认定,许可使用 A 级绿色食品标志的产品。

AA 级绿色食品是指生产地的环境质量符合《绿色食品产地环境技术条件》（NY/T 391—2000）的要求,生产过程中不使用化学合成的肥料、农药、兽药、饲料添加剂、食品添加剂和其他有害于环境和人体健康的物质,按有机生产方式生产,产品质量符合绿色食品产品标准,经专门机构认定,许可使用 AA 级绿色食品标志的产品。

绿色食品标志是由中国绿色食品发展中心在国家工商行政管理局商标局正式注册的质量证明商标,由三部分构成,即上方的太阳、下方的叶片和中心的蓓蕾（见图2-2）。标志作为一种特定的产品质量的证明商标,其商标专用权受《中华人民共和国商标法》保护。一般来说,绿色食品标志证书编号由 3 部分组成,标志、代码产品类别、产品代号,其中打头的 LB 两个字母表示"绿标",分隔号后的

图 2-2　绿色食品标志

两个字母代表产品类别,再后面的一排字符则表示认证时间、产地、号码、等级等。消费者特别要注意的是认证时间,因为绿色食品的认证时效为 3 年,3 年后该食品不一定就是绿色食品。

三、有机食品

与无公害食品以及绿色食品比较,有机食品的要求要严格得多。

有机食品国际上起步于 20 世纪 70 年代,是由于发达国家出现农产品过剩、生态环境恶化以及不断的环保主义运动而产生的。我国 1994 年成立了有机食品中心,标志着我国向有机食品生产迈出了实质性的步伐。

有机食品一词是从英文 Organic Food 直译过来的,其他语言中也有叫生态食品或生物食品的。有机食品在生产过程中完全不用化学肥料、农药、生长调节剂、畜禽饲料添加剂等合成物质。甚至禁止基因工程技术和经过辐射处理的产品标示为有机食品或作为有机食品出售。有些国家甚至要求有机农产品的产地方圆 10 公里内,并且 20 年前至今不能有工厂。

有机食品在加工过程中不使用任何人工合成的添加剂、色素、防腐剂等,并且加工过程要符合相应的加工标准。

可以说有机食品想要并且试图杜绝一切人工因素,实现自然绿色。在更健康的同时,有机食品的价格也因为其成本而很高。根据调查,一般有机食品价格要比常规食品价格高出许多,例如,目前北京和上海的超市中销售的有机蔬菜价格一般是常规蔬菜价格的 3~5 倍,消费的群体主要集中在中等收入以上水平的消费者。由于经济利益的驱动,有机食品的发展速度出现高速增长。

有机食品目前实施 2001 年国家环保总局发布的《有机食品技术规范》。国家环保总局有机食品发展中心根据该规范制定了《OFDC 有机认证标准》,这个标准与国际有机农业运动联盟(IFOAM)的《有机生产和加工的基本标准》、联合国粮农组织(FAO)和世界卫生组织(WHO)制定的《食品法典》、欧盟有机农业法规 EEC2092/91、美国及日本的有机标准完全接轨。

有机食品标志（图 2-3）采用人手和叶片为创意元素。我们可以感觉到两种景象，其一是一只手向上持着一片绿叶，寓意人类对自然和生命的渴望；其二是两只手一上一下握在一起，将绿叶拟人化为自然的手，寓意人类的生存离不开大自然的呵护，人与自然需要和谐美好的生存关系。有机食品概念的提出正是这种理念的实际应用。人类的食物从自然中获取，人类的活动应尊重自然规律，这样才能创造一个良好的可持续发展空间。

图 2-3 有机食品标志

第四节 食品形态的形成

食品的形态多样，可分为液态食品（包括可流动的溶液、胶体、泡沫和气泡）和固体半固体状食品（组织细胞、固体泡、半固体、粉体等）。也有人把食品分为液态食品、凝胶状食品、凝脂状食品、细胞状食品、纤维状食品和多孔食品。

色、香、味、形是构成食品质量的重要组成部分。

食品主体骨架设计只是形成最初的形态，成为后续设计的载体，全部的设计加工完成才完成食品最终的定"形"。

食品形态的形成主要取决于原料和工艺，两者相辅相成，相互促进。

一、原料定"形"

原料赋予食品一定的质量和体积，成为食品加工定型的基础。

其中主体原料由于在配方中所占的比例大，起着主导作用。

在原料中，有一类称为填充料，一般指加工生产中作为基本组分以改变其性能或降低成本的固体物料。市面上的填充料主要是玉米淀粉、糊精等，主要作用是增加内容物含量与产品体积。

二、工艺定"形"

食品的"形"是食品原料在加工工艺过程中成型的，它包括借助模具成型、手工成型、机械成型等方法。食品的加工有热加工（干燥、烘烤、热烫、蒸煮、油炸、罐头加工等）、冷加工（冷却、冻结、超低温冻结）、非常压加工（高压、低压）等，还有一些新技术（挤压/膨化、超微粉碎、微胶囊化等），这些加工方法和技术对食品发挥着定"形"作用。其中，让产品体积增大的加工方法主要有以下4种。

（1）膨化　膨化是利用相变和气体的热压效应原理，使被加工物料内部的液体迅速升温汽化、增压膨胀，并依靠气体的膨胀力，带动组分中高分子物质的结构变性，从而使之成为具有网状组织结构特征，定型的多孔状物质的过程。一类是利用高温，如油炸、热空气、微波膨化等；另一类是利用温度和压力的共同作用，如挤压膨化、低温真空油炸等。

（2）膨松　在以小麦粉为主的焙烤食品中添加膨松剂，并在加工过程中受热分解，产生气体，使面胚起发，形成致密多孔组织，从而使制品具有膨松、柔软或酥脆的质构。

（3）膨胀　冰淇淋的膨胀是冰淇淋的混合原料液在凝冻机内受制冷剂与搅拌器及外界空气等三个条件的作用而产生，料液在冷冻的同时，加以剧烈地搅拌，其温度逐渐下降，黏度不断提高，外界空气迅速混入变成许多微小气泡，进入冰淇淋中使其容积增大，获得要求的膨胀率。一般合适的膨胀率是混合料中总固形物的2～2.5倍。

（4）充气　充气糖果是按一定的生产方式，对熬煮到一定浓度的混合糖浆流体进行充分搅拌后形成。它的质构以有细密的气泡存在为主要特征,组织疏松有弹性,滑润有光泽。

第五节
主体原料的配方设计

一、主体原料的选择原则

(1) 匹配性　符合既有设备和工艺的可能性。
(2) 多样性　选用时应尽可能多选择几种原料,注重产品系列化,加工多元化。
(3) 经济性　选用原料要因地制宜,就地取材,原料基地化。
(4) 安全性　不能选择农药及各种添加剂超标、变质、有毒害性原料等,让消费者使用放心,绝不会带来任何副作用。

二、主体原料的量化原则

对主体原料的量化,其实也是对其他辅料的量化过程,两者是一个问题的两个面,共同组成一个配方。在实际设计过程中,通常采用倒推法,即先设定一个量(通常是10的倍数),在此量的基础上确定其他辅料的添加量,而主体原料在其中所占的具体比例,最终配方设计完成才能知道。

例如,一种煮制肉食制品的专利配方,是按每1000kg原料肉配制:大豆分离蛋白12~15kg,卡拉胶1.5~2.5kg,复合磷酸盐1.5~2.5kg,葡萄糖2~2.5kg,白砂糖5~7.5kg,食盐10~12.5kg。该配方成分改变了传统用植物调料蒸煮老汤,经过滚揉流程后,使辅料与肉纤维充分结合,净肉出肉率达到100%,并且口感与味道俱佳,降低了生产成本。该配方就是先确定主体原料——肉的整数1000kg,然后再确定辅料添加量。

对主体原料的量化原则：体现产品特点，以标准为准绳，禁止偷梁换柱、以次充好。其中的关键是处理好主体原料与填充料的比例问题。

例如，奶粉是由鲜牛奶消毒后经浓缩、喷雾、干燥而成的。鲜牛奶加工成奶粉后，水分由原来的88％降低到2％～5％（瓶装），蛋白质、无机盐、脂肪等营养素的含量浓缩了。例如，每100g牛奶含蛋白质3.3g，而100g全脂奶粉含26.2g；每100g牛奶含脂肪4g，而100g全脂奶粉含30.6g；钙、磷、铁、维生素A、B_1、B_2、PP等含量均增高。我国生产的全脂奶粉，大多是加糖的，有的加蔗糖，有的加乳糖，所加的量低于20％，一般全脂奶粉的碳水化合物含量为35.5g/100g。通常8kg鲜牛奶浓缩成1kg干奶粉，若按比例冲调，即1kg奶粉加7kg水，这样浓度与鲜牛乳相同。奶粉的特点是保持了牛奶特有的乳香味和营养价值。

如果在奶粉中加入过量的豆奶粉，就失去了奶粉的营养价值，冲调时闻到的不是乳香味，而是豆腥味。

企业为了追求更大的经济利益，往往由于利益冲动而造成填充料的超量使用。例如，淀粉或变性淀粉在肉制品中的应用。淀粉有非常好的膨胀性，在西式火腿特别是一些肉块较大的产品中，加入少量淀粉后，可以保水保汁，增加弹性，改善结构。特别是在熟化前进行肠衣包装的产品中，一般加入3％以下的淀粉，基本上是不影响口感与口味的。通常加入5％以下的淀粉对产品的外观与结构均无较大的影响，而且适当地添加合适的淀粉，还可以增加产品的口感。采用变性淀粉，添加量可适当提高。但是，如果比例超量，便会产生明显的淀粉味；其次，淀粉添加量达到一定限度时，特别是低温环境中更易导致产品反生及析水现象发生，以致产品在切片出售时易出现干裂及变色发灰等现象，甚至可导致产品难以销售而退货。

更为恶劣的是以麦芽糊精制造假奶粉，以豆粉代替肉松，以骡马肉冒充牛肉，还有使用变质的畜肉做香肠，为不影响香肠的外观并掩盖变质的真相，使用福尔马林作为防腐剂等，这些都是法律所禁止的行为。

三、设计举例

1. 饮料

饮料是液态食品，主体是水，由此构成了饮料的流变性质。

饮料的水处理在饮料生产加工中占很大比重。饮料的水处理大致可分为四部分：预处理（絮凝、沉降、曝气）、过滤（除去水中的胶体物质及脱色、脱臭等）、软化（除去水中的盐及有害离子）、灭菌及除菌（杀死或去除微生物）。

经过处理后的水是无色无味的，这就构成了饮料的主体，成为添加其他原料的载体。要成为饮料，需要添加其他原料。

简单地说，经过纯化的饮用水中压入二氧化碳，并添加甜味剂和香料等，就是碳酸饮料。因为加入二氧化碳，能促进体内热气排出，产生清凉爽快的感觉。

其中，加入不低于2.5％原果汁的，称为果汁型，根据所加入的果汁分别称为橘汁汽水、橙汁汽水、菠萝汁汽水或混合果汁汽水等。

以食用香精为赋香剂，加入原果汁含量低于2.5％的，称为果味型，根据所用的香型分别称为橘子汽水、柠檬汽水等。

加入焦糖色、磷酸、可乐香精或类似可乐果和水果香型的辛香、果香混合香型的，称为可乐型。

2. 糖果

糖果是一种或多种甜味剂为主体而制成的甜味固体。糖果按标准分为：硬质糖果、夹心糖果、乳脂糖、凝胶糖、抛光糖、胶基糖、充气糖、压片糖及其他糖果。

主体原料通常是白砂糖和淀粉糖浆（或葡萄糖浆、饴糖），经加工构成糖果的形体和甜体。

白砂糖也称为蔗糖，是由葡萄糖和果糖所构成的一种双糖，具有三大物理特性：水溶性（特强）、渗透性、结晶性。蔗糖的饱和溶液受一定条件影响变化为过饱和溶液时，部分蔗糖会结晶析出。淀粉糖浆可作糖果填充料，以较低的成本赋给糖果固形物，降低其甜度改善其组织状态及风味，因其含有还原糖和糊精而具有抗结晶性和保湿性，它能控制糖果的结晶，又能保持其水分，有利其货架寿命。还原糖有葡萄糖、果糖、麦芽糖、乳糖、转化糖。还原糖有抗结晶性、吸水汽性和提高蔗糖溶液的溶解度特性。

主体原料配方设计的关键在于干固物和还原糖的平衡，当然也要考虑成本。

如果这种平衡控制不好，就会出现发烊、返砂现象，这是糖果质量变化的现象。当空气湿度较高时糖果会吸收水汽，从过饱和状态变成饱和或不饱和状态溶液，使表面发黏混浊，此现象称为发烊。当空气变得干燥时，发烊的糖果又会将吸收的水分扩散出去，回复到过饱和状态溶液，糖分子获得重新结晶的机会，结果形成白色的砂层，此现象称为返砂。防止发烊、返砂的方法：①在生产过程中，调整物料配比及工艺要求来控制还原糖；②控制包装的密封性，除了包装要封口紧密外，还要注意包装物材质的密闭性。③在储存、运输及货架上，要注意环境的温度、湿度控制。

还原糖的计算公式为：

$$R = W_1 / W_2 (1+m) \times 100$$

式中　　R——配料内需要加入还原糖百分含量，%。

W_1——配料内加入还原糖总重量，kg；

W_2——配料内加入干固物总重量，kg；

m——糖果内平均水分百分含量，%。

在设计中，首先要控制好配料中的还原糖量，例如淀粉糖浆和蔗糖的配比为 3∶7 或 4∶6，不宜低于 5∶5，再进行溶糖，连续真空熬糖的操作规程进行，那成品的还原糖含量一般在 12%～18% 为佳。

在此基础上，再添加其他原料，设计成不同的产品。以下就是焦香糖果的基本组成。

物料组成	卡拉密尔糖（胶质型）	太妃糖（胶质型）	勿奇糖（砂质型）
蔗糖	30%～35%	35%～40%	55%～65%
淀粉糖浆（干固物）	25%～30%	30%～35%	15%～20%
非脂乳固体	10%～15%	5%～10%	5%～10%
总脂肪	15%～20%	10%～16%	5%～10%
其中乳脂	8%～12%	5%～10%	8%～14%
总还原糖	15%～20%	15%～22%	7%～10%
食盐	0～2%	0.2%～0.3%	

第三章 调色设计

调色设计是食品配方设计的重要组成部分之一。调色是指食品的配方设计和调整过程中，选用一种或多种颜色原料，把食品的颜色调整到突出产品的特点、并使消费者感到愉快的过程。此过程中，食品的着色、护色、发色、褪色是食品加工者重点研究的内容。

- 主要调色方式：拼色、护色。
- 调色结果评价方法：目视法、比色计法。
- 调色举例：饮料的调色、肉制品调色。

第一节 调色原理

一、食品色泽的影响力

食品讲究色、香、味、形，首先是色。

心理学家认为，人的第一感觉就是视觉，而对视觉影响最大的则是色彩。人的行为之所以受到色彩的影响，是因人的行为很多时候容易受情绪的支配。近期，有英国、芬兰的科学家研究认为：色彩对人的情绪的确影响很大，色彩作用于人的感官，刺激人的神经，进而在情绪心理上产生影响。

色彩本身是没有灵魂的，它只是一种物理现象，但人们却能感受到色彩的情感，这是因为人们长期生活在一个色彩的世界中，积累着许多视觉经验，一旦知觉经验与外来色彩刺激发生一定的呼应时，就会在人的心理上引出某种情绪，见表 3-1。

表 3-1 食品颜色与感觉

颜色	感官印象	颜色	感官印象
白色	有营养、清爽、卫生、柔和	奶油色	甜、滋养、爽口、美味
灰色	难吃、脏	黄色	滋养、美味
粉红色	甜、柔和	暗黄	不新鲜、难吃
红色	甜、滋养、新鲜、味浓	淡黄色	清爽、清凉
紫红	浓烈、甜、暖	黄绿	清爽、新鲜
淡褐色	难吃、硬、暖	暗黄绿	不洁
橙色	甜、滋养、味浓、美味	绿	新鲜
暗橙色	陈旧、硬、暖		

色彩好像是一种有表情、有灵魂、会说话的东西，它可以给我们的心理带来很多影响。

1. 食品色泽对注意力的影响

色泽作为食品设计中的重要元素,不仅起着美化食品的作用,而且在食品销售的过程中也起着不可忽视的功能。注重色泽具有的宣传食品、吸引消费者注意力的广告作用。据有关资料分析,人的视觉器官在观察物体时,最初的 20 秒内,色彩感觉占 80%,而其造型只占 20%;两分钟后,色彩占 60%,造型占 40%;五分钟后,各占一半。随后,色彩的印象在人的视觉记忆中继续保持。

2. 食品色泽的心理感受

色彩的轻重感,主要取决于明度。明度高的色感觉轻,富有动感,暗色具有稳重感。明度相同时,纯度高的比纯度低的感觉轻。以色相分,轻重次序排列为白、黄、橙、红、灰、绿、蓝、紫、黑。

一般来讲,色调浓的颜色让人感觉沉重,色调淡的颜色让人感觉轻松,红、橙、黄等颜色让人感觉温暖,青、蓝、紫等颜色让人感觉清凉。

色彩的软硬感主要取决于明度,一般来说,明度高的色彩给人以柔软、亲切的感觉。明度低的色彩则给人坚硬、冷漠的感觉。但色彩明度接近于白色时,软硬感有所下降。色彩的软硬感还与纯度有关,纯度过高或过低,有坚硬感,中等纯度的色彩,则有柔软感。

3. 食品色泽对食欲的影响

色泽常给人以味道的联想。古人讲的"望梅止渴",就是因为人看到了画中梅子鲜艳欲滴的颜色,使人心理上向往,生理上便产生了反应。使用色彩艳丽明快的粉红、橙黄、橘红等颜色可以强调出食品的香、甜的嗅觉、味觉和口感。金色、红色、咖啡色等暖色,给人以新鲜美味、营养丰富的感觉。绿色,给人清新、健康的感觉。

最能吸引食欲的食品颜色是红色、橙色、桃色、黄褐色、黑褐色（黑色）、奶油色、淡绿色、亮绿色，而黄绿色、灰色等色则抑制食欲。

颜色对人的味觉也会有影响。心理学家曾做过这样一个实验：把同样的咖啡分别倒入黄、绿、红三种不同颜色的杯子中，然后请人分别品尝，评价哪一杯味道好。结果，大多数人认为黄杯子中的咖啡味淡，绿杯子中的咖啡略带酸味，而红杯子中的咖啡味浓、芳香可口。咖啡是一样的咖啡，只因为装它的杯子颜色不同，便给人造成了味道不同的假象。

4. 食品色泽对食品质量的影响

色泽是人们评价食品质量的重要感官指标，色泽是否正常也是判断食品质量优劣的重要依据。食品质量感官鉴别的基本方法，其实质就是依靠视觉、嗅觉、味觉、触觉和听觉等来鉴定食品的外观形态、色泽、气味、滋味和硬度（稠度）。不论对何种食品进行感官质量评价，上述方法总是不可缺少的，而且常是在理化和微生物检验方法之前进行。

二、食品色泽的变化

在食品的加工、贮存过程中，食品发生的变色现象主要是褐变和褪色。

（一）褐变

褐变是食品比较普通的一种变色现象。所谓褐变，是指食品在加工、贮藏或受损后，色泽变暗或变褐色的现象。食品发生褐变，在不同的场合下，将带来不同的结果。在食品生产中，可以加以利用的褐变现象，如生产酱油、咖啡、红茶以及烘烤面包时所呈现的褐变，是人们所希望出现的褐变。但是有些褐变现象不仅影响外观，还降低了营养价值，或者产生有害成分，如水果、蔬菜等原料。

褐变作用按其发生机制可分为酶促褐变及非酶褐变两大类。

1. 酶促褐变

酶促褐变是在酶的作用下，发生的褐变作用，酶促褐变发生在水果、蔬菜等新鲜植物性食物中。一般认为，这种作用是需氧的。在大多数情况下，酶促褐变是一种不希望出现于食物中的变化。食品中发生酶促褐变，必须具备三个条件，即：多酚类底物或一元酚、酚氧化酶和氧。三个条件，缺一不可。因此，欲控制食品中的酶促褐变，只需要改变其中的任何一个条件即可达到目的。

在实际工作中，可采用热处理法、酸处理法和与空气隔绝等方法防止食物的褐变。因为酶在45%以上、pH值在3.0以下以及经加工的原料浸泡在清水中、糖水中或盐水中都能防止酶促褐变的形成。

2. 非酶褐变

非酶褐变是不需要酶的作用而能产生的褐变作用，它主要包括焦糖化反应和美拉德反应。

（1）焦糖化反应　是食品在加工过程中，由于高温使含糖食品产生糖的焦化作用，从而使食品着色。反应条件：高温、碱性及高糖浓度。

（2）美拉德反应　又称为羰氨反应，指食品体系中含有氨基的化合物与含有羰基的化合物之间发生反应而使食品颜色加深的反应。

在实际工作中，如果需要控制非酶引起的褐变，可采用以下办法控制非酶褐变：

① 降温，温度相差10℃，褐变反感应的速度相差3～5倍；

② 亚硫酸处理；

③ 降低pH值，羰氨反应中缩合物在酸性条件下易于水解，降低pH就可以防止褐变；

④ 降低成品浓度，10%~15%的含水量最容易发生褐变；

⑤ 使用不易发生褐变的糖类。对于羰氨反应的速度而言：还原糖＞非还原糖；五碳糖＞六碳糖；五碳糖中核糖＞阿拉伯糖＞木糖；六碳糖中半乳糖＞甘露糖＞葡萄糖＞果糖；在双糖中乳糖＞蔗糖＞麦芽糖＞海藻糖。在胺类化合物中：胺＞氨基酸＞多肽＞蛋白质，而在氨基酸中，碱性氨基酸＞酸性氨基酸，氨基在 ε 位或末端的比 α 位的反应快。

⑥ 选择合适的包装材料，高质量的包装材料有助于防止阳光或紫外线、氧气等因素对产品的影响，具有隔氧防紫外线功能的复合塑料瓶防止非酶褐变效果最好，其次是能阻挡阳光照射的不透明聚乙烯瓶，最后依次是玻璃瓶、透明聚乙烯瓶。

（二）褪色

光对食用色素很具破坏性，高温对食用色素也具有破坏性，所有色素在酸碱条件下与金属接触褪色加快，尤其在高温下。所有合成色素都受还原剂的影响，很多情况下会完全褪色，如罐装食品中金属与酸性物质发生反应；加工水果时添加二氧化硫作防腐剂；加入维生素 C；产品中滋生微生物等。褪色往往造成食品贬值降价，甚至造成报废，给厂家和经销商带来严重的经济损失。

三、食品色泽的来源

食品色泽的来源主要有以下两个方面。

1. 食品中原有的天然色素

食品本身含有天然色素，不同的食品显现出各不相同的颜色。例如，红色的有红辣椒、胡萝卜、红枣、番茄、红薯、山楂、苹果、草莓、老南瓜、红米等；紫色的有樱桃、茄子、李子、紫葡萄、黑胡椒粉等；黑色的有紫菜、黑米、乌骨鸡等。食品的颜色系因含有某种色素，色素本身并无色，但它能从太阳光线的白色光中进行选择性吸收,余下的则为反射光。因此在波长 800nm 的红色至波长 400nm 的紫色之间的可见光部分,即红、橙、黄、绿、青、蓝、紫中的某一色或某几色的光反射刺激视觉而显示其颜色的基本属性。

2. 食品在加工过程中添加的色素

食品在加工过程中,由于受光、热、氧气或化学药剂等作用,使天然色素褪色造成食品色变而失去光泽。这样的食品人们会误认已发生质变,因而使其实际使用价值下降。如在食品生产过程中,先用适当的色素加于食品中,则会获得色泽令人满意的食品。由于食品本身的颜色及加入的色素易变色及褪色,所以加强色素的稳定性,添加维生素 C 等作为稳定剂成为解决问题的一个好的途径。

四、拼色

拼色也称为色素复配,指将各种色素按不同的比例混合拼制,由此可产生丰富的色素色谱,满足食品加工生产中着色的需求。由此而产生的色素称为调和色素。

食品有几千种,其剂型、口味、颜色、加工工艺都不同,对天然色素的剂型、pH、各种内在性质的要求也不同。单靠十几种天然色素品种是很难满足其要求的。这就需要发展复配色素的研究来满足这种千变万化的要求。复配的概念不应是 1~2 种色素的简单叠加,而应该是通过复配使新的复配产品在颜色、剂型、稳定性、pH、某种食品应用的适用性上达到一种新的高度。复配色素要求:①互相不起反应;②互相能均匀溶解,无沉淀悬浮物产生;③互溶后使原来稳定性有所提高。

在自然界中,所有的色彩都可以由三种基本色混合而成,这就是三基色原理。三基色是相互独立的三种颜色,其中任何一种颜色都不能由其他两种颜色产生,并且所有的其他颜色都可以由这三种基本颜色按不同的比例混合产生。它有两种基色系统,一种是加色系统，其基色是红、绿、蓝；另一种是减色系统，其三基色是黄、青、紫（或品红）。

等量的三原色相混合可以得到黑色。原色与原色相混合可以得到二次色。两个二次色混合或者以任何一种原色和黑色拼合所得的颜色称三次色。

最主要的二次色和三次色可以以下式表示：

这为色素的调配提供了空间。如：亮蓝＋苋菜红──→亮黑，胭脂红＋亮蓝＋日落黄──→牛奶巧克力棕，柠檬黄＋日落黄＋亮蓝＋胭脂红──→葡萄紫，柠檬黄＋亮蓝＋苋菜红──→茶色，柠檬黄＋亮蓝──→嫩叶绿，柠檬黄＋日落黄＋胭脂红──→鸡蛋黄。

这需要反复地调试，才能得出理想的效果与配制比例。如：杨梅红的配制可用苋菜红40％＋柠檬黄60％；苹果绿用靛蓝55％＋柠檬黄45％；紫葡萄色用靛蓝60％＋苋菜红40％；橘红色用胭脂红40％＋苋菜红60％（各种色素的纯度有时并不一致，具体比例还需要根据实际情况作适当调整）。表3-2列举了一些实例。

拼色是一项比较复杂而细致的工作，由于影响色调的因素很多，在拼色时必须通过具体实践，灵活掌握。主要考虑以下几个方面。

（1）色素性能的影响　拼色用的色素的性能要相似，例如扩散性等要相似，否则会形成色差；各种色素的纯度有时不一样，因此在实际拼色的过程中，色素的比例还要作适当的调整，要通过试验来决定使用量。

（2）食用色素间的影响　拼色中各种色素之间同样存在相互影响，如靛蓝能使赤藓红生成褐色；靛蓝与柠檬黄混合后经日光照射，靛蓝极易褪色，而柠檬黄几乎不褪色，在二者配成的绿色用于青梅酒着色时，往往出现靛蓝先褪色而使酒的色泽变黄。

第三章 调色设计

表 3-2 拼色实例   %

色调名称	苋菜红	赤藓红	胭脂红	荧光桃红	孟加拉玫瑰红	酸性红	柠檬黄	日落黄	亮蓝	靛蓝	坚固绿
巧克力色(1)		25						60	15		
巧克力色(2)	14		36				34			16	
巧克力色(3)（饼干等烘烤食品用)				15				72	13		
巧克力色(4)	36							48		16	
草莓色	73							27			
鸡蛋色(1)		6					94				
鸡蛋色(2)				5			95				
鸡蛋色(3)							70	30			
金茶色(1)		2	4			1	67	26			
金茶色(2)		7					60	33			
番茄色			32			16	16	36			
柑橘色					35		65				
樱桃色		68			32						
可可色	20					10	30	20	10	10	
葡萄色	76							16		8	
赤豆色	43						32			25	
茶末色(1)		9					86				5
茶末色(2)		6					79			15	
绿色							72		28		

注：本表摘自《食品添加剂新产品与新技术》。

（3）溶剂的影响 不同的食用色素溶解于不同的溶剂，同一种色素溶解在不同的溶剂中，可能产生不同的色调和强度，尤其是在使用两种或数种食用合成色素拼色时，情况更为显著。例如黄色和红色配成的橙色，在水中色调较黄，在酒精中较红。各种酒类酒精的含量不同，同样的食用色素溶解后变成不同的色调，故需要按照其酒精含量及色调强度的需要进行拼色。

（4）色素数量的影响 拼色所用的色素种数要尽量少，一般三种以下拼混较好，便于质量稳定均一，减少色差。

五、护色

色素类物质都是由于含有生色团和助色团才能呈现各自的特征

颜色，这些基团易被氧化、还原、络合作用，使基团的结构、性质发生变化，使颜色发生变化或褪色。护色就是针对各种色素对这些因素的敏感程度，有目的地采取螯合、抗氧化、包埋、微胶囊化、色素改性等措施来保护食品的色泽。

例如，对于多价金属离子的影响，可采用加入一些对金属离子有络合能力的酸和盐类，如植酸、柠檬酸、三聚磷酸钠、柠檬酸钠、复合磷酸盐，利用它们与金属离子结合，从而减弱金属离子对色素的作用。类胡萝卜素为油溶性色素，耐热性强而耐光性差，当与维生素 C、维生素 E 或天然抗氧化剂合用时，能较大程度地增强其耐光性。

将甜菜红与茶色素结合使用稳定性大大提高；用明矾、酒石酸钠、磷酸等作稳定剂，与蒽醌类天然色素并用，可防止颜色变化；叶绿素通过用铜取代镁，再制成钠或钾盐，则变成了非常稳定的绿色素；采用微胶囊化技术提高天然色素稳定性，例如 β-胡萝卜经过微胶囊化后其光、热的稳定性有了相当的提高；另外还可以利用生物技术，改变天然食用色素的色调，扩大其应用范围。

第二节　色素的使用

一、食用色素分类

在食品中添加色素并不是现代人的专利，其实，在我国古代，人们就知道利用红曲色素来制作红酒。客观地说，色素对于现代食品工业的发展有巨大贡献，色素使食品的品种和花样大大增多，满足了人们对食品的追求。

食用色素分为天然色素和人工合成色素两种。天然色素主要从植物组织中提取，也包括来自动物和微生物的一些色素。有姜黄素、叶红素、红花黄色素、辣椒红色素、虫胶色素、酱色等。例如红花素，顾名思义，就是从红花中提取出来的。从安全、毒性来看，天然色素不仅安全性高，而且还有一定营养及药理作用。这些是安全、理想的食用色素，但它们来源少、价格高、着色力差，使用并不广泛。

人工合成色素是指用人工化学合成方法所制造的有机色素。在添加色素的食品中，使用天然色素的不足20%，其余均为合成色素。

二、食用人工合成色素

1. 食用人工合成色素的优缺点

1856年英国人帕金合成出第一种人工色素——苯胺紫后，合成色素登上食品添加剂的舞台。食用合成色素主要指用人工化学合成方法所制得的有机化合物，按其化学结构可分为偶氮化合物和非偶氮化合物两大类。前者如柠檬黄、日落黄、胭脂红、酸性红、苋菜红等；后者如赤藓红、亮蓝等；而二氧化钛则是由矿物材料进行加工而制成的。

二氧化钛又称为白色素、增白剂、混浊剂，不溶于水、溶剂、酸、碱，性能稳定，对食品起增白作用，对紫外线有屏蔽作用。

目前，世界上允许使用的合成色素除二氧化钛外，几乎全部是水溶性色素。其实，合成色素也有许多是油溶性色素，但油溶性色素不溶于水，进入人体后不易排出体外，因此，它们的毒性都比较大，所以各国都不再允许使用。

为避免色素混色，需要增强水溶性色素在油脂中的分散性，提高色素对光、热、盐的钝性，为此将色素制成它的铝色淀产品。

由于合成色素一般较天然色素色彩鲜艳，坚牢度大，性能稳定（对光、热、氧气和pH稳定），易于着色并可任意调色，成本低廉，提取、使用方便。近年来，随着食品工业的发展，合成色素在食品加工和储藏中的应用越来越广泛。

但它有一个大缺点,即具有毒性(包括毒性、致泻性和致癌性)。这些毒性源于合成色素中的砷、铅、铜、苯酚、苯胺、乙醚、氯化物和硫酸盐,它们对人体均可造成不同程度的危害。特别是偶氮化合物类合成色素的致癌作用更明显。偶氮化合物在体内分解,可形成两种芳香胺化合物,芳香胺在体内经过代谢活动后与靶细胞作用可能会引起癌变。

对于少年儿童,正处于生长发育期,体内器官功能比较脆弱,神经系统发育尚不健全,对化学物质敏感。同时,由于孩子的肝脏解毒功能和肾脏排泄功能都不够健全,致使大量消耗体内解毒物质,干扰体内正常代谢功能,严重影响少年儿童的生长发育。

2. 各国对合成色素的态度

世界各国尤其是西方发达国家不仅在色素对人体健康影响方面做了大量调查和研究,而且在食用色素的管理、合成色素的使用方面均有严格的规定,多种合成色素已被禁止或严格限量使用,特别是偶氮类色素在食品中的使用。经过多年的努力,现在可以合法使用的食用合成色素品种已经大为减少。

在世界各国使用合成色素最多时,品种多达 100 余种。丹麦禁止在基本食物中使用色素,并要求所有添加的色素都必须在食品标签上注明。日本曾批准使用的合成色素有 27 种,现已禁止使用其中的 16 种。美国 1960 年允许使用的合成色素有 35 种,现仅剩下 7 种。瑞典、芬兰、挪威、印度、丹麦、法国等早已禁止使用偶氮类色素,其中挪威等一些国家还完全禁止使用任何化学合成色素。还有一些国家禁止在肉类、水果、婴儿食品、糕点等食品中添加合成色素。

与人们对合成色素的危害性认识越来越深入相对应的是,天然色素越来越受到重视。天然色素正在替代合成色素,这是食品行业的发展趋势。

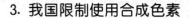

3. 我国限制使用合成色素

我国对在食品中添加合成色素也有严格的限制：凡是肉类及其加工品、鱼类及其加工品、醋、酱油、腐乳等调味品、水果及其制品、乳类及乳制品、婴儿食品、饼干、糕点都不能使用人工合成色素。只有汽水、冷饮食品、糖果、配制酒和果汁露可以少量使用，一般不得超过 1/10000。

我国允许使用的食用合成色素有：日落黄、柠檬黄、苋菜红、胭脂红、赤藓红、诱惑红、新红、亮蓝、靛蓝和它们各自的色淀以及酸性红、β-胡萝卜素、叶绿素铜钠和二氧化钛。色淀是由水溶性色素沉淀在允许使用的不溶性基质上所制备的特殊着色剂。它们没有任何营养价值，对人体健康也没有任何帮助，能不食用就尽量不要食用。

《食品添加剂使用标准》明确规定食品中添加食用色素的范围和用量，例如：日落黄、柠檬黄的最大使用量是 0.1g/kg，胭脂红的最大使用量是 0.05g/kg 软饮料（如碳酸饮料）。蜜饯、糕点、糖果、果冻等可使用规定的食用色素；牛奶、纯水、肉制品（如肉干、肉脯、肉松）、炒货（如瓜子、松子）等禁止添加人工合成色素。并强调婴幼儿食品中严禁使用任何人工合成色素。

三、天然色素

早在公元 10 世纪以前，古人就开始利用植物性天然色素给食品着色，最早使用色素的是大不列颠的阿利克撒人，当时他们用茜草植物色素做成玫瑰紫色糖果。我国自古就有将红曲米酿酒、酱肉、制红肠等习惯。西南一带用黄饭花、江南一带用乌饭树叶捣汁染糯米饭食用。在 1850 年英国人发明第一种合成食用色素苯胺紫之前，人们都是用天然色素来着色。

天然色素永远是食物的一部分，它们被分离出来后又重新添加到食品中。相对合成着色剂而言，天然食用色素更加安全，是国际上竞相开发的重点。世界各国对化工色素食品的添加剂已逐步受到限制，取而代之的是安全无毒的天然色素。近年来，天然食用色素在国际市场上销售额的年增长率一直保持在10%以上。近十多年来，我国经国家批准使用的天然着色剂从20多种增加到47种，是目前世界上批准天然着色剂最多的国家。食用天然色素色泽自然，种类繁多，其中很多主要成分是食物中的固有成分，许多食用天然色素对人体的多种疾病还具有非常突出的治疗、预防等药理作用和保健功能。在天然着色剂中，姜黄有抗癌作用，红花黄有降压作用，辣椒红、菊花黄、高粱红、玉米黄、沙棘黄有抗氧化作用，红曲米、桑葚红有降血脂作用，葡萄皮红、茶绿素有调脂作用，紫草红有抗炎症作用。

天然不等于无毒，这个简单的科学道理往往被人们所忽视。评价某一种物质的毒性大小，除人们已有多年广泛食用的历史外，只能用动物试验来推算到人，制订出每人每天以公斤体重计算最大允许摄入量以毫克计即ADI值。在这个范围内一般认为是安全的。天然着色剂成分复杂，经提纯后，其性质也有可能与原来不同，而且在加工中，其化学结构可能变化等等，因此天然物本身并不能保证都是安全的，所以，天然色素也要经过毒理实验。其一般要求是：①凡从已知食物中分离出来的，化学结构上无变化的色素，又应用于原来食物，其浓度又是原来食物中的正常浓度，对这种产品可不需要进行毒理检验；②凡从食品原料中分离出来的，化学结构上无变化的色素，当其使用浓度超过正常浓度时，对这种产品需要进行毒理评价，各项要求与合成着色剂的毒理评价要求相同；③凡从已知食物中分离出来的，但在其生产过程中化学结构已发生变化的着色剂，或从非食品原料中分离出来的天然着色剂，都要进行与合成着色剂相同的毒理评价。

目前，我国食品中应用天然色素比较成熟，用量也较大的有以下方面。

饼干表面喷涂——辣椒红。打粉用食品方便面、蛋卷、蛋黄饼——栀子黄、姜黄。饼干夹心——油溶复配各种颜色色素。火腿肠、肉制品——红曲色素、高粱红。果酱——复配各种色的色素。饮料——β-胡萝卜素。泡菜——辣椒红。果冻——各种颜色的水溶及油溶色素。其他还有用量较少的红酒、八宝粥、番茄酱、酱油等（大多为复配色素）。

　　天然色素使用量一般比合成色素高。由此引发的结果是它们可能引起食品的质地、气味和风味发生出乎意料的改变。天然色素稳定性和一致性较差，这些导致消费者有时会不接受使用天然色素的食品。天然色素的颜色常常更暗淡、更柔和，并且更容易受金属离子、水质、pH值、氧化、光照、温度的影响，一般较难分散，染着性、着色剂间的相溶性较差，且价格较高。这些都影响了天然色素的广泛应用。

　　当然，技术的进步使得天然色素的广泛使用成为可能。同时，天然色素绝大多数具有很优越的生理功能，这为它们的开发应用展现了广阔的前景。预计在未来，天然色素的需求趋势将会进一步升高，越来越多的食品会使用天然色素来代替合成色素，从而促进更多的顾客追求天然和健康的生活方式。随着更多的消费者对天然色素的需求，这个市场将以稳定的速度增长。

四、色淀

　　在许可使用的食用合成色素中，还包括它们各自的色淀。色淀，也称为色淀色素，它是由水溶性色素沉淀在许可使用的不溶性基质（通常为氧化铝）上所制备的特殊着色剂。这个制备过程，使色素从水溶性变成了水、油不溶性，因此说，色淀是沉淀了的色素。色素通过吸收光来显色，而色淀通过光在色淀上的反射来显色。

　　色淀按色素成分的多少定义为高浓、中浓和低浓色淀，高浓色淀中色素含量为32%～42%，中浓色淀中色素含量为22%～27%，低浓色淀中色素含量为12%～17%。色淀的着色效果和色淀中色素含量的高低无关。高浓度的色淀会比低浓度色淀的色泽深些。通常色素是什么颜色,色淀也就会大致对应什么颜色。其中最大的例外是苋菜红,其色淀的颜色偏暗偏紫。

一般水溶性色素需溶于水后才能着色,但有些产品在生产过程中没有水(如固体饮料、巧克力等)或水分含量越少越好,这时,我们就要使用色淀来呈色。当多色产品所产生的颜色相互渗透时,我们也要选择色淀来解决问题。

水溶性色素遇水会迁移,而色淀遇水不会迁移,在薄膜包衣、糖包衣、蛋糕裱花、口香糖等产品上应用色淀,可以消除产品中颜色相互渗透和食用时颜色沾在手上或让嘴染色等现象。食物需要多种色泽来装饰,如果不想颜色相互污染,使用色淀是较好的选择。

水溶性色素耐光、热等稳定性差,产品易褪色,色淀稳定性明显优于色素,在薄膜包衣、糖包衣上应用优势明显。

目前,世界上允许使用的合成色素除二氧化钛(白色素)外,几乎全部是水溶性色素,即溶解在溶液中,通过溶液进行着色的色素。

而食用色淀却是将水溶性色素沉淀在氧化铝上制备成的特殊着色剂,不溶于任何介质,通过扩散在某种载体中(如砂糖、油、甘油、糖浆)进行着色,或将色淀与所需着色的物料均匀混合后,通过轧辊、研磨、均质等操作过程,使被着色物料呈现均一色泽,从而达到所需的着色效果。

除了水、油不溶性外,色淀也比一般的色素更耐晒和耐酸碱。不过当pH在4以下时它就不太稳定了,毕竟它的色素和氧化铝的结合并不能算是完全的化学结合,还是会受影响的。

表3-3是几种色淀的性能举例。

表3-3 几种色淀的性能

项 目	诱惑红色淀	柠檬黄色淀	日落黄色淀	亮蓝色淀	靛蓝色淀	赤藓红色淀	苋菜红色淀	胭脂红色淀
光照不褪色性	4	5	2	2~3	2~3	2~3	2	2~3
耐热温度/℃	90	90	90	90	90	90	90	90

续表

项目		诱惑红色淀	柠檬黄色淀	日落黄色淀	亮蓝色淀	靛蓝色淀	赤藓红色淀	苋菜红色淀	胭脂红色淀
染料含量	低浓度	12～17	12～17	12～17	12～17	12～17	12～17	12～17	12～17
	中浓度	22～27	22～27	22～27	22～27	22～27	22～27	22～27	22～27
	高浓度	32～40	32～40	32～40	32～40	32～40	32～40	32～40	32～40
150℃干燥2小时损失/% ≤		17.00	17.00	17.00	17.00	17.00	17.00	17.00	17.00
pH(2%蒸馏水稀释)		4～5	4～5	4～5	4～5	4～5	4～5	4～5	4～5

注：1. 在高浓度时，色淀的密度会有 0.50～0.80 之间的差异。

2. 用 1～6 号表示稳定性从最低到最高的程度。除光照以外，1～6 号的等级只是一个指标，根据最终产品的不同而有所改变。

3. 本表摘自 Roha 色素公司的资料。表中的数据是依据现存的知识和经验，仅供参考，不应作为法律上的保证。

五、常见色素的性能比较

高温对食用色素具有破坏性。从热对色素稳定性的影响看，日落黄最稳定，柠檬黄、胭脂红、苋菜红、诱惑红、亮蓝较稳定，β-胡萝卜素、赤藓红、靛蓝较差。

光照对色素稳定性的影响，日落黄、柠檬黄较好，苋菜红、诱惑红、胭脂红、赤藓红、亮蓝尚可，β-胡萝卜素、赤鲜红、靛蓝较差。

苋菜红、诱惑红、胭脂红、β-胡萝卜素、靛蓝、日落黄、柠檬黄等耐氧化还原性较差。

柠檬黄、日落黄（转红）、苋菜红（转蓝）、靛蓝也在碱性溶液中易变色。β-胡萝卜素、赤藓红、靛蓝在酸性溶液中不够稳定。赤鲜红在 pH 小于 4 时会沉淀。相对而言，在酸性或中性食品中，日落黄、柠檬黄、苋菜红、亮蓝综合性能较好。表 3-4 是几种常见色素的性能比较。

表 3-4 几种常见色素的性能比较

比较项目		诱惑红	柠檬黄	日落黄	亮蓝	靛蓝	赤藓红	坚固绿	苋菜红	胭脂红
室温溶解性 /(g/L)	蒸馏水	220	140	120	200	12	70	200	140	140
	甘油(丙三醇)	30	150	160	190	5	20	200	100	10
	丙二醇	15	50	20	200	1	50	200	50	50
	乙醇(100%)	微量	不溶	不溶	1.5	不溶	不溶	微量	不溶	不溶
稳定性	pH3	稳定	稳定	稳定	一周后轻微褪色	一周后明显褪色	沉淀(不溶解的)	一周后轻微褪色	稳定	稳定
	pH7	稳定	稳定	稳定	一周后非常轻微褪色	一周后相当的褪色	稳定	一周后轻微褪色	稳定	稳定
	pH8	稳定	稳定	稳定	一周后非常轻微褪色	完全褪色	稳定	轻微褪色并显蓝色	稳定	稳定
205℃(400°F)烘焙		4	5	5	4~5	1	3	—	3	5
光稳定性		5	6	4	5	2	3	3	4~5	4
热稳定性		5	5	5	5	1	4	—	4	5
耐碱性		4	4	4	4	4	4	2	3	5
果酸稳定性		5	5	5	5	1	1	4	5	5
苯甲酸稳定性		4	5	4	4	1	1	4	4	5
二氧化硫稳定性		4	4~5	3~4	5	1	5	3	3~4	3
山梨酸稳定性		5	5	5	5	1	4	5	5	6

注：1. 用 1~6 表示稳定性从最低到最高的程度。除光照以外，1~6 的等级只是一个指标，根据最终产品的不同而有所不同。

2. 本表摘自 Roha 色素公司的资料。表中数据是依据现存的知识和经验为基础，仅供参考，不应作为法律上的保证。

许多色素会因为食品微生物超标而被微生物分解变色或褪色，如苋菜红等。

所有合成色素都受还原剂的影响,很多情况下会完全褪色。如罐装食品中金属与酸性物质发生反应;加工水果时添加二氧化硫作防腐剂;加入维生素 C;产品中滋生微生物等。

有的色素还会受食品防腐剂的影响,如苯甲酸钠会使赤藓红、靛蓝变色,胭脂红、苋菜红也会受其影响。

因此,在使用这些色素时,要扬长避短。注意对色素采取避光、避热、防酸、防碱、防盐、防氧化还原、防微生物污染等措施。

六、色素溶液的配制与注意事项

直接使用色素粉末,不易在食品中分布均匀,可能形成色斑,影响产品外观。宜用适当的溶剂溶解,配成色素溶液后使用,通常先用少量冷水先将色素调成稠浆状,再用温热水倒入溶解,不断搅拌直至全部溶解。

(1)水质　所用水应为蒸馏水或软化水,以避免钙、镁离子引起色素沉淀。若使用自来水,则应将其煮沸,冷却后再用。这是由于 pH 值、硬度、氯离子的含量会影响色素的残存量。如自来水中的漂白粉含量过高时,可使色素因氧化而褪色;水的硬度过高,色素不易溶解而出现色素斑点;水的 pH 值过低,则色素的溶解度降低;水中无机盐浓度高时,易引起盐析,降低溶解度。

(2)容器　配制的容器,应采用玻璃、搪瓷、不锈钢等耐腐蚀的清洁容器具,避免与铜、铁器接触。

(3)浓度　色素溶液的配制浓度一般为 1%～15%,过浓则难于调节色调。

(4)时间　色素溶液应按照每次的用量配置,现配现用,48h之内使用,确保无菌,确保色素全部溶解。配制好的色素溶液应尽量立即使用,若将溶液保存更长时间,应考虑添加防腐剂,保持容器及设备的卫生,防止微生物滋长。剩余的色素溶液保存时要避免日光直射,最好在冷暗处密封保存。因为配好的色素溶液久置后会析出沉淀,而且由于温度对溶解度的影响,色素溶液即使在夏天配好后,贮存到冰箱中或是到了冬天也会有色素析出。如胭脂红的水溶液在长期放置后会变成黑色。

(5) 油溶性变水溶性　色素分为水溶色素和油溶色素,根据用途选用。一般油溶转水溶较容易,选择好适当的乳化剂即可。果冻中的小彩珠就是选用的油溶色素,然后通过乳化剂(SE-15等)成为水溶,然后添加到配料中,当然黄色选用的一般是胡萝卜素。

(6) 两相　如果食品系统为两相(如水油两相)系统,需要分清楚是哪一相需要着色。

色素在使用过程中,注意采取避光、避热、防酸、防碱、防盐、防氧化还原、防微生物污染等措施,以保证达到预定的效果。有以下几点注意事项需要说明。

(1) 安全　注意合成色素的安全性。食用合成色素必须在我国规定的食用合成色素的使用范围和最大用量之内使用,不可超过,更不可使用未经国家批准的合成色素。同一色泽的着色剂混合使用时,其用量不得超过单一着色剂的允许量。不论是合成色素还是天然色素,限量以色素含量100%计算,色素含量不同应通过计算来换算限量,不能超过限量使用。

(2) 纯度　选择85%含量色素,选择水不溶物低的色素,杂质少,以保证产品良好稳定性。例如,在奶制品中,尽量选用85%含量产品,以减少色素中所含的盐对奶制品的不良影响。

(3) 温度　色素的加入应避开高温,高温对食用色素也具有破坏性。一般色素难以耐受105℃以上高温,所以应尽可能不要长时间置于105℃以上的高温下。用户应尽可能在低温时候加入食用色素,越晚越好,加入色素后产品最好不需要进一步加热。例如在糖果的生产过程中,最好在糖煮沸后,与香精同时加入;在果酱的生产过程中,最好在煮沸后,温度开始下降后加入。

（4）反应 在乳化香精中，需要选择钙稳定型日落黄，以避免乳化香精中日落黄遇钙沉淀。酱色（也称糖色）的使用要引起注意，酱色是将蔗糖酱和麦芽糖酱在 160～180℃ 高温下加热 3h，使之焦糖化，再加碱中和而成。焦糖本身没有毒，但如在制作过程中加入铵盐，使焦糖中有含氮的杂环化合物 4-甲基咪唑，这种物质有强烈的致惊厥作用，若含量过大，对人体有害。因此我国规定只允许使用不加铵盐制作的酱色。

第三节 常见调色问题与错误

一、常见问题与原因

1. 色素沉淀

色素沉淀通常有以下几方面原因。

（1）用量超过最大的溶解度 例如，苋菜红、葡萄紫在蒸馏水中的溶解度性约为 90g/L（20℃），在乙醇中的溶解性极微，超过限度就会产生沉淀。在饮料中直接使用色素粉末，不易分布均匀，还可能形成色素斑点或沉淀，影响饮料的外观及口感。

（2）化学反应 例如，在低温下发生皂化反应的叶绿体色素溶液，易乳化出现白色絮状沉淀，溶液浑浊。

（3）溶剂过少 溶剂过少，作为固体的色素不能完全溶解，形成沉淀。

（4）温度过低 温度对水溶性色素的溶解度影响较大，一般随温度的上升而增加，增加幅度依色素的不同而异；随着温度降低，色素的溶解度变小，温度过低会出现沉淀。

（5）pH 值过低 pH 值对水溶性色素的溶解度影响较大，一般随着pH值的下降溶解度降低，过低会出现沉淀。这因色素品种而异，例如，胭脂红、柠檬黄、日落黄、亮蓝等耐酸性较强，而靛蓝等的耐酸性弱，会形成沉淀，叶绿素铜钠盐在酸性条件下会产生沉淀。

2. 斑点

斑点的产生通常有以下几方面原因。

（1）色素未完全溶解　这种情况在固态食品中容易出现，未完全溶解的色素还是特高浓度的固体，调色后形成斑点。

（2）色素液体中存在沉淀物　主要是色素的纯度不高，含有杂质，调色后形成斑点。

（3）色素分脂溶性和水溶性两类，分别针对两类食品，如果用错会造成溶解性差，从而形成斑点。

（4）水质问题　水的硬度过高，色素不易溶解而出现色素斑点；水的pH值过低，则色素的溶解度降低；水中无机盐浓度高时，易引起盐析，降低溶解度。

3. 褪色

出现褪色通常有以下几方面原因。

（1）光　例如，类胡萝卜素的耐光性很差，在透光的包装中很容易氧化褪色。

（2）金属离子　例如，维生素类一般都不稳定，会因锌、锡、铝等金属离子的作用而造成褪色。

（3）微生物　例如，乳饮料容易因原料乳的源头污染及生产过程中的二次污染而褪色、变色。

（4）过热　通常在约105℃考察色素的耐热性，如靛蓝等的耐热性差，过热条件下容易变色、褪色。

（5）氧化　食品的氧化一般表现在油脂氧化、色素的氧化、维生素C的氧化三个方面。食品的变色、褪色的原因主要是氧化和褐变。

(6) 还原剂　例如，漂白剂通过还原等化学作用消耗食品中的氧，破坏、抑制食品氧化酶活性和食品的发色因素，使食品褐变色素褪色或免于褐变。水中的漂白粉含量过高时，可使色素因氧化而褪色。胭脂红在还原剂（食品中的维生素 C 等）、氧化剂（食品中残留的二氧化硫等）、微生物等影响下极易发生褪色现象。

(7) 强酸或强碱　目前允许使用的天然色素有姜黄、红花黄色素、辣椒红色素、虫胶色素、红曲米、酱色、甜菜红、叶绿素铜钠盐和 β-胡萝卜素，对光、热、酸、碱等敏感，所以在加工、贮存过程中很容易褪色和变色，影响感官性能。

(8) 拼色　拼色所用的色素应在溶解性、染着性、稳定性等方面一致，否则会造成褪色、变色。例如，食用黑色素通常由红、黄、蓝三个色素拼制而成，如果红色素选用了胭脂红，则由于其对氧化剂、还原剂和微生物较敏感而发生不同步的褪色现象，使原来的黑色转呈墨绿色。

二、常见错误与分析

1. 错误一：不进行量化

这是比较普遍的错误。在配方中，对其他原料都标明了用量，而在色素的用量中，只是标注为"适量"。这是过去式的认识，在食品行业发展的历史上，它曾经是正确的，但是到了食品安全日益得到重视的今天，它是错误的，不能正确指导生产。

这样导致的结果，是在生产中添加随意，不确定，时多时少，从而造成产品色泽上的不一致，或深或浅，影响产品的外观质量的一致性。

色素的添加量设计，应通过小试、中试扩大范围，进行计量，确定其添加量。

2. 错误二：过量添加

（1）像沙冰等很蓬松的食品，因光线的反射和散射的不同，给人感觉的颜色也就不同了，需要加大色素的添加量，可能会造成过量添加。

（2）追求颜色鲜艳，造成过量添加。结果造成媒体反复告诫消费者，对那些色彩特别鲜艳的食品、饮料，不要购买食用。

（3）天然色素随意添加。由于天然着色剂成分复杂，经提纯后，其性质也有可能与原来不同，而且在加工中，其化学结构可能变化等，因此天然物本身并不能保证都是安全的，所以，天然色素也要经过毒理实验，不可随意添加。

（4）复配色素的超量超限。复配色素的使用范围应同时符合复配单色品种所共有的使用范围。如：果绿，其使用范围应同时符合柠檬黄、亮蓝的使用范围，使用量应选小值。

总之，色素的使用量应遵守 GB 2760《中华人民共和国食品添加剂使用标准》的规定，禁止过量添加。

3. 错误三：在儿童食品中使用合成色素

儿童食品应该以新鲜、自然、多样化为主，其中脂肪和糖类的摄入不要太多。对于3~6岁的孩子，蛋白质摄入量应占全日能量摄入比例中的10%~14%，脂肪摄入量应占25%~30%，大约剩余的60%则应为碳水化合物。人工合成色素在经化学方法提取合成过程中，有的还可能混入砷、汞、苯胺等杂质，这些物质有不同程度的毒性。由于儿童尤其是婴幼儿的免疫系统发育尚不成熟，肝脏的解毒能力较弱，极容易对食品中的添加剂产生过敏反应。因此，儿童食品中禁止使用人工合成色素。

4. 错误四：使用工业染料

例如使用"吊白块"、"苏丹红"等工业染料，这是致命错误。"吊白块"又称雕白粉，化学名称为甲醛次硫酸氢钠，为半透明的白色结晶或小块,易溶于水,有漂白作用,主要用于印染工业作拔染剂和还原剂,用于生产靛蓝染料、还原染料等,还用于合成橡胶。由于"吊白块"经加热后可分解成甲醛和二氧化硫,前者具有防腐作用,后者可使产品达到漂白增色的效果,加之价格低廉,因此,曾被不法商家在腐竹、面粉、米粉、粉丝、食糖等的加工中使用。"吊白块"在食品加工过程中分解产生的甲醛等有害物质,会使蛋白质凝固并失去活性,研究表明,人体直接摄入 10g "吊白块"就可导致死亡。

苏丹红是一种人工合成的红色染料,常用于地板、鞋油、机油等产品的染色。由于苏丹红用后不容易褪色,因此曾被不法商家用于辣椒染色等。进入体内的苏丹红主要通过胃肠道微生物还原酶、肝和肝外组织微粒体和细胞质的还原酶进行代谢,在体内代谢成相应的胺类物质。在多项体外致突变试验和动物致癌试验中,发现苏丹红的致突变性和致癌性与代谢生成的胺类物质有关。1995 年欧盟(EU)等国家已禁止其作为色素在食品中进行添加,对此我国也明文禁止。

食用色素和工业染料分别应用的两个领域是截然不同的,色素的使用品种必须遵守 GB 2760《中华人民共和国食品添加剂使用卫生标准》的规定,在食品行业使用工业染料是违法行为,应依法处罚。

第四节
调色结果评价

一、目视法

调色结果的评价方法中最简单的是目视法。评价应在白昼的散射光线下进行,以免灯光影响发生错觉。评价时应注意表面有无光泽、颜色的深浅色调等。在评价液态食品时,要将它注入比色管

（或无色的玻璃器皿）中，比较液体颜色的深浅。也可将瓶子颠倒过来，观察其中有无色素下沉、悬浮等情况。

比色管是质地均匀的试管形状的容器，和一般试管不同的是，比色管管壁的厚薄均匀度要比一般的试管高，而且整个圆筒形管径的上下一致。

二、比色计法

由于目视法易受到产品、环境和人的因素影响，判断的偏差较大。尤其是利用不同的色素进行调色，利用比色计可设计或辨认出细微差别的色泽。

方法：用比色计直接测定 3 次，取平均值。当显示读数稳定时，读取数值。有些样品的色泽对光敏感，测定值随时间而变，对于这种情况，测定时则固定时间，即当样品放置在色差计上一定时间后，迅速读取测定结果。固体食品分切成大小适当的小块，切面要求平整，然后对切面测定色泽。

例如，啤酒色度的测定。将除气后的啤酒注入 EBC 比色计的比色皿中，与标准 EBC 色盘比较，目视读数或自动数字显示出啤酒的色度，以 EBC 色度单位表示。EBC 比色计具有 2.0～27.0 EBC 单位的目视色度盘或自动数据处理与显示装置。一般淡色啤酒的色度在 5.0～14.0 EBC 范围内；浓色啤酒的色度在 15.0～40.0 EBC 范围内。测定浓色或黑色啤酒时，需要将啤酒稀释至合适的色度范围（即 2.0～27.0 EBC 范围内），然后将实验结果乘以稀释倍数。

在色泽测定上除了随机误差之外，还存在光敏感性的问题，即存在一定的系统误差。例如，对于四次显著差异检验结果不全部一致的情况，按如下原则判定：四次显著差异检验中，只有一次检验结果为存在显著差异，而三次检验结果为无显著差异，则判定为无显著差异；如四次检验中有两次以上结果为存在显著差异，则判定为有显著差异。

三、色素稳定性及护色效果测试

色素稳定性测试包括以下内容。

对光的稳定性：取色素溶液 10mL 分别加入两支比色管，一支存放于暗处，作为对比液，另一支排列于开着的紫外灯之前照射 2～4h，然后用肉眼观察两样品的色调差别，用分光光度计测定最大吸收波长和吸光度值。

对热的稳定性：取色素溶液 10mL 分别加入两支比色管，一支存放于室温暗处作为对比样，另一支存放于 90℃ 水浴加热 0.5～1h，然后用肉眼观察两种样品的色调差别，用分光光度计测定最大吸收波长和吸光度值。

氧化还原稳定性：取色素溶液 10mL 分别加入三支比色管，一支存放于室温暗处作为对比样，另两支分别滴入数滴高锰酸钾溶液和抗坏血酸溶液，振荡均匀，静置 10～30min 然后用肉眼观察两样品的色调差别，用分光光度计测定最大吸收波长和吸光度值。

对金属离子的稳定性：取色素溶液 10mL 分别加入四支比色管，一支存放于室温暗处作对比样，另三支分别滴入数滴氯化铁、硫酸铜、硫酸锡溶液，振荡均匀，静置 10～30min，然后用肉眼观察两种样品的色调差别，同时用分光光度计测定最大吸收波长和吸光度值。

同理，可进行护色效果测试。

例如低温肉制品的护色试验设计：首先确定产品配方与工艺流程，然后设对照组（不外加任何护色剂）和不同添加量和添加组合的实验组。其中，护色剂用适量温水溶解（或分散）后，与其他原辅料混合分散均匀，按生产工艺制成成品。成品于装有荧光灯的冰箱内保存。定时取样检测时，各组制品分别准确称取 2g，剪成黄豆大小的颗粒，加入 200mL 蒸馏水，用打浆机打成浆状，室温放置 30min 后，离心分离，取上清液，于 520nm 处测吸光度值。

第五节
食品调色举例

一、饮料调色

1. 色调的确定

设计饮料的颜色应真实、自然,与其品名相一致,应选择与饮料天然色彩相似的或与饮料的名称一致的色调,使产品的色香味和谐相称。

碳酸饮料、果料饮料、乳酸菌饮料、橘汁饮料:用 β-胡萝卜素、辣椒色素、红花黄、胭脂红、虫胶。

葡萄饮料应用葡萄果皮红、栀子红。

草莓饮料用胭脂红、红曲色素、甜菜红。

咖啡饮料用可可豆、红花黄、焦糖色。

可乐用焦糖色。

注意颜色与人的消费心理的关系,从而满足消费者心理上对饮料的认识及嗜好。果汁或果汁型饮料,要根据水果本身的色泽来选择色素,宜淡不宜浓。如成熟草莓的色泽是鲜艳的红色,但草莓冷饮的颜色则要求淡雅些,以淡红色为佳。其原因是红色为暖色调,在炎热的夏季,色彩过浓的冷饮给人以燥热的感觉。炎热的夏季用冷色饮料,能给人一种清凉感;冬季人们则喜欢暖色饮料。在不同的消费场合需要不同颜色的饮料,如酒会、喜庆宴会、歌舞厅多喜欢用桃红色饮料。

2. 调色

水果型饮料的色泽如果与天然水果的色泽相一致,则能使消费者产生一种真实感。各种水果所含色素各不相同,因此无论添加天然或人工合成的单一色素,均不易直接调成天然水果的色泽,往往要采用复色调配而成。

复色调配时首先要选定主色，然后考虑辅色，还要懂得不同色素调配时形成的色泽。获得理想的色泽，应按不同的色素和不同的比例做大量的调色试验，选择最佳色泽，然后确定色素和添加量的数据作为配方。

调色的标准：①天然水果的色泽；②标准色卡；③竞争对手的产品，将调好的色液放在比色管中作对照。

在调色试验过程中，色素首先配制成水溶液，通常浓度选择为5%，用移液管定量使用，方便计算出用量。

调色时，小试后放大使用；可先用水做试验，合适以后，再往下继续进行。

3. 注意色素的稳定性

要选择纯度高的产品，因色素常需加入水中，若纯度不高，其浓度越降越低，则会出现褪色、变色的现象，从而影响饮料的品质。在饮料设计中要考虑pH值、加热等对其颜色的影响。据饮料种类选择合适色素，并注意温度、酸、碱的影响；色素的添加顺序一般在最后工序。注意饮料中加入的添加剂对饮料色素造成的影响以及饮料在贮存和消费过程中色泽发生的自然变化，避免各种不利因素的影响，综合采取各种措施，以保持和赋予饮料良好的色泽。对于酸度较高的饮料，要选用耐酸性较强的食用色素。对于需要经过热处理（杀菌）的饮料，其色素要有较强的耐热性。对于常暴露在光照条件下的饮料，要选择具有良好耐光性的食用色素。发酵饮料因微生物的关系具有还原性，因此需要选择抗还原性强的食用色素。

4. 饮料褪色分析

饮料中添加了色素，即使是合成色素，有时会发生褪色现象。对此，应作具体分析：

①分析各种色素的特点。苋菜红对氧化-还原作用敏感，不适

用于发酵食品的使用；胭脂红遇碱变暗，耐光性较差，用其制作的饮料，在阳光下时间过长，容易褪色；柠檬黄遇碱则增红，还原时为褐色，耐光性、耐热性强，在柠檬酸、酒石酸中稳定；日落黄遇碱变棕色或褐红色，还原时为褐色。

饮料中使用的色素以水溶性为主，水溶性色素吸湿性强，必须避光干燥储存。开封使用后，余下的色素应当即密封，防止氧化、污染、吸潮而导致色调变化，着色力降低。

② 检查配色素时是否严格按照标准进行操作。要先用恰当的溶剂溶解后再加入，这样容易均匀，也不容易有色素斑点。同时要注意配制的母液浓度不要过高，$1‰\sim10‰$之间为宜。

③ 检查配制合成色素溶液的溶剂。饮料通常是用水做色素的溶剂。水需要经过脱氯或去离子处理。否则余氯可能会导致色素褪色。

④ 检查调配过程中使用的容器及饮料最后使用的包装材料，其稳定性越高越好。如果不稳定的离子从盛装容器中迁移出来，也可能影响到饮料的颜色。

⑤ 检查复配色素的组成。拼色一定要考虑色素之间的协同效应及色素和环境因子之间的相互作用的影响。如靛蓝和赤藓红拼色，靛蓝会使赤藓红更快地褪色；但靛蓝和柠檬黄拼色，如果有光照，靛蓝本身褪色较快，柠檬黄则不易褪色。

二、肉制品调色

1. 肉色

肉色根据动物的种类不同而有所不同，也随屠宰后时间的推移而变化，其原因是多方面的，肌红蛋白和血红蛋白的含量及其变化是主要原因。肌红蛋白含量高，肉的颜色就深。肌红蛋白在肉中的变化，会使肉呈现出不同的颜色。肌红蛋白是呈紫色的，由于和空气中的氧接触，就变成氧合肌红蛋白，呈现出鲜红色；继续氧化，则变成了褐色的变性肌红蛋白；肉进一步氧化时，会变成绿色。这是由于肌红蛋白分解，产生绿色的氧化卟啉所致。但是这种变化通常在鲜肉时不发生，在细菌繁殖的特殊场合下才会发生。实际上，肉中的肌红蛋白的氧化，几乎都是3种状态并存的。因此，肉的颜色因这3种肌红蛋白的总含量和它们各自所占的比例而不同。

2. 加热过程中肉色的变化

一般的肉在被加热到65℃后，肉的颜色就会从生肉的红色变成桃红色，并随着温度的上升逐渐呈灰色。温度达到75℃左右时，颜色完全变成灰色。这是由于肌红蛋白热变性造成的。此外，在高温条件下，美拉德反应也可以使肉制品的颜色发生变化。

3. 肉制品的发色剂

在肉制品的加工过程中，可添加适量发色剂，如亚硝酸盐、硝酸盐、烟酰胺，以及辅助发色剂抗坏血酸、异抗坏血酸盐、葡萄糖酸内酯和葡萄糖等。肌红蛋白与亚硝酸盐结合，变成亚硝基肌红蛋白（红色），经过加热，变成稳定的亚硝基肌色素（桃红色）。依靠这一作用，肉制品好看的颜色得以保持。

4. 肉制品的着色料

着色剂：即色素。目前，我国肉制品加工工业已经使用的天然色素主要有辣椒红、红曲红、栀子黄、栀子蓝、姜黄、叶绿素、β-胡萝卜素、甜菜红、高粱红、叶黄素、紫草红、萝卜红、紫甘蓝、紫甘薯、紫苏、红花黄等。表3-5对肉制品中几种常用色素的特点进行了比较。

红曲米是红曲霉接种在蒸熟的米粒上经培养繁殖后所产生的红曲霉红素，是红曲霉菌菌丝体分泌的次级代谢物。形成红曲色素的霉菌主要有三种，即紫红曲霉、红色红曲霉和毛曲霉。其色素成分包括黄色、橙红色和红色。在肉制品加工中实际应用的主要是醇溶性的红斑素和红曲色素。

表 3-5 肉制品中常用色素的特点比较

名称	主要成分	光	热	氧	微生物	酸	碱	水	植物油	乙醇	其他
胭脂红	合成色素	好	很好	—	—	好	好	12	微溶	微溶	1. 胭脂红适用于红肠肠衣 2. 高粱红遇铅、铁离子成黑色
苋菜红	合成色素	好	很好	—	—	好	中(转蓝)	7	1	微溶	
辣椒红	辣椒红素	差(粉)	好	差	中	好	好	不溶	溶		
高粱红	芹菜苷	好	好	好	好	好	好	易溶	不溶	易溶	
胭脂虫红	胭脂虫红酸	好	好	好	好	好(呈橙色)	沉淀(紫色)	溶	不溶	溶	
红曲色素		较差	极好	好	极好	好	好	微溶	溶	溶	

天然红曲红因其对蛋白质的良好着色性能，能赋予肉制品特有的"肉红色"，以及其耐热、耐酸、耐碱性能，越来越受到青睐。红曲霉菌在形成色素的同时，还合成谷氨酸类物质，具有增香作用。但是，红曲红对光的稳定性较差，使用红曲红着色的肉制品，特别是低温肉制品，在储存或销售过程中，易因光照和氧化作用而褪色。一般低温肉制品在冷柜销售一个星期左右颜色会褪成灰白色，就是这个原因。影响天然色素稳定性的因素主要是酸、碱、温度、氧化剂、还原剂、金属离子、光照等。

因此最好不用透明包装，并避光保存。透明包装产品红曲色素的添加量要稍多一些。红曲粉或其他着色剂的添加量多了，颜色太重而发暗，此时应适当减少着色剂的用量。红曲色素不溶于水（溶于酒精），所以在搅拌不匀的情况下，有可能有可见或较大红斑，此时需要混合均匀。红曲粉或其他着色剂的添加量少了，颜色较浅而呈现橙色或黄色，此时应适当增加着色剂的用量。

5. 护色

常用的护色助剂为 L-抗坏血酸、L-抗坏血酸钠及烟酰胺。

由于氧化容易使产品褪色、腐败、破坏维生素等营养成分，不仅降低产品的营养价值，使食品变质，甚至产生有害物质，引起食物中毒。为了防止这种情况的出现，生产厂家必须选择一定的抗氧化剂，抗氧化剂在肉制品中的应用主要有两大类：一类是油溶性抗氧化剂，一类是水溶性抗氧化剂，油溶性抗氧化剂能均匀分布在油脂中，对油脂或含脂肪的食品可以很好地发挥其抗氧化的作用，水溶性抗氧化剂能防止肉制品中血色素的氧化，以及因氧化而影响肉制品的风味和质量等方面。

抗坏血酸的使用量一般为原料肉的 $0.02\%\sim0.05\%$，烟酰胺的用量为 $0.01\%\sim0.02\%$，在腌制或斩拌时添加，也可把原料肉浸渍在这些物质的 0.02% 的水溶液中。

6. 肉制品的着色方法

在肉品加工中可以根据肉制品的加工工艺过程、制作要求及着色剂本身的性质等几方面全面考虑。常见的着色方法有以下三种方式。

① 混合法 将着色剂混合溶解在酱汁、卤汁等具有流体性质的肉制品当中，再经过搅拌混合后，使着色剂均匀地分散在肉制品当中达到着色的目的。

② 涂抹法 根据所使用着色剂的性质（如是水溶性还是油溶性），选择适当的溶剂配成一定色调的着色溶液，均匀地涂抹在要着色的肉制品表面。

③ 渗入法 根据着色剂的水溶性还是油溶性性质，选择相应的溶剂，再调配成一定色调的着色溶液，然后将着色溶液适量地掺入到肉馅中搅拌均匀，就可以得到与着色溶液颜色相同的肉制品色泽。例如，一般的灌肠制品和火腿制品为了达到增加色泽的目的通常是在肉馅中加入溶解好的红曲来达目的。

第四章
调香设计

　　调香设计是食品配方设计的重要组成部分之一，它对各种食品的风味起着画龙点睛的作用。

　　• 调香原理：根据各种香精、香料、增香剂的特点、各种味觉嗅觉现象，取得香气与风味之间的平衡，目的在于寻求各种香精、香料、增香剂之间的和谐美。

　　• 调香结果的评价方式：①感官测定，包括盲测；②电子鼻、气相色谱。

　　• 调香举例：乳饮料、饮料、糖果的调香。

第一节
调 香 原 理

食品具有两方面的特性,一是其基本属性,即营养和安全性;一是修饰性,包括食品的外观、组织和滋味,就是常说的色、香、味。食品的香气是由多种挥发性的气味物质表现出来的,种类很多,含量极微,配合得当,能发出诱人的香味。食品的香气和滋味组成食品的风味。食品风味是食品的重要特征之一,是一种食品区别于另一种食品的质量特征,被誉为食品的灵魂。

所谓调香,即是将芳香物质相互搭配在一起,由于各呈香成分的挥发性不同而呈阶段性挥发,香气类型不断变换,有次序地刺激嗅觉神经,使其处于兴奋状态,避免产生嗅觉疲劳,让人们长久地感受到香气美妙之所在。

一、香气的生化本质

从生理学上分析,人们接触食物时挥发性香味物质微粒随空气进入鼻腔,与嗅部黏膜接触,溶解于嗅觉分泌液中,刺激嗅觉神经方才产生嗅觉。这就是通常所说的嗅感。一般从闻到气味物质到产生嗅觉,约 $0.2\sim0.3s$。食品中香气呈现主要是它们所含的醇、酚、醛、酮、酯、萜、烯等化合物挥发被人们吸进鼻腔引起刺激所致。

二、香气阈值和香气值

食品的香气是由许多种挥发性的香味物质所组成的,其中某一种组分往往不能单独表现出食品的整个香气。在绝大多数情况下,香气成分在食品中的含量是微量的。一个比较一致的看法是,香气成分的总含量大多为 $1\sim1000mg/kg$(水果多为 $10\sim100mg/kg$)。近年来,凭借 GC-MS 等分析方法,已能鉴别出食品香味复杂组成中的各种物质。

衡量香气成分的香气强度,可以通过阈值和香气值这两个定量的数据进行。香气阈值是指在用空白试验作比较时,能用嗅觉辨别该成分的最低浓度值。香气值则是香气成分的浓度与阈值的比值,它指明了一种成分在食品香气中所起的作用,因此也称为发香值。即:

$$香气值 = 香味物质的浓度/阈值$$

当香气成分的浓度=阈值,即香气值=1时,为嗅觉器官的最低感觉值。当香气值<1,说明嗅觉器官对这种物质的香气无感觉。

三、香气的形成途径

概括而言,食品中香气形成的途径主要有生物合成、风味酶的作用及高温下的反应三种。

(1) 生物合成　香气成分直接由动植物生长过程中合成,许多水果、香辛料香气成分都是生物合成产生的。

(2) 风味酶的作用(直接、间接)　直接酶作用途径,是指经过酶的作用,底物转变为香气成分。葱、蒜和卷心菜等香气的形成就是属于这种途径。间接酶作用途径,又称为氧化作用途径。它是指酶先作用生成氧化剂,而后氧化剂对香气成分的前提物质进行氧化,最终生成香气物质。如红茶的浓郁香气就是间接酶作用的结果。

(3) 高温下的反应(美拉德反应、高温分解)　经过加热或烘烤处理,使前提物质变成为香味成分的过程。许多食品因此而产生诱人的香气。

四、香气的稳定途径

香气成分具有不稳定性,有一些容易受内部、外部条件的影响,发生氧化、聚合等化学反应,从而失去原来的香气特性。香气成分的易挥发性构成有效的香气氛或感觉,但其含量是有限的。食品的香气,主要应表现在人们食用时,因此,必须对食用前食品香气的损失给予各种减缓或阻止。一切的手段还必须考虑到挥发的可逆性,即食用前少挥发或不挥发,而食用时又恢复原来的状态。

稳定食品的香气途径大致有以下两种。

(1) 微胶囊包埋法　即利用一些半渗透性物质(纤维素、淀粉、糊精、果胶、CMC),将较大分子的营养物质或香气成分结合,将香气成分包埋起来,在食品微粒表面形成一种水分子能通过而香气成分不能通过的半渗透性薄膜。这种包合物一般是在干燥食品时形成,加水后又能将香气成分释放出来。

(2) 物理吸附作用　对一些不能用包埋法的香气成分,我们可以通过物理吸附的方法将食品中的香气成分吸附在某个载体上。例如,用糖作为载体来吸附醇、醛、酮,用蛋白质来吸附醇等(固体饮料)。香气成分的吸附,主要与食品的具体成分有关。一般液相要比固相有更大的吸附力,而脂肪又是液相中吸附作用比较强的成分。其原因是大多数香味成分具有亲脂性。

五、香气的增强途径

目前一般有两个香气增强途径:

(1) 在食品的加工过程中直接加入香料来增强食品的香气。

(2) 在食品的加工过程中加入香味增强剂来提高食品原有香味的香气强度。

这个过程不仅能提高、充实食品的香气,而且也能改善或掩盖一些不愉快的气味。

六、调香步骤

(1) 确定所调香要解决何种问题。是解决产品香气不够丰满,还是解决杂味较重,还是余味问题等,这一步目标越具体,越详细越好，这样才能为第二步选择香料奠定基础。

（2）确定调制香精用于哪个工艺环节，考虑挥发性问题。

（3）确定调制的香精香型。香型方向确定之后再确定是创香还是仿香，创香要在广泛调研基础上发挥调香工作者的想象力设计出独特的香气风格。若是仿香，就要对所仿制的香气有深入的了解，要对被仿制对象的香气特征、香韵组成把握准确，并分析了解被仿制产品的香料使用情况。

（4）确定产品的档次。由于产品品质及档次不同，所以加香的目的不同。产品档次不同，所选用原料价格控制也不应相同。

（5）选择合适的香精、香料。

（6）拟定配方及实验过程。

（7）观察并评估效果。

七、调香的作用

在食品中香料、香精起到了引起食欲、促进食欲的作用，因而是食品中不可缺少的一部分。好的香精、香料对产品起到画龙点睛的作用，清新自然正是食品行业使用香精、香料期望达到的目的，而各种香精、香料的巧妙搭配，可使产品锦上添花。

（1）辅助作用　某些原来具有较好香气的制品，由于香气浓度不足，通常要通过选用香气与之相对应的香料、香精来衬托。

（2）赋香作用　某些产品本身无香气，通过加香赋予其特定的香型。

（3）补充作用　补充因加工原因而损失大部分香气的产品，使其达到应有的香气程度。

（4）稳定作用　天然产品的香气因地理、环境、条件、气候等因素的影响，香气很难一致，加香之后可以对天然产品的香气起到基本统一和稳定的作用。

（5）替代作用　由于货源不足或价格方面的原因，天然物品不能直接使用，则可用香精、香料代替部分或全部天然物品。

（6）矫味作用　某些产品在生产过程中，生成令人不愉快的气味时，可通过加香来掩盖。

第二节
增香剂的使用

食品的香气，可以通过添加一定的化学物质来加以改善和增强，这种添加物也因此被称为香气增强剂，也称为增香剂、香味改良剂。

香味增强剂之所以能将风味增效，并非它改变了香味物质的结构和组成，而是在于它能改变人的生理感觉功能。增香剂还是一种香味之间的乳化剂，它能使各种香味更加和谐，使食品产生更加圆熟的风味，这种效果可改善食品的美味感和宜人感。

现在的研究表明，添加香气增强剂，不仅可以增强食品的香气，而且还能改善或掩盖一些不愉快的气味，提高和增强食品的风味。食品香气的增强，大多通过这样的途径加以实现。

目前广泛使用的增香剂有香兰素、乙基香兰素、麦芽酚、乙基麦芽酚、味精，以及 $5'$-肌苷酸和 $5'$-鸟苷酸等。

由于味精、$5'$-肌苷酸和 $5'$-鸟苷酸更主要的作用是作鲜味成分，将在后面叙述，所以，这里将只介绍香兰素和乙基香兰素、麦芽酚和乙基麦芽酚。

一、香兰素和乙基香兰素

香兰素和乙基香兰素广泛运用在各种需要增加奶香气息的调香食品中，如蛋糕、冷饮、巧克力、糖果、饼干、方便面、面包以及烟草、调香酒类、牙膏、肥皂、香水化妆品等行业，还可用于香皂、牙膏、香水、橡胶、塑料、医药品。

1. 香兰素

广义的香兰素，包括甲基香兰素和乙基香兰素。

人们通常所说的香兰素,是指甲基香兰素(vanillin),化学名3-甲氧基-4-羟基苯甲醛,白色或微黄色结晶,具有香荚兰香气及浓郁的奶香,香气浓郁,留香甚为持久。

它是香料工业中最大的品种,是人们普遍喜爱的奶油香草香精的主要成分。天然存在于香荚兰豆、姜恩香、苏合香、咖啡、乳制品等的芳香成分中。

其用途十分广泛,如在食品、日化、烟草工业中作为香原料、矫味剂或定香剂,其中饮料、糖果、糕点、饼干、面包和炒货等食品用量居多。

建议用量:在最终食品中的用量通常为 50~1000mg/kg,在糖露及糕点顶部涂布料中的用量可高达 20000mg/kg。

2. 乙基香兰素

化学名:3-乙氧基-4-羟基苯甲醛,为白色至微黄色针状结晶或结晶性粉末,具有明显的甜的香气,暖、轻微的奶甜香,与香荚兰有某些相似,持久性极好,即使稀释也有一定的强度。尝味有明显的甜、暖,似奶和香草的感觉。

它的香气是香兰素的 3 倍左右,且留香持久,但两者香味各具风格。由于香气浓,添加量少,因此可有效降低食品中的苦味,是香兰素的替代产品,并可降低成本。

乙基香兰素属广谱型香料,是当今世界上最重要的合成香料之一,是食品添加剂行业中不可缺少的重要原料。

它广泛应用于食品、巧克力、冰淇淋、饮料及日用化妆品中起增香和定香作用。

通常与香兰素合用,也可以单独使用。不能与氧化物和较强的酸配伍使用。

建议用量:在最终加香食品中浓度为 20~200mg/kg,在巧克力中可达 4000mg/kg,在仿制香荚兰萃取液时,用量约 28000mg/kg。

二、麦芽酚和乙基麦芽酚

1. 麦芽酚、乙基麦芽酚的作用

① 作为香料直接使用。
② 作为香味增效剂使用。
③ 作为甜味增效剂使用。

2. 麦芽酚

麦芽酚是一种广谱的香味增效剂,具有增香、固香、增甜的作用。

为白色或微黄色针状结晶或粉末,熔点为 160~163℃,易溶于热水及氯仿,不溶于乙醚、苯、石油醚。麦芽酚具有焦糖香味。在酸性条件下,其增香和调香效果较好。碱性条件下,由于成盐,香气逐渐变弱。

由于麦芽酚还可以增甜,所以,添加麦芽酚的食品,可以减少糖的用量。一般来说,1份麦芽酚可代替4份香豆素使用。

麦芽酚可用于各种食品,参考用量:软饮料 4.1mg/kg;冰淇淋、冰制食品 8.7mg/kg;糖果 3mg/kg;焙烤食品 30mg/kg;胶冻及布丁 7.5mg/kg;胶姆糖 90mg/kg;果冻 90mg/kg;通常以 50~250mg/kg 的浓度作为增香剂。

3. 乙基麦芽酚

乙基麦芽酚是一种广谱的香味增效剂,已经成为食品调香必不可少的基础香料。以其对食品增甜、增香效果显著,并有抑酸、抑苦、去腥除异等功效,被广泛用于肉食品、饮料、糖果、面制品等食品的调香。

乙基麦芽酚为白色或微黄色针状结晶,熔点为 89~92℃,易溶于热水。乙基麦芽酚具有糖香味。用于食品，其增香性能为麦芽酚的6倍。世界卫生组织等规定，乙基麦芽酚作为添加剂的ADI为0.2mg/kg。一般在食品中的用量为0.4~100mg/kg。例如，一般在软饮料中的用量为1.4~6mg/kg；冰淇淋、冰制食品、果冻、番茄汤等5~15mg/kg；巧克力涂层、糖果、甜点心等30~50mg/kg。

乙基麦芽酚类作香味增效剂使用，用量较小，有时仅几个ppm（1ppm=1×10^{-6}）就有效，用量过多会使产品有焦糖味。由于有些乙基麦芽酚同系物在非常低的使用浓度就能极为有效地起作用，所以在添加于食品时，要精确的称取或调成浓度在0.5%以下的储备液，再按配方的最佳浓度加入食品。为了防止其升华损失，应选择工艺中损失最小的温度加入，而且要充分混合，以保证最终产品中增香剂的分布均匀。

乙基麦芽酚容易和铁生成络合物，与铁接触后，会逐渐由白变红。因此，储存中避免使用铁容器，其溶液也不宜长时间与铁器接触，适宜放在玻璃或塑料容器中储存。

市场上流通的乙基麦芽酚产品基本上分为三大类：一是纯乙基麦芽酚；二是加香乙基麦芽酚；三是稀释型乙基麦芽酚。

纯乙基麦芽酚是由糠醛合成的纯物质，白色粉状或针状结晶，具有水果样焦甜香味，易溶于热水、乙醇、丙二醇、氯仿等溶剂中，遇三氯化铁呈红紫色。商品名就叫"乙基麦芽酚"，国家标准规定纯度≥99%。纯乙基麦芽酚在阳光下有很刺眼的晶体光泽，手感有粒感，溶于凉水很难迅速分散。

加香乙基麦芽酚是在乙基麦芽酚基础上调入了一些香料。稀释品如"乙基麦芽精"，由于加入了过多的添加物——淀粉，颜色白而失去了晶体光泽，手感是淀粉的滑润感，有少量的粒感（乙基麦芽酚晶体）。稀释品溶入凉水后，出现大量沉淀（淀粉），没有沉淀而很快溶解的，加的是糊精或葡萄糖。

第三节 香精调香

一、香精的类型

食用香精按状态可分为液态香精、乳化型香精和粉末香精。

1. 液态香精（水溶性、油溶性、水油两用）

通常其中香味物质占 10%～20%，溶剂（水、丙二醇等）占 80%～90%；

（1）水溶性香精　水溶性香精的香气比较飘逸，香味的浓度不高且较易挥发，适用于水为介质的食品，如各种饮料、冷饮、凝胶软糖、酒类以及其他不经加热操作工艺的食品。

（2）油溶性香精　油溶性香精的香气比较浓郁、沉着和持久，香味浓度较高，相对来说耐温度较高，不易挥发，留香时间较长，主要适用于较高温操作工艺的食品加香，如糖果、饼干、糕点及肉制品等。

（3）水油两用香精　是一种既亲水又亲油的香精，风味依产品需要而定，耐高温性介于两者之间，留香时间较油溶性香精短，但由于价格一般较低，因而此类香精应用较广泛。

2. 乳化型香精

其中溶剂、乳化剂、胶、稳定剂、色素、酸和抗氧化剂等共 80%～90%。

乳化香精香气特点与水质香精相似，以水果风味为多。适用于对透明度无要求的食品，如冷饮、需要混浊度的果汁或果味饮料等，但在应用时必须注意它的胶体性能，以免破乳，影响饮料的质量。

3. 粉末香精

近年来，粉末香精发展较快，在饮料、小食品、焙烤食品等领域有较广泛的应用。常用的粉末香精有以下三种类型。

（1）拌和形式的粉末香精　几种粉状香味物质相互混合而得，如五香粉、咖喱粉等；这些香味大多来自天然的植物香料，而在调配肉类调味品时，除了香料外，还需加入一些粉剂的肉类香精；香草粉、香兰素等也是拌和形式的粉末香精。

（2）吸附形式的粉末香精　使香精成分吸附于载体外表上，此种香精组成要具备低挥发性；各种肉类香精则多为吸附形式的粉末香精。

（3）包覆形式的微胶囊粉末香精　这种香精是如今食品工业应用最多的粉末香精。

香精的微胶囊化是对香精进行包装、隔离、保藏、缓慢释放和液体固化等作用的一种特殊手段，其主要目的是使香精原有的香味保持较长的时间，同时较好地保存香精，防止因氧化等因素造成香精变质。

二、食用香精的组成

一个比较完整的香精配方应该由主香剂、辅助剂、头香剂、定香剂等 4 种类型的香料组成，体现头香、体香、基香等 3 个过程。

（1）主体香料　即起主要香味作用的香料，为特征香料，使人很自然地联想到目标香精的香味。其香味与所配制的香精香型相一致，如香蕉香精中的乙酸戊酯、丁酸戊酯；橘子香精中的橘子油、甜橙油；奶味香精中的丁二酮；椰子香精中的椰子醛等。调配香精时首先根据调配香精的香型确定与其香型一致的特征香料。香精中可能是一种香料做主体香料，也有可能是多种。

（2）辅助香料　在食用香精中，如果只使用主体香料，不但香料品种少而且香味也过于单调，往往需加一些辅助香料来配合衬托。辅助香料的作用很大，有的在整个香精中起到协调作用，有的起变稠作用。辅助香料的选择没有固定的限制范围，主要依靠经验进行选择。

（3）定香香料　可使食用香精中各种香料挥发程度趋于均匀，以保持食用香精的香味稳定和协调。例如：香兰素、乙基香兰素、丁香油、橘叶油等都是常用食用香精的定香剂。

以上各种主体香料、辅助香料和定香香料，在香精配方中并没有严格的界限。

三、香味的体现过程与价值评价

随着时间的推移，香味在不断地挥发，各种香料的挥发率不同，也造成了不同时间段有不同的香味。这样，就形成了一种金字塔式（或叫三阶式、三层式和经典式）的结构。也就是分前味的头香、中味的体香和后味的尾香三个基本的香味阶段。

（1）头香　亦称顶香，属于挥发度高、扩散力强的香料，在评香纸上的留香时间在2h以下。由于留香时间短，挥发以后香气不再残留，头香赋予人们最初的优美感，使香精香气富有感染力，作为香精的第一印象是很必要的。

（2）体香　是紧随头香之后出现的香气，是香精的主体香，具有中等挥发程度，能在较长时间保持稳定和一致，在评香纸上的留香时间为2～6h，体香香料构成香精香气的特征，是香精香气最重要的组成部分。

（3）尾香　是香味最持久的部分，也就是挥发最慢的部分，留香的持久使它成为整款香精的总结部分。在评香纸上残留的香气在6h以上，如麝香的香气可残留1个月以上。尾香香料不但可以使香精香气持久，同时也是构成香精香气特征的基本部分。

一个香料或香精的实用价值，可以从下列几方面进行评价：

① 香气如何；

② 是否为大多数人喜爱或符合某种特定要求；

③ 香气强度;
④ 留香时间。

评香要在通风良好、清洁无异味的室内进行,评香者的手指和鼻子之间、试样和标样之间,要有足够的空间距离,以免干扰。辨香过程有一定的间隔时间,至少是10s。

对于液体香精,先将一定量的样品置于洁净的容器中,然后用辨香纸(可用吸水性好的吸水纸,切成0.5~1cm宽,10~15cm长纸条代替)分别蘸1~2cm,蘸好后立即辨别,从其整体香气(头香、体香、尾香)、香气强度,进行评定。间隔一定时间,再对其头香、体香、尾香进行辨别,确定其细小变化。

对于固体香精,如果其香气不易直接辨别,则可用溶剂稀释至一定浓度,再蘸取辨其香味。常用的溶剂有水、乙醇、苯甲酸、苯甲酸苯甲酯、邻苯二甲酸二乙酯等。

四、香精的使用方法与用量

通常情况下,香精的使用方法与用量如下。

水溶性香精适用于饮料、冰品、果冻、酒等,一般用量为0.05%~0.15%。

水油两用型香精应用范围较广,适用于各类饮料、冰淇淋、饼干夹心、糖果、饼干及其他食品。一般用量为0.07%~0.2%。

油溶性香精适用于糖果、饼干及其他高温加工食品。在糖果中的用量一般为0.05%~0.1%;在面包中的用量一般为0.01%~0.1%;在饼干、糕点中的用量一般为0.05%~0.15%。

乳化香精适用于饮料、冰品等,一般用量为0.1%左右。

粉末香精适用于固体饮料及糖果、饼干夹心用加香,也可用于膨化食品等,固体用量为0.1%左右(最终饮料含量为0.1%),膨化食品及夹心用量为0.15%~0.3%。

天然发酵香精用于配制人造奶油、果奶、奶精、奶制品,参考用量0.05%~0.1%。

胶姆糖香精专用于口香糖、泡泡糖等产品，一般用量为0.2%~0.5%。

保质期限：水溶性香精5年，油溶性香精3年，粉末、天然发酵香精、乳化香精约1年。

保存方式：水溶性香精常温（15~30℃）下密闭贮存，防止日晒雨淋和靠近火源，天然发酵香精和油溶性香精需冷藏保存，乳化香精应在4℃的低温下保存，在避光场所贮存，切忌冰冻及过热。过冷或过热都会导致乳化香精体系稳定性下降，最终产生油水分离现象。乳化香精中的某些原料易受氧化，开了桶的乳化香精，氧化迅速加快，应尽快使用完毕。

五、香精复配的意义

香精复配是指两种或两种以上香精通过恰当比例的混合去表现特定主题的一种技术。客观地说，香精复配是一个取长补短、不增加香精品种而使香气更加完美的非常有意义的技艺。香精的搭配可产生新的口味，开发食品新品种，但是搭配技术没有既定的规则，必须通过实验来确定复配比例，达到理想的效果。

随着食品行业的发展，市场竞争日渐加剧，商家的产品日趋多样化。产品的多样化源于口味的多样化，对香精也提出了更高的要求，因此选择采用一个高品质香精的同时，各种香精相互搭配显得更为重要。通过复配技术不仅可以达到食品香精所要求的嗅觉和味觉的高度统一性，而且为完善提高产品质量打开了一条通道。香精的增效复配使用也逐渐为大多数食品厂家所采用。

香精复配的意义：

（1）香精通过复配有新的口味出现。如杂果就是由多种水果风味调配而成的。

（2）香精的复配可以起到保密作用，在市场上有竞争优势，使人无法模仿。一个香味简单的产品很容易被另一个厂家模仿，从而影响自身产品的销售，若经过一点复配，口味上虽变化不大，却对保护自身的产品有很大的好处。

（3）香精的复配可以起到口味的补充作用，使产品口味多样化，使产品口感丰富饱满。一个香精产品往往会突出某种风格，且有不突出之处，这就需要用其他香精来补充以达到完美。

（4）通过复配使用替代品，降低成本，但保持产品质量。

六、香精复配的原则

单一香精在表达主题实物香气或体现口感方面往往显得缺乏立体感，食品香精不同于日化香精是表达香气的思维联想，它是实实在在的口味感觉，因此在运用增效复配技术时要遵循这几项原则：相似相容、异香相配、浓淡相配、习惯搭配。

1. 相似相容

同一类型的产品，香气类型接近，一般是协调的，较易搭配。如：

① 奶类香精中有鲜奶、奶油、炼奶、奶酪等，将他们复配能产生一种复合的奶味。

② 瓜类香精，有西瓜、甜瓜、哈密瓜等，我们可以选两种或多种复配。

③ 水果类与奶类香精易搭配，坚果类与奶类也易搭配，而水果与坚果之间较难搭配。

④ 水果类香精之间的搭配比较容易，常见有：以甜橙为主，辅以柠檬；以菠萝为主，辅以芒果，水蜜桃，甜橙，香蕉等，水果复合香型的香精，香气宜人独特。

⑤ 坚果类香精之间的搭配，通常以咖啡为主，配以可可、巧克力；以花生为主，复配芝麻、核桃、板栗、杏仁；以香芋为主，复配烤红薯、榛子等。

同类相配是最不会出错的调配方法。注意调和时两者的比例和混合后的浓烈平衡度，混合一旦成功，将调和出完美的味道。

2. 异香相配

奶类与水果类的搭配比较普遍，而且广为流行，一般与草莓、巧克力、菠萝、香蕉、哈密瓜香型搭配时效果最佳。为了降低成本，减少乳制品的用量，填补牛奶香气的不足，在增加牛奶香精的同时，添加香草香精，增强牛奶的甜香。

3. 浓淡相配

突出主题风味，用清淡的辅香突出主香的浓厚等。香精复配一般在同质香精之间进行，一般应先加香味较淡的，然后加香味较浓的。奶类香精可以互相搭配，互为主辅。当使用两种乳化香精时，宜考虑配料中的物料配比分别加入。

4. 习惯搭配

指已被普遍接受的传统搭配，如桂花和赤豆，糯米和红枣等。

七、复配调香的要求

调香通常是指香精的调香，它是调香术的简称，指调配香精的技术和艺术。是将选定的香精按拟定的香型、香气，运用调香技艺，调制出人们喜好的、和谐的、极富浪漫色彩和幻想的香精。调香师可以说是集科学家和艺术家之"混合专家"。调香师要具有丰富的香料、香精知识、灵敏的辨香嗅觉、良好的艺术修养、丰富的想象能力及扎实的香精配备理论基础和合成工艺技术。

食品调香主要指香精的增效复配。香精的增效复配不是"拉郎配"，是一个取长补短、使香气更加完美的技艺。它有如下的要求。

1. 主题要明确

拿起来一闻就知道菠萝是菠萝，苹果是苹果。

食品香精必须要主题明确,食品香精创香就是真实,再现自然的口感。在香精复配时,既要保持原有香型的特征,也要追求新的风格。香气之间的搭配往往以一种为主,另一种或者其他几种为辅。做到主辅分开,避免香型交叉而显得不伦不类。

如果单求口味和谐,味道好也可不分主辅,复配中还可尽量把不良气味掩饰、调和,通过合理的复配,求得香型的协调、和谐和完美。

2. 协调性要好

在一定时间内香韵基本一致,使产品在两种香精间有缓冲区。把握住香韵间的过渡,寻找共同点,香韵间的过渡越完善,香气的协调性就越好。所谓香韵是香气的韵调,即人的主观意识对客观香气现象的反应和测度,也就是把香气作为艺术形象而对之领略和评价,香韵是比较抽象的,有时难以用语言或文字来表达。

3. 香味口感好

食品香精复配的最终目的是提供好产品,好产品是香气与口感的统一,香气好不是香精的最终目的,口感好才是最终目的。

在食品调香中,把握香气主题的准确性和完整性是很重要的,当我们表达的主题比较单一时,进行香精复配是最佳方法,而现在单一的香间的复配也正向模块化香精过渡。调香模块化就是把各种香型先调配好单元香基,形成头香,体香和尾香,成为板块模式,然后依据加工食品的特性和加工工艺的特点有取舍地重新组合。使之更符合食品厂家的需要,包括价位、产品特点、地域特点等要求,从而形成一种全新的香精。

食品调香时,应适当控制风味强度,掌握好添加量,防止过少或过多的添加带来不良效果。一般在研发、试制产品时通过反复的加香试验来求得,同时还要考虑到不同民族、不同地方、产品的特点的需求来确定食品香气、香味、浓度。

第四节
香辛料调香

一、香辛料的作用

香辛料（Spices）是一类能够给食品呈现具有各种香、辛、麻辣、苦、甜等典型气味的食用植物香料的简称，香辛料的开发和利用，在香料和食品工业中占有重要地位。

根据国内外的实际应用情况的发展趋势来看，香辛料与香草已无区别，人们把它们统称为香辛料。美国香辛料协会认为，凡是主要用来做食品调味用的植物，均可称为香辛料。

香辛料主要是由香味料和辛辣味料组成，它利用植物的种子、花蕾、叶茎、根块等，或其提取物，具有刺激性香味，赋予食物以风味，增进食欲，帮助消化和吸收的作用。

香辛料含有挥发油（精油）、辣味成分及有机酸、纤维、淀粉粒、树脂、黏液物质、胶质等成分，其大部分香气来自蒸馏后的精油。人类古时就开始将一些具有刺激性的芳香植物作为药物用于饮食，它们的精油含量较高，有强烈的呈味、呈香作用，能促进食欲，改善食品风味。

香辛料在食品中起调香、调味、掩盖异味、抑臭、赋予辣味及着色等作用，改善食品的色香味，从而增进人们的食欲。很多香辛料有抗菌防腐作用，同时还有特殊生理药理作用。有些香辛料还有相当数量的防止氧化的物质。

随着现代高新技术的发展，利用蒸馏、浸提、超临界萃取、分子蒸馏分离技术等方法从香辛料中提取和纯化精油和精油树脂，再进一步制成易溶的乳化型及微胶囊型等香辛料，这种多元化深加工发展的方向，使香辛料在现在食品加工工业中的应用更加广泛与深入。

二、天然香辛料的特点

在我国香辛料品种繁多，大部分的植物香辛料既有原产的，也有从国外引种的；各组织部位的呈味物质不同，决定了所选取的作为调料用的组织部位也不尽相同；在形态、气味、功效等方面各有所异。

作为香辛料的植物组织却有以下共同特点：
（1）具有典型的滋味或香气，即本身的特征气味。如花椒以香麻为代表滋味，胡椒以辛辣为主，砂仁则以突出清香气味等；
（2）绝大多数香辛料含有挥发性物质，是呈味物质的主要构成成分，因而可凭借气味的浓淡初步进行质量判定；
（3）在香辛料中，含味的部分常集中于该植物的特定器官。除少数（如芫荽等）可以整体作调料外，多数是选用植物中富含呈味物质的部分应用，并且在呈味物质含量较多的植物生长时期采集收获。如丁香用花蕾，花椒用果实，肉桂用皮，白芷用根等；
（4）绝大多数香辛料具有一定的生理药理功能，属于我国传统医药学中辛、温性药材，有祛寒、温中、行气之功效；
（5）在正常使用量内对人体功能无损害，或可以促进机体功能。

三、香辛料的分类

现在的辛香料不仅有粉末状的、而且有精油或精油树脂形态的制品。辛香料细分成以下5类。
（1）有热感和辛辣感的香料，如辣椒、姜、胡椒、花椒、番椒等。
（2）有辛辣作用的香料，如大蒜、葱、洋葱、韭菜、辣根等。
（3）有芳香性的香料，如月桂、肉桂、丁香、众香子、香荚兰豆、肉豆蔻等。

（4）香草类香料，如茴香、葛缕子（姬茴香）、甘草、百里香、枯茗等。

（5）带有上色作用的香料，如姜黄、红椒、藏红花等。

这些就构成了香辛料的选用要点。在使用各种香辛料之前，要明确使用目的，要认真确定使用的条件和食品的原料特点，选用适当的香辛料以获得好的效果。

在 GB/T 15691—1995《香辛料调味品通用技术条件》中，把香辛料调味品分为两类：单一型和复合型。

单一型是指明由单一香辛料制成的调味品，如胡椒粉、芥末酱等。

复合型是指由两种或两种以上香辛料配制而成的调味品。其中又分为两类，一类是香辛料与香辛料的复合产品如五香粉、十三香等；另一类是香辛料与其他调味品的复合产品如涮羊肉调料、火锅底料等。这即是香辛料的复配方式。

四、常用的天然香辛料

最常用的天然香辛料主要有葱、姜、蒜、胡椒、花椒、八角茴香、丁香、桂皮等。

（1）葱 又名大葱、葱白。具有强烈的葱辣味和刺激性。洋葱煮熟后带甜味。葱可以调味压腥，促进食欲，并有开胃消食以及杀菌发汗的功能。

（2）姜 根茎部强烈的穿透性辛辣气味和清爽风味，具有去腥调味，促进食欲，开胃驱寒和减腻解毒的功效。粉状汤料常用姜粉，液状汤料中易用鲜姜。

（3）蒜 又称葫蒜，从鳞茎的结构上分为多瓣蒜和独头蒜，含有强烈的辛辣味，因其有强烈的刺激气味和特殊的蒜辣味，以及较强的杀菌能力，所以有压腥去膻、增加肉制品蒜香味以及刺激胃液分泌、促进食欲和杀菌的功效。

（4）辣椒 俗称番椒、大椒，辣椒的辣味是无芳香的灼烧热辣味感,有强烈的刺激性。而辣椒鲜艳的红色,主要源于辣椒红素和辣椒玉红素等胡萝卜素,辣椒红色素有特殊气味。辣椒除作调味品外,还具有抗氧化和着色作用。

(5) 八角茴香 因果实呈八角而得名,别称大茴香、大料。有强烈的山楂花香气,性温,味辛微甜。在我国的传统肉制品加工(如煮制)、酱卤肉制品中经常使用,它具有增加肉的香味、去腥防腐、增进食欲的功效。

(6) 肉桂 肉桂是樟科樟属常绿乔木植物肉桂的干树皮,别名安桂、玉桂、牡桂、树桂、菌桂,俗称桂皮。肉桂有强烈的肉桂醛香气,先有甜感,后为辛辣味,略苦。肉桂是五香粉的基本成分。在肉制品加工中为常用香辛料。

(7) 花椒 也称香椒、大花椒、椒目。花椒有特殊辛香气味,芳香强烈,辛麻持久,味微甜。是我国北方和西南地区不可缺少的调味品。以四川雅安、阿坝、西昌和秦岭产品质量最好,特称为"川椒"、"蜀椒"或"秦椒",尤以汉源县所产的"正路椒"为上品。

(8) 胡椒 颜色有黑、白之分。具有特殊的胡椒辛辣刺激味和强烈的香气,兼有除腥臭、防腐和抗氧化作用。

(9) 小茴香 亦称小茴香籽或甜小茴香籽、小茴、谷茴、席香,俗称茴香。有温和的气香味辛,有樟脑般气味,微甜略苦,有炙舌之感。有开胃、理气的功效,是肉品加工中常用的香辛料。

(10) 甘草 也称甜草根、红甘草、美草。一般作矫味剂、甜味剂。

(11) 豆蔻 别名圆豆蔻、白豆蔻、波蔻。有浓郁的温和香气,味带辛味而味苦,略似樟脑,有清凉舒适感。有暖胃止泻、止吐镇呃等功效,亦有一定抗氧化作用。豆蔻是重要的香辛料,为咖喱粉的基本成分。

(12) 洋葱 与大葱同属百合科葱属2年生草本植物,中国人称其为葱头、肉葱或圆葱,日本人称其为玉葱。洋葱以鳞片紧密肥厚,不抽芽变色者为佳。有刺激性辛辣味,有甜味。

(13) 砂仁　有浓郁的芳香气味，味辛凉微苦。有温脾止呕、化湿顺气和健胃的功效。

(14) 丁香　丁香是以干燥果实和花蕾为香料，其中果实称为母丁香，花蕾称为公丁香。香气浓烈，味辛麻微辣，有热辣感，兼有桂皮香味。磨碎后加入制品中，香气极为显著，能掩盖其他香料香味。对肉类、焙烤制品、色拉调味料等兼有抗氧化、防霉作用。但丁香对亚硝酸盐有消色作用，使用时应注意。

(15) 草果　别名草果仁。草果有特异香气，味辛辣微苦。特别适于牛羊肉去膻除腥，令味道更好。

(16) 橘皮　有柑橘的特征香气，味辛温。

(17) 白芷　有特殊的香气，味辛。具有除腥、祛风、止痛以及解毒功效，是酱卤制品、肉制品中常用的香辛料。

(18) 薄荷　学名亚洲薄荷。薄荷有芳香，凉气中带青气，凉味。

(19) 高良姜　别名良姜，大良姜。高良姜有特殊香辣气味，味辛，能健脾消食，更是具有地方特色的肉制品调料，北京特色肉制品的香料秘方中配用高良姜。调味时，与花椒、大料等配合使用效果更好。

(20) 桂花　也称岩桂、木樨、九里香。桂花有清新浓郁的香气，香中带甜，幽远四溢，清雅超凡。民间传统上常将鲜花直接用于糕点，或浸制调配桂花酒，或熏制桂花茶，也可用于盐或糖腌制用于日常的烹调。

(21) 山奈　又叫三奈、沙姜。具有较醇浓的芳香气味。有去腥提香、调味的作用。

(22) 紫苏　也称为赤荣苏、红苏、红紫苏、皱紫苏。有特异的清鲜草样的香气。

(23) 檀香　别名白檀、白檀木。具有强烈持久的特异香气，味微苦。可用于肉制品、复合香味。

(24) 芥末　有白芥和黑芥两种。芥末具有特殊的香辣味。

(25) 陈皮　有强烈的芳香气，味辛苦。

(26) 荜拨 有调味、提香、抑腥的作用；有温中散寒、下气止痛之功效。

(27) 姜黄 有特殊香味，香气似胡椒。有发色、调香的作用。

(28) 月桂叶 有近似玉树油的清香香气，略有樟脑味，与食物共煮后香味浓郁。肉制品加工中常用作矫味、增香料。

(29) 麝香草 又叫百里香。有特殊浓郁香气，略苦，稍有刺激味。具有去腥增香的良好效果，兼有抗氧化、防腐作用。

(30) 鼠尾草 其特殊香味主要成分为侧柏酮，此外有龙脑、鼠尾草素等。主要作为矫味剂。

五、香辛料的调香原则

调香是为了服从企业产品整体策划与设计，使主体风格突出和个性化、多样化，做到头香天然圆润，体香浓郁饱满扩展度好，尾香留香时间长，整体协调统一，天然合一，达到调香的目的。

香辛料调香主要有以下原则。

(1) 相乘原则 某物质香味感会因另一种或一种以上香味物质及产品中各种原料、辅料、添加剂的存在而显著增强，这种现象叫香味的相乘作用。应用香辛料可以加强调味食品的后味。由于香辛料的种类较多，不同风味改进后味需求的香辛料也不一样，如清炖猪肉风味在微量辣椒的作用下，后味明显提高；麻辣风味在微量良姜作用下，后味也得到大幅度提高。

(2) 相抵原则 与香的相乘原则相反，有时因另一种或一种以上香味物质及产品中各种辅料、添加剂的存在而使香味和香气明显减弱，这种现象叫做香味的相抵作用。如：一般不将洋苏叶同其他多种香料并用。

(3) 互换原则 某些芳香型香辛料，只要主要成分相类似，使用时可互相调换。如大茴香与小茴香，豆蔻与肉桂，丁香与多香果等。

(4) 掩盖原则 一种物质使某种味明显减弱。如姜葱掩盖腥味、花椒肉桂等掩盖异味等。在制作酱包时，肉的腥膻味可以加入料酒、醋而除去。酵母精含有特殊的酵母味而造成调味上的困扰，可以加入丁香或胡椒而除去。加工牛、羊、狗肉时要使用具有去腥除膻效果的香辛料（草果、多香果、胡椒、丁香等）；加工鸡肉时要使用具有脱臭、脱异味效果的香辛料（月桂、肉豆蔻、胡椒、芥末等）；加工鱼肉时要选用对鱼腥味有抑制效果的香辛料（香菜、丁香、洋苏叶、肉豆蔻、多香果、百里香等）；加工豆制品要选用去除豆腥味的香辛料（月桂、丁香、豆蔻等）。

（5）派生原则　两种味的混合，会产生出第三种味，所谓"五味调和百味生"就是这个道理。如姜蒜与辣椒加糖与醋在油中加热产生鱼香味；花椒和辣椒在热油中炸香再加葱、蒜、糖、醋后称之为怪味。

调味调香就是将各种呈味料香辛料在一定条件下进行组合，产生新味，使其具有独特的风味。香辛料的作用有两方面：去除、掩盖腥味；抚香，增香，留香，提升制品的整体风味。根据不同香辛料具有的不同赋香作用和功能，可配制组合各种香辛调味料，使添加的香辛料能对加工的产品起到助香、助色、助味的作用。香辛料选择合理，配搭得当，根据不同产品摸索出最佳的辛香料配伍，可以建立香辛料的调味平台，实现模块化。"食无定味，适口者珍"，反映了调味的灵活性，但"五味调和百味香"，确实也是我们调味的一个基本准则，只有掌握了基本规律，才能把酸甜苦辣咸配合得当，美味可口。

六、几种常用的复配香辛料与配方

复配香辛料是将数种香辛料混合起来，使之具有特殊的混合香气。它的代表性品种有：十三香、咖喱粉、辣椒粉、五香粉。

1. 十三香

十三香是一种约定俗成的习惯叫法，是民间的一种调料，有很多品种，配料组成大同小异，各有特色，具体配方秘不外传。但是大部分十三香就是指 13 种各具特色香味的中草药物,包括:紫蔻、砂仁、肉蔻、肉桂、丁香、花椒、大料、小茴香、木香、白芷、山奈、良姜、干姜等。还有其他一些配料。

十三香的配比,一般应为:花椒、大料各 5 份,肉桂、山奈、陈皮、良姜、白芷各 2 份,其余各 1 份,然后把它们合在一起,就是"十三香"。这是简单的配方,复杂的实际上由 20 多种成分组成,包括:八角茴香、丁香、山奈、山楂、小茴香、木香、甘松、甘草、干姜、白芷、豆蔻、当归、肉桂、肉蔻、花椒、孜然、香叶、辛庚、胡椒、草果、草蔻、阳春砂。

十三香调料的类型及使用:

(1) 辛温型 八角茴香、肉桂、小茴香、花椒、丁香称五香,一般适合家庭小吃、瓜子、制酱等用,适用范围广泛,适合大众口味。一般市场上流通的五香粉都是以小茴香、碎桂皮为主,八角茴香、丁香很少,所以没有味道,真正制作起来,应该以八角茴香、丁香为主,其他的为辅才行。

(2) 麻辣型 在五香的基础上加青川椒、荜拨、胡椒、豆蔻、干姜、草果、良姜等,在烧制当中,要投入适当的辣椒,以达到有辣、麻的口感。用法各异,在椒子和花椒可用热油炒,达到香的感觉,也有磨成粉状,也有全部投进锅中煮水用,那就是说每个厨师都有他本人的看法和爱好,都能起到一定的效果。

(3) 浓香型 在一般材料的基础上加香砂、肉蔻、豆蔻、辛庚,进口香叶,制成特有的香味,如香肠、烧鸡、卤鸡和高档次的烧烤。

(4) 怪味型 草果、草蔻、肉蔻、木香、山奈、青川椒、千年健、五加皮、杜仲另加五香以煮水,这种口味给人以清新的感觉。

(5) 滋补型 如天麻、罗汉果、党参、当归、肉桂作为辅料,佐以甲鱼、母鸡、狗肉之类,系大补。

2. 咖喱粉

咖喱是以姜黄为主料,另加多种香辛料配制研磨成的一种粉状香辣调味品,色黄味辣,很受人们欢迎。

咖喱其实就是由多种香料组成的一个不固定的综合体,最多时可用20多种香料来成就一道菜,比如豆蔻、丁香、小茴香、肉桂、各色胡椒、辣椒、薄荷、芥末子等,以及用来上色的黄姜粉,甚至是菠菜泥等,这些香料均拥有其独特的香气与味道,有的辛辣、有的芳香,交揉在一起,不管搭配肉类、海鲜或蔬菜,均有不同的口味。在不同的地域,咖喱也有着不同的风格。

咖喱粉主要由香味为主的香味料、辣味为主的辣味料和色调为主的色香料等三部分组成。一般混合比例是:香味料40%,辣味料20%,色香料30%,其他10%。当然,具体做法并不局限于此,不断变换混合比例,可以制出独具风格的咖喱粉。

以下是咖喱粉的配方举例。

(1) 郁金60g、胡荽55g、小茴香35g、葫芦巴30g;莳萝、红辣椒各15g;黑胡椒、肉桂各10g;风轮菜、八角茴香各8g;小豆蔻、丁香各6g;姜、豆蔻、小茴香各5g;百味胡椒、月桂各3g;鼠尾草2g。

(2) 胡荽子粉5g、小豆蔻粉40g、姜黄粉5g、辣椒粉10g、葫芦巴子粉40g。

(3) 胡荽子粉16g、白胡椒1g、辣椒0.5g、姜黄1.5g、姜1g、肉豆蔻0.5g、茴香0.5g、芹菜籽0.5g、小豆蔻0.5g、滑榆4g。

(4) 胡荽子70g、精盐12g、黄芥子8g、辣樟3g、姜黄8g、黑胡椒4g、桂皮4g、香椒4g、肉豆蔻1g、芹菜籽1g、葫芦巴子1g、莳萝子1g。

咖喱对于中国人来说,是一种舶来的味道。在使用时,把咖喱粉直接加在菜肴里是不正确的,这样使用会香气不足,并带有一种药味。正确的使用方法是在锅中放些油,加鲜姜、蒜等进行炒制,将其炒制为咖喱再使用。这样不仅去掉了药味,而且芳香四溢,金黄香辣,别有风味。

香辣咖喱是印度美味的主角,印度人做菜用得最多、最普遍的也是咖喱,做菜用的主要是咖喱粉。咖喱饭可以是素食,也可以是荤食;可以是米饭,也可以是面食。印度人对咖喱粉可谓情有独钟,几乎每道菜都用,每个经营印度饭菜的餐馆都飘着一股咖喱味。在为期一周多的印度美食节期间,厨师共准备了包括绿咖喱鱼、椰汁咖喱鱼、白咖喱虾、黄咖喱龙虾、红咖喱羊肉等在内的众多咖喱美味。

3. 辣椒粉

又称调味辣椒粉。主要成分是辣椒,另混有茴香、大蒜等,具有特殊的辣香味。

例如,调味辣椒粉以辣椒、花生、芝麻、花椒、辣椒籽、核桃肉、葵花仁、味精和食盐等为原料,先精选出干辣椒,用铁锅加少许花生油将辣椒焙熟后粉碎成细粉密封备用,将精选的花生、芝麻、花椒、辣椒籽、核桃肉、葵花仁分别烘干后粉碎成细粉密封备用,按配比量取各备用的原料细粉与味精和食盐充分混合后,用臭氧消毒1~3h,采用无菌包装即得成品。成品具有营养丰富、香辣可口、口感好、辛辣开胃、增进食欲的功效。

七味辣椒粉是一种日本风味的独特混合香辛料。它能增进食欲、助消化,是家庭辣味调味的佳品。

配方1:辣椒50g、麻子3g、山椒15g、芥籽3g、陈皮13g、油菜籽3g、芝麻5g。

配方2:辣椒50g、芥籽3g、山椒15g、油菜籽3g、陈皮15g、绿紫菜2g、芝麻5g、紫苏子2g、麻子4g。

4. 五香粉

五香粉是一种复合香味型的粉状调味料。从字面上看,"五香粉"指的是由5种香料调配而成的混合香料,有很好的香味。事实上,多于5种香料混合的也可称为五香粉,当中可有花椒、丁香、陈皮、八角茴香、肉桂、胡椒、甘草等,坊间各家的配方不尽相同,因此,五香粉也呈现出好几种不同的香料搭配类型,最常见的是以肉桂、八角茴香、丁香、花椒以及陈皮制成的。

配方举例:

(1) 砂仁 60g、丁香 12g、豆蔻 7g、肉桂 7g、山柰 12g。

(2) 大料 20g、干姜 5g、小茴香 8g、花椒 18g、陈皮 6g、花椒 18g。

(3) 大料 52g、桂皮 7g、山柰 10g、白胡椒 3g、砂仁 4g、干姜 17g、甘草 7g。

(4) 桂皮 2.15kg、陈皮 0.3kg、干姜 0.25kg、花椒 0.9kg、大料 1kg 左右，成品 5kg。

(5) 桂皮 2kg、陈皮 0.3kg、花椒 0.9kg、大料 1kg、干姜 0.1kg、八角茴香 0.2kg、小茴香 0.5kg，加工成品 5kg。

(6) 八角茴香 1、小茴香 3、桂皮 1、五加皮 1、丁香 0.5、甘草 3。

(7) 花椒 4、小茴香 16、桂皮 4、甘草 12、丁香 4。

(8) 花椒 5、八角茴香 5、小茴香 5、桂皮 5。

(9) 八角 5.5、山柰 1、甘草 0.5、砂仁 0.4、桂皮 0.8、白胡椒 0.3、姜粉 1.5。

(10) 紫蔻、砂仁、肉蔻、肉桂、丁香、花椒、八角茴香、小茴香、木香、白芷、山柰、良姜、干姜等，其中：花椒、八角茴香各 5 份，肉桂、山柰、陈皮、良姜、白芷各 2 份，其余各 1 份。

(11) 简单的配方，将肉桂粉、豆蔻粉、八角、茴香、花椒以 2∶1∶3∶2∶2 的比例混合调配即可。

五香粉是膳食烹调中常用的佐料，调味鲜美，可促进食欲。五香粉的市场潜力大。常使用在腌泡肉类或煎、炸前涂抹在鸡、鸭肉类上，也可与细盐混合做蘸料之用。广泛用于东方料理的辛辣菜肴，尤其适合用于烘烤或快炒肉类、炖、焖、煨、蒸、煮菜肴作调味，拌入盐并磨碎，可用作中式油炸食物的蘸料。

第五节
调香应注意的问题

在调香过程中应注意以下问题。

(1) 产品主要原料的品质　调香是锦上添花，不能改变产品的本质。其他辅料质量优劣,包括砂糖或柠檬酸等辅料的质量不好或水质差,都会使香精的香味受到干扰而降低了香味的效果。例如,有些中老年奶粉质量差、乳成分很低,奶粉冲调性差,即所谓的冲不开,淀粉含量较高的产品冲后呈糨糊状,品尝奶香味淡甚至无奶的味道,或有香精调香的香味。

(2) 香料种类的选择　必须依据产品在加工工艺中加热操作温度的高低、产品要求的状态,选择是添加液体香精还是乳化香精或固体香精。

(3) 确定最适宜的用量　香精在食品中的使用量对香味效果的好坏关系很大,用量过多或不足,都不能取得良好的效果。

(4) 选择添加时机　加工中温度升高,处理时间延长,不仅造成大量香精损失,而且会造成某些不稳定化合物与其他组分发生化学反应,如糖与胺类发生的美拉德反应或脂类氧化变质反应等,给产品带来不良风味,因此操作中尽可能采取低温或高温瞬时处理。尤其在应用香精时要考虑香精中溶剂的沸点可能低于操作温度。为了降低所加香精挥发损失,应尽可能在冷却时或加工后期加入,原则是只要能在最终产品中分散均匀就行。加入香精时不要过度地搅拌,防止过多空气混入造成香精某些组分的氧化加剧。使用微胶囊技术可以最大程度上避免氧化的发生。

(5) 注意添加的顺序　某些香辛料成分会与香精相互作用从而破坏香气的平衡与协调,一般可以加入麦芽糊精对香精进行预混拌。

(6) 加香的密闭熟成　调香时工作系统压力的变化能改变香精在包装容器顶隙中的相对浓度,加工过程能封闭的尽可能封闭,即使有些操作需敞口操作也要尽可能缩短时间,以减少不必要的挥发损失。真空灌装更会引起香味物的较大损失。如果条件允许,混拌好的配料应在混拌机中密闭一段时间,这样可以使香气成分充分渗透,保持产品香气的整体和谐。

(7) 香精与香辛料和谐配比　在肉制品的调香中,离不开增鲜物质、香辛料等多种调味原料的配合。离开各种调味料的配合,再优秀的香精其表现力也是苍白的。香辛料的使用则需要长时间经验的累积，同时还应该严格控制香辛料的品质，杜绝掺夹的杂质对香精产生影响。

（8）调香后的观察与评估　观察与评估香精、香料在加入到食品之后，在一定时间和一定条件下（如温度、光照、储放时间等），其香型和香气质量（持久性和稳定性）是否符合预期的要求。

（9）包装的保香性　对于类似于液态奶的食品，为了保持产品本来的风味和防止外界异味的污染，包装不仅需要良好的氧气阻隔性，同时需要一定的保香性。

（10）香精的保存　香精因怕光、怕热、怕冷，故应存放于阴暗处，不要存放于强热阳光下，在寒冷结冰的地方，切勿使香精存至结冰，香精怕空气，不可与空气长时间接触，香精剩下半桶而又不能及时用完，应转入小桶储存。

第六节　调香结果评价

一、感官评价

在产品的设计过程中，对调香结果的评价方式，主要是感官评价，包括盲测。

由于食品的香味和滋味组成食品风味的两个方面，所以调香的结果评价和调味的结果评价通常是一同进行的。通常是先由实验室内的人员进行感官评定，然后再向外扩大评定的范围。将样品分别与市场畅销品牌等相混合，进行盲测，收集意见和建议，进行改进。

这种测试是产品测试中的一项内容，根本目的是检验目标消费群体的满意度。产品测试的技术与方法有很多种，诸如试用法、观察法，这是产品上市前的一项准备工作。对于食品而言，各地消费习性、饮食习惯、消费能力等方面都不尽相同，那么经过调研就能确定是否要针对当地口味改善产品、针对当地消费能力改变包装，以及其他方面的调整。

1. 感官评价

人体对香气的接收，是由鼻子检测到发散出独特气味物质之后通过特定的嗅神经系统传输到大脑中去而完成的。食品的感官评价顺序通常是：一看（颜色），二闻（香气），三尝（口味）。

例如，葡萄酒的品评步骤为：①倾斜酒杯45°，观看酒的颜色；②让酒杯逆时针方向摇晃，以释放酒的香气；③将鼻子探入杯中，轻闻几下；④深啜一口，让酒液在口中打转，到达口腔各个部位。入口之后的葡萄酒温度升高，会开始散发出新的香味。为了清楚感受口中的香味，可以把酒含在口中，轻吸一口气让酒香扩散到整个口腔中。

在进行感官评价的基础上，进一步就是鉴别。在进行嗅觉鉴别时常需稍稍加热，但最好是在15~25℃的常温下进行，因为食品中的气味挥发性物质常随温度的高低而增减。在鉴别食品的异味时，液态食品可滴在清洁的手掌上摩擦，以增加气味的挥发。食品气味鉴别的顺序应当是先识别气味淡的，后鉴别气味浓的，以免影响嗅觉的灵敏度。

2. 盲测

所谓"盲测"，是一种市场调研方法，又称为隐性调研。在调研过程中，隐藏被测试产品包装和其他可以识别的特征，不告知测试者测试产品的品牌，目的是比较不同的产品设计，不存在品牌对所测产品的影响；不同产品设计间的差异也会更明显地表现出来。由于品牌名称和包装很大程度影响着用户对商品的感性认识，而"盲测"这种方法在一定程度上避免了产品标识对用户的影响，使得调研结果更加符合用户的原始需求和期望。

很多知名品牌都搞过盲测，诸如可口可乐、非常可乐两大碳酸饮料。在不知品牌的情况下品尝饮料，只是二者为了验证的结论和对结论的应用有所不同。可口可乐通过与其他品牌可乐对比，通过接受测试消费者的感官确认，对可口可乐判断的准确度来体现其对可口可乐的忠诚。

二、仪器测试

1. 电子鼻、电子舌

香气是评价产品内在质量的主要指标之一。传统方法是采用专家评定和化学分析相结合。专家评定方法往往受到人的生理、经验、情绪、环境等主客观因素的影响难以做到科学与客观，同时，人的感官易疲劳、适应和习惯；而化学分析方法所需时间长，且得到的结果是一些数字化的东西，与人的感官感受又不一样，不直观。所以，电子仿生技术在此就大有用武之地，可以在新产品开发和在线质量控制方面广泛使用。

电子鼻和电子舌（又称e鼻和e舌）是采用气体和液体感应器微矩阵系统对食物的香气和味道进行控管和评估。电子鼻模拟人的嗅觉器官，其工作原理与嗅觉形成相似，由气敏传感器、信号处理系统和模式识别系统三个部分组成。在电子鼻的组成中，传感器阵列是整个系统的基础，阵列可以有多个分立元件构成，也可以是单片集成的。

电子鼻可测定样本气味中的挥发性成分，电子舌则测定食物饮料中所溶解的有机和无机成分。由于分析的结果和品评结果有很好的相关，所以可称之为"以消费者为本位的仪器测试"。电子鼻和电子舌较传统仪器及官能分析要简单、快速及客观，目前已被应用于啤酒风味的分析、啤酒苦味的分析、苹果汁的品质鉴定、食品成分分析、工业包装测试等。

2. 气相色谱分析

在国内，随着啤酒生产规模化、集团化发展，利用现代仪器分析技术对啤酒品质进行监控，保持啤酒风味一致性，是啤酒行业发展的趋势。利用气相色谱可对啤酒中挥发性风味化合物进行分析，气相色谱测定技术可以测定啤酒中连二酮、醇类、酯类、含硫化合物、羰基化合物等重要风味化合物。随着对啤酒风味物质研究越来越重视，目前已采用 GC-MS、GC 气味检测法与 GC-MS 结合及电子自旋共振（ESR）技术对啤酒、酿造过程及原料中的风味化合物和异味组分进行分析。

啤酒风味特征评价方法的原理是，通过气相色谱对啤酒中的挥发性风味成分进行分析测定，结合 Meilgaad 有关风味阈值及风味成分进行分析测定，计算某种风味特征的风味强度值，从而对啤酒的风味成分进行评价及对不同品牌啤酒进行风味差别的判别，达到控制和改善啤酒风味稳定性和一致性的目的。

利用风味强度值进行啤酒风味评价，主要适用于评价啤酒香气成分的主要骨架，如高级醇、酯、双乙酰等有典型风味的物质。对于甜味、苦味、涩味等口感物质，由于不能进行定性定量分析，对其风味难以进行评价。因此，该方法与感官品评相结合，能对啤酒风味特征进行较全面的评价。

第七节 食品调香举例

一、乳饮品调香

在乳饮料中用量最大的是奶香精，这是香精中的永恒话题。奶香、柑橘类和果味香精是一个会继续流行下去的传统的主流口味。

与奶制品的品种相对应，乳香香型食用香精有鲜奶、炼奶、奶油、黄油干酪、酸奶等香型。当然这些乳制品所含的香味成分品种并无大的差别，只是在数量和比例上有所不同，从而形成了不同的香味。

近来流行起来的是酸奶香型,国内市场比较红火的是酸酸乳之类的调配型酸乳饮料。在果味中,草莓、甜橙、菠萝是属于比较传统的香型,而现在,芒果、芦荟、葡萄、西番莲、番石榴、木瓜等在酸乳中的应用也逐渐流行了起来,已在酸乳饮料香精中占据了一席之地。果味香精随着调香分析技术的提高和新开发调香原料的应用,香型从最初的鲜甜味为主发展到讲究果肉与果皮味道的结合,这就使得香味更加新鲜、逼真、饱满和清香。

奶香是这类产品的主题,奶香复配是很具有典型性的,研究奶香之间的复配制成模块香精,根据需要与水果类或坚果类进行复配都会取得非常理想的效果。如草莓和牛奶的复合,从香韵组成看,草莓香精有清香韵,甜香韵,酸香韵,浆果香韵,奶香韵;牛奶香精有焦甜香韵,奶香韵,酸香韵。牛奶香精所具有的香韵均是草莓香精同时具备的,尽管表现方向不同,但如此复配效果会比较理想。牛奶香精本身就比较平和,草莓香精会因为牛奶香气的介入而延续草莓香味及增添草莓香味的表现力,所以我们习惯喝草莓酸乳是有道理的。

牛奶、奶油、炼奶、香草之间可以互为主辅。增加牛奶的鲜香,可在0.1%的鲜奶基础上加0.01%的甜橙香精。增加牛奶香精的甜香,可加0.005%的乙基麦芽酚或0.02%的香草精。

增加牛奶的特殊风味,可加大米香精0.01%~0.02%,或爆玉米香精0.02%。

参考配方:果奶

底料:白砂糖	4%	食盐	0.02%
奶粉	4%	柠檬酸钠	0.1%
CMC	0.1%	柠檬酸	0.15%
黄原胶	0.015%	三聚甘油单硬脂酸脂	0.1%
蛋白糖(50倍)	0.022%	苯甲酸钠	0.02%
蔗糖脂	0.02%		

香精:

甜橙果奶:荷兰甜牛奶香精0.05%+香橙汁香精0.1%+蛋黄

香精0.001%

橘味果奶：红橘香精0.03%＋木瓜奶香精0.005%＋鲜牛奶香精0.022%＋蛋黄香精0.01%

二、饮料调香

从总体上看，在软饮料当中，奶香和柑橘类香精应该是一个比较大的主流，还会继续流行下去，但是风格会日益变化。另外，随着人们健康意识的提高，一些带有保健功能的饮料会出现，比如葡萄柚等，此类香精也会逐渐多起来。但是估计很难成为主流，占市场主导地位的应该还是奶香和柑橘香。在软饮料中不得不提到的是碳酸类可乐型饮料，其为饮料中的常青树，无论流行趋势如何发展，这种经典性的产品仍会处于流行的前端。

调香时要根据不同产品，选用不同的香型。如花香型饮料选用花香型料、果香型饮料选用果香型料，依此类推。当选择好香型后，要确定主香剂和辅助香料。

生产饮料用的香精只需要稍有留香，这样成品食用后味香而不腻。如，开发一个可乐饮料，首先设想一个理想口味，是可口可乐型（偏重于肉桂，以肉桂为主，白柠檬为副），还是百事可乐型（以白柠檬为主，肉桂为副）。

果味型饮料一般以水果与水果或水果与干果香精复配，但橙汁饮料等可以采用不同厂家同一类型的香精香料复配，在操作过程中注重头香、体香、尾香的协调。使用前要对不同厂家的香精进行鉴定，比如是水质的还是水油两用的还是油质的。因为跟产品的最终风味有关。一般水质的头香要好点，水油两用的体香好点，油质的尾香要好。具体可以根据闻香纸来鉴定。另外可以搭配一些其他的水果香味，可以用橙味香精作主香，其他水果香精作辅香来丰富主香，比如甜橙如需新鲜加入5%~10%的柠檬和白柠檬或苹果；加20%西番莲则成为粒粒橙口味，也可加入20%~30%红橘或40%金橘，口感更加优美；和芒果20%搭配则成青芒口味；与菠萝

30％、椰子10％搭配则成三合一混合效果。

通过品尝鉴别香气（调香应由淡到浓逐步添加香料，国产香精总用量控制在0.08％～0.12％），直到香气柔和协调方可作为配方用量。还要注意所用香精的品牌和编号，因为同一品名由于品牌和编号不同，所调配的香气差距很大，影响产品质量的稳定性和一致性。设计饮料配方，要通过多次试验，找出最佳的香精添加量。另外酌加乙基麦芽酚有增香效果。香料中含有大量的挥发性物质，在调香时不能将香料直接加入热的糖浆中，而应先使糖浆冷凉后加入香料，以免芳香气挥发掉，加入香料后应进行搅拌，使香液在糖浆中充分混合。

参考配方：

（1）橙味饮料

白砂糖	7％	柠檬酸	0.16％
柠檬酸钠	0.03％	食盐	0.02％
流行风味香精	0.05％	鲜橙汁香精	0.04％
甜蜜素	0.06％	苹果酸	0.04％
维生素C	0.02％	苯甲酸钠	0.018％
西柚香精	0.01％		

（2）天然椰子汁

鲜椰子汁（1∶4提取液）	32kg	白砂糖	8kg
酪蛋白酸钠	0.5kg	黄原胶	80g
柠檬酸钠	40g	异抗坏血酸钠	50g
乙基麦芽酚	2mg/kg	椰子香精	50g
加水至	100L		

三、糖果调香

糖果调香有两个目的。一是改善风味，提高产品质量。例如，在奶糖的配料中虽然已经投放大量乳制品和乳脂，若想令产品奶香达到馥郁、自然、和谐、柔和的水平则必须要经过调香。行话说糖果的适口性好,其实这就是一种先进的调香技术。二是调整配方、降低成本。当面临产品急需降低成本同时又必须保持原有品质不能下降,此时唯一选择是调整配方。香气损失这一块就得依靠调香技术来弥补。反之通过调香技术的提高也可以使产品成本下降,从而取得较好的经济效益。

奶糖的奶香本身是多种分子的结合体,结构非常复杂,通过分子运动,散发至空气中被人们嗅觉器官感触到的芳香物质。就香气来分有:鲜牛奶香、炼乳香、奶粉香、奶脂香等不同类型。经过调香的奶糖要达到香型逼真、香气自然、散发柔和、食后有舒展愉快感觉而没有丝毫香精痕迹。

表 4-1 糖果的香型和口味特点

类 型	香 型 特 点	辅助口味特点
水果型	柑橘、苹果、草莓、话梅等	酸为主,咸为辅
乳香型	牛乳、炼乳、酸乳等	咸为主,酸为辅
坚果型	椰子、榛子、杏仁、咖啡等	咸为主
巧克力	可可为主,坚果、干果为辅	咸为主
焦香型	焦香和美拉德反应生香	咸为主,鲜为辅
茶香型	红茶、绿茶	
香辛型	桂皮、大料、姜、薄荷、桉叶等	

根据糖果的品种特点选择适宜的香型(表 4-1),通常将几种香精复配使用避免香气雷同。调香原是一个复合过程,所以不要指望加一种香精便能起到特定效果。例如,口香糖用留兰香、薄荷、清凉剂等香料混配;中草药润喉糖用特强薄荷、桉叶、冰片、增凉剂等混配,能够覆盖一些中草药香味或不愉快的异味。香精的复配是糖果新研发的创造性艺术,通过合理的复配,求得香型的协调、和谐和完美。在香精复配时,既要保持原有香型的特征,也要追求新的风格。做到主辅分开,避免香型交叉而显得不伦不类。根据经验,要选定一个香型为主香、应该是一种与产品质构相吻合的奶香。然后再配以一或两种香气为辅(即为辅香)。奶糖的辅香多属奶脂或香草香型。香精复配一般在同质香精之间进行,一般应先加

香味较淡的，然后加香味较浓的。

　　当用于主香、辅香等各种香精选定以后，确定几种搭配用量便成为关键性工作。使用香精香料时，应适当控制风味强度，掌握好添加量，防止过少或过多的添加带来不良效果（过多的添加有时还带来涩味）。液体香精用重量法比用量杯、量筒计量准确。一般是通过多次配量小型实验，取得最佳香气后，最终确定香精的正确用量。同时还要考虑到不同民族、不同地方、产品的特点的需求来确定糖果香气、香味、浓度。通常主香用量0.1%～0.2%，辅香用量0.05%～0.1%，香精总量控制在0.3%以下。糖果品种不同，香精的添加量和香味释放特点也不尽相同，如口香糖内的胶基紧密包裹香精及其他原料，通过咀嚼才能释放并保持持久的留香，因此香精的添加量需要0.6%～1.0%。

　　需要指出一点是调香过程中香精仅起着"画龙点睛"作用。如果在奶糖生产时加少量奶制品甚至不加奶制品，期望用香精代替乳品，效果是适得其反。也就是说优质奶糖应保持一定乳品含量。通常中档奶糖乳品含量为10%～15%。

　　水溶性香精主要用于水果糖、果冻等含水量较高，熬煮温度较低的产品中，一般以水果糖占主导地位。油溶性香精耐温度较高，不易挥发，留香时间较长，主要适用于较高熬糖温度的糖果，如硬糖、酥糖、夹心糖及胶基糖等。根据香精成分对热不稳定的特点，应在糖果生产冷却工序后期添加香精，来减少香气的损失。如硬糖生产时，糖膏在冷却至110℃以下，再加入酸味剂、色素，最后加入香精。软糖在生产时由于一般加入水溶性香精，温度应在80℃左右下加入最佳。当使用薄膜连续熬糖自动浇注生产线时，香精往往在糖浆熬制出来在其保持较好流动性时加入，因此香精应尽量避免140℃以上高温。选择耐高温的香精会减少香气的损失。

　　对于香精香料在糖果中选用的评价，当产品生产出来时，应根据香精的头香，体香和尾香的特点分别对香质量、香强度、留香时间进行检验，综合评价并进行保存试验。每周或每月检测一次香气，留存情况，以此来评价香精的质量，选择适合于生产品种所需香型的香精香料。

参考配方见表4-2。

表4-2 奶糖配方举例　　　　　　　　单位：kg

原料名称	奶味奶糖	可可奶糖	清凉型奶糖	混合型奶糖
砂糖		8		
葡萄糖浆		12		
明胶		0.6		
奶油	3			
氢化油		2	2.5	4
全脂奶粉	4	3		
脱脂奶粉			2.5	3
甜炼乳	2.5~4.5			
单硬脂酸甘油酯	0.1		0.1	0.12
可可液块		5		
香兰素	0.01	0.01	0.005	0.005
精盐		0.08		
味精			0.005	0.005
朗姆香精				0.015
咖啡香精				0.12
薄荷油			0.025	
留兰香油			0.005	

第五章
调 味 设 计

　　调味设计是配方设计的重要组成部分之一。食品中的味是判断食品质量高低的重要依据，也是市场竞争的一个重要的突破口。

　　• 调味方式：主要通过甜味剂、酸味剂、鲜味剂等调味料进行复配组合，产生令人舒适的风味。

　　• 调味结果的评价方法：①口感测试，包括盲测；②电子舌。

　　• 调味举例：饮料（甜酸比）、无糖糖果。

第一节
调味原理

一、味感

味感是食物在人的口腔内对味觉器官（化学感系统）的刺激并产生的一种感觉。也就是食物的可溶物质直接刺激味觉细胞再经神经系统而产生的感觉。与味有关的物质一般都溶于水，不挥发。

食品的滋味主要是依据人的感官作出判断，人的感官鉴定实际上就是人对味觉现象的一种反映。尽管人各有所好，但并非无规律可循。通常从季节上有"春酸、夏苦、秋辛、冬咸"的说法，以地域分也有"东酸、西辣、南甜、北咸"之说，而中医则把五味与人的五脏相对应，认为"酸入肝、咸入胃、辛入肺、苦入心、甜入脾"，即五味入口，先藏于胃，再养五脏之气。

目前世界上对味的分类一般是分为基本味和复合味，基本味为五原味——甜味、鲜味、咸味、酸味和苦味。复合味是由两种以上含基本味的调味品混合后产生的味觉。复合味在制作产品中效果和差异很大，所以人们常说，单一味可数，复合味无穷。

二、五原味

（1）甜味是人们最爱好的基本味，是蔗糖等糖类所具有的滋味，甜味的强度和感觉因糖的品种不同而不同。以赋予食品甜味为主要目的的食品添加剂称为甜味剂。甜味剂可分为天然甜味剂和合成甜味剂两大类。天然甜味剂安全性高。合成甜味剂的安全性需经过严格审查，但对糖精等仍有争议，已不准用于婴儿食品中。

（2）鲜味是一种复杂的综合味感，也是肉类和鱼类的味道，肉类、水产类、食用菌类等都有独特的鲜味，常用的增鲜剂有谷氨酸钠、5′-肌苷酸、5′-鸟苷酸,它们会使食品的鲜味大大增强。

(3) 咸味是人类的基本味感,在食品调味中常占首位,它不仅调节口感,还有生理调节功能。盐分对于人体体液的调节是不可缺少的营养素,但需要量非常少。除部分糕点外,不用食盐的食品几乎不存在,用其他物质来模拟食盐的滋味更是不太可能,日常调味用盐量在0.8%~1%时,感到咸味适口。

(4) 酸味是人类早已适应的化学味感,适当的酸味能给人爽快的感觉,并促进食欲。酸味的强度可用pH值表示,大体在3.1~3.8之间,常用的酸味剂有醋酸、乳酸、琥珀酸、苹果酸、酒石酸、柠檬酸。

(5) 苦味是分布广泛的味感,在自然界中有苦味的物质比甜味物质要多得多,单纯的苦味并不令人愉快,与其他味调配得当,能丰富和改进食品的风味。可调节其他的不同味觉,苦瓜、莲子、茶叶、咖啡、啤酒等都有苦味。

"民以食为天,食以味为先,美食离不开美味"。美味以酸、甜、苦、咸、鲜五原味为基础,加上香味、浓厚味、辛辣味,使食品呈现出鲜美可口的风味。

三、调味的基本原理

1. 味强化原理

一种味加入,会使另一种味得到一定程度的增强。这两种味可以是相同的,也可以是不同的,而且同味强化的结果有时会远远大于两种味感的叠加。如咸味与甜味、咸味与鲜味。味精与I+G共用能相互增强鲜味;麦芽酚几乎对任何风味都有协同增强的作用。0.1%GMP水溶液并无明显鲜味,但加入等量的1%MSG水溶液后,则鲜味明显突出,而且大幅度地超过1%MSG水溶液原有的鲜度。若再加入少量的琥珀酸或柠檬酸,效果更明显。又如在100mL水中加入15g的糖,再加入17mg的盐,会感到甜味比不加盐时要甜。

2. 味掩蔽原理

一种味的加入，使另一种味的强度减弱，乃至消失。如味精掩盖苦味和咸味及酸味，砂糖掩盖咸味，花椒肉桂等掩盖异味，姜味、葱味可以掩盖腥味等。味掩盖有时是无害有益的，如香辛料的应用；掩盖不是相抵，在口味上虽然有相抵作用，但被"抵"物质仍然存在。

3. 味干涉原理

一种味的加入，使另一种味失真。先摄取食物的味对后吃的食物的味带来质的影响。如菠萝或草莓味能使红茶变得苦涩，品了浓食盐水后再喝普通水会感到甜，吃了墨鱼干后再吃蜜柑会感到苦味。

4. 味派生原理

两种味的混合，会产生出第三种味，如豆腥味与焦苦味结合，能够产生肉鲜味。

调味料的调配原理基本与色彩的三色调配原理相似。我们可以借鉴颜色的搭配方法来调制和运用新的味型。实际上，调味原理和方法还要更加丰富得多。基本味有五味，而每一种基本味中都包含许多调味品。这里我们以七种单一味进行配制，从这里可以拓宽人们的思路，去放下包袱，敢于调制和研究新的味型（图5-1）。

图 5-1　多重调味图

"食无定味，适口者珍"，反映了调味的灵活性，但"五味调和百味香"，确实也是我们调味的一个基本准则，只有掌握了味的基本规律，才能把酸甜苦辣咸配合得当，使人感到美味可口。

四、味觉的影响因素

人们对味觉的感受会受到很多因素的影响，其中有浓度、温度、溶解度、生理现象等。

（1）黏稠度对味觉的影响　黏稠度高的食品可延长食品在口腔内的黏着时间，以致舌上的味蕾对滋味的感觉持续时间也被延长，这样当前一口食品的呈味感受尚未消失时，后一口食品又触到味蕾，从而产生一个接近处于连续状态的美味感。品质优良的调味品适当添加增稠剂，给人以满足的愉快感。

（2）油脂对味觉的影响　大多数风味物质都可部分溶解于脂肪，脂肪不仅与风味物质一起提供口感和浓度，而且在味道的稳定与释放功能上起着重要的作用。由于味道的化学结构不同及脂肪酸的链长度差异，使得味道成分在油态和水态彼此分离。溶于水的味道首先释放出来，并很快消散，导致人体感觉器官对味道的察觉程度降低，接着释放出来的是溶于脂肪的味道，导致连续的味道的感觉。因此低脂肪食物不能具有高脂肪食物的浓烈和持续的味觉。

（3）醇厚感对味觉的效应　醇厚是食品中的鲜味成分多，并含有肽类化合物及芳香类物质所形成的，使味感均衡协调，从而形成醇厚感及留有良好的厚味。

（4）pH值对味觉的反应　呈味效果最佳的pH值为6～7，特别是鲜味，用味精作主要助鲜剂的食品或调味品，pH值不应小于3，pH值小于3的食品鲜度会下降，当然酸性食品的pH值通常在5以下。

（5）细度对味觉的反应　细腻的食品可美化口感，使得更多的呈味粒子与味蕾接触，味感更丰满。食品中各种呈味物质溶解度越高味感越充分，否则，食品的味感受影响。

(6) 温度与味觉　味觉的温度在 25~30℃ 之间比较敏感，而在低于 10℃ 或高于 50℃ 时各种味觉大多变得迟钝。这些反应有的是感受现象，原味的成分并未改变。

(7) 浓度与溶解度　味感物质只有在适当的浓度下才会使人有愉快感，而不适当的浓度会使人产生不愉快的感觉。

第二节　甜味剂调味

一、常见的甜味剂

甜味剂从广义上可以分为糖类和非糖类。不过人们习惯上将甜味剂分为人工合成的非营养性高倍甜味剂和营养性的低倍甜味剂两类。

1. 营养性甜味剂

营养型甜味剂是指与蔗糖的甜度相等的含量，其热值相当于蔗糖的 2% 以上者，主要包括各种糖类（如葡萄糖、果糖、麦芽糖等）和糖醇类（山梨醇、木糖醇等）。营养型甜味剂的相对甜度，除果糖、木糖醇等外，一般低于蔗糖。

我国目前使用的甜味剂中，营养性的包括麦芽糖醇、D-甘露糖醇、木糖醇、乳糖醇、赤藓糖醇。营养型甜味剂特点是有甜度、有热量、有体积，其中蔗糖、葡萄糖、果糖、麦芽糖属于天然甜味剂，我们俗称为食糖。

有些甜味剂因具有某些特殊生理功能称为功能性甜味剂。功能性甜味剂包括低聚糖和多元糖醇：低聚糖是由 2~10 个单糖通过糖苷键连接起来的低度聚合糖，如低聚异麦芽糖、低聚果糖、低聚木糖、低聚甘露糖、大豆低聚糖、壳聚糖、水苏糖等；多元糖醇可由相应的糖还原生成，有山梨醇、木糖醇、麦芽糖醇、赤藓糖醇等。

(1) 低聚异麦芽糖　低聚异麦芽糖对人体具有改善便秘、降低粪便臭素含量、降低血清总胆固醇和低密度脂蛋白胆固醇、生理能量值低以及提高肠道双歧杆菌数等功效而被称为"双歧因子",加之该糖产出率高、价格低廉、产品稳定性好等,目前已成为国内外市场需求量大、应用面广、备受消费者欢迎的产品。低聚异麦芽糖与多种营养元素结合制成保健食品,可全部或部分替代蔗糖,添加到各种饮料食品中,都是比较理想的。

(2) 低聚果糖　低聚果糖是功能性低聚糖的一种。低聚糖具有某些独特的生理功能,主要表现为:①能活化人体肠道内双歧杆菌,促进双歧杆菌的增殖,提高人体免疫力。②低能量或零能量,很难或不被人体消化吸收,适用于糖尿病、肥胖病、高血压患者。③减少有毒发酵产物及有害细菌酶的产生。不被口腔微生物利用,具有防龋齿功能。④属于水溶性膳食纤维,具有部分和优于膳食纤维的功能。能防止便秘,抵抗肿瘤。低聚果糖由于其优良的生理活性及其保健功能,已被广泛应用于食品和其他领域。作为一种保健食品原料,它可添加于几乎所有饮料及允许有甜味的食品中,从而提高原有食品的价值。

(3) 低聚木糖　低聚木糖中的单糖成分为木糖,木糖不增加人体血糖值,低聚木糖对人体肠道内的双歧杆菌有特定性增值作用,是一种最有效的双歧因子。低聚木糖具有润肠道通便功能,可有效改善大便的水分含量,使之保持在80%左右,并且具有双向调节功能,可以使泻痢或便秘状态缓解,成为健康态。低聚木糖对人体保健功能特性明显,理化性能优良,应用效果在众多方面优于其他多种低聚糖。

(4) 低聚半乳糖　酶法合成的低聚半乳糖(Galactooligosaccharides)的结构与人乳中的低聚半乳糖相同,因而也能促进双歧杆菌的生长,被用作新型健康食品原料。

(5) 壳低聚糖　壳低聚糖具有降血脂、降血压、消除脂肪肝、降胆固醇、增强免疫力功能,可作为食品添加剂用于食品结构的改善,提高食品的保水性及水分活性的调节。

(6) 大豆低聚糖 大豆低聚糖也是功能食品基料,它食用安全,具有近似蔗糖甜味、低热值、耐热、耐酸等优良性质,在许多食品中它已部分或全部替代蔗糖,以适用于糖尿病人和肥胖病人食用。

常见低聚糖的性能比较见表 5-1。

表 5-1 常见低聚糖的性能比较

项目		大豆低聚糖	异构乳糖	低聚果糖	异构麦芽低聚糖	低聚半乳糖
化学名称		棉籽糖 水苏糖	乳果糖	1-蔗果三糖	异构麦芽糖 异构麦芽三糖	棉籽糖
自然界分布		广泛分布于植物中,特别在豆科中含量最多	加热或储藏的乳制品中有微量存在	洋葱、芦笋、海带、蜂蜜中有微量存在	豆浆、酱油、酒中有微量存在	甜菜中含量较多
原料与制法		由大豆乳清中分离精制	用碱作用于乳糖使其异构化	用霉菌产生的果糖转移酶作用于蔗糖	用葡萄糖淀粉酶作用于葡萄糖	由甜菜废糖蜜中分离制得
特征	甜度(以蔗糖为1)	0.7	0.6~0.8	0.6	0.5	0.8
	有效摄取量(成人)/(g/d)	3	15左右	8	14	15
	肠道内有害菌能否利用	否	部分大肠菌能利用	否	否	否
	肠道内能否消化	否	否	否	异构麦芽糖苷容易分解	否
	酸性条件下的热稳定性	否	否	容易分解	否	否

注:本表摘自《功能性低聚糖生产与应用》。

(7) 山梨醇 山梨醇具有优良的保鲜、保香、保色、保湿性,有"代甘油"之称,几乎所有使用甘油或丙二醇的领域都可以用山梨醇来替代。山梨醇的甜味接近蔗糖,甜度为蔗糖的一半,是生产低甜度糖果和无糖糖果的重要原料。山梨醇易溶于水,难溶于有机溶剂,耐酸、耐热性好,可承受 200℃ 高温不变色,与氨基酸、蛋白质等不易发生美拉德褐变反应。

（8）木糖醇　木糖醇为白色晶体，外表和蔗糖相似，是多元醇中最甜的甜味剂，味凉、甜度相当于蔗糖，热量相当于葡萄糖。从食品级来说，木糖醇有广义和狭义之分。广义为碳水化合物，狭义为多元醇。因为木糖醇仅仅能被缓慢吸收或部分被利用。热量低是它的一大特点：每克2.4卡路里，比其他的碳水化合物少40％。木糖醇从20世纪60年代开始应用于食品中。在一些国家它是很受糖尿病人欢迎的一种甜味剂。

（9）麦芽糖醇　麦芽糖醇是由麦芽糖氢化而得到的糖醇，它有液体状和结晶状两种产品。液体产品是由高麦芽糖醇结晶析出，即可制得结晶产品。麦芽糖醇在体内几乎不分解，所以可用做糖尿病人、肥胖病人的食品原料。由于麦芽糖醇的风味口感好，具有良好的保湿性和非结晶性，可用来制造各种糖果，包括发泡的棉花糖、硬糖、透明软糖等。麦芽糖醇有一定的黏稠度，且具发酵性，所以在制造悬浮性果汁饮料或乳酸饮料时，添加麦芽糖醇代替一部分砂糖，能使饮料口感丰满润滑。在冷冻食品中使用麦芽糖醇，能使产品细腻稠和，甜味可口，并延长保存期。

（10）赤藓糖醇　赤藓糖醇是一种填充型甜味剂，甜度是蔗糖的60％～70％，使用时有一种凉爽的口感特性。其甜味纯正，甜味特性良好，与蔗糖的甜味特性十分接近，无不良后苦味。与糖精、阿斯巴甜、安赛蜜共用时的甜味特性也很好，可掩盖强力甜味剂通常带有的不良味感或风味，如赤藓糖醇与甜菊苷以1000：（1～7）混合使用，可掩盖甜菊苷的后苦味。

2. 非营养性甜味剂

非营养型甜味剂是指与蔗糖甜度相等时的含量，其热值低于蔗糖的2％以上者。非营养甜味剂的特点是高甜度。

高倍甜味剂可分为化学合成和天然提取物两类。高倍甜味剂通常是指甜度在蔗糖的50倍以上、非营养性甜味剂，包括化学合成、半合成和天然提取物三大类。化学合成的有糖精、安赛蜜、阿斯巴甜数种；半合成的有三氯蔗糖和二氢查耳酮的部分衍生产品；天然提取物包括二氢查耳酮、甜菊苷等品种。

高倍甜味剂属无热量或低热量产品，不像蔗糖那样，可能导致发胖、高血糖和龋齿等疾病，高倍甜味剂甜度高，用量少，使用成本低，尤其在低糖或无糖等特殊食品中的应用更具竞争性。天然的高倍甜味剂有甜菊苷、罗汉果甜、索马甜、甘草甜，其中甘草甜（包括甘草酸铵和甘草酸钾）已确认具有医疗功能。

常见的甜味剂的特性及甜度成本比较见表5-2。

（1）糖精钠（sodium saccharin） 又称为糖精，即邻苯磺亚胺盐，是最早食用的化学合成甜味剂。糖精钠的生产和应用的历史已有90年，我国生产和应用也有60余年历史。

糖精钠甜味强，其甜度一般为蔗糖的350～400倍，没有营养价值。其优点是价格低廉、性能稳定、用途广泛，且不易被人体所吸收，大部分以原型从肾脏排出；其缺点是味质较差、在高质量浓度（>0.3g/L）或单独使用时会有令人讨厌的金属味和后苦味。但是目前对糖精的研究集中于降低后苦味，提高味觉质量上，国外有很多围绕这个问题的专利。生产工艺虽日趋成熟，但对其安全性一直有争议。对于糖精的安全性能，在20世纪，科学家们通过老鼠实验发现糖精具有致癌性。对糖精的安全问题还在继续研究，所以有些国家甚至准备取消其食品添加剂地位，更多的国家控制其食用范围，使糖精的使用受到了严峻的挑战。美国等国家规定，食物中若添加了糖精钠，必须在标签上标明"糖精能引起动物肿瘤"的警示。我国也采取了严格限制糖精使用的政策，并规定婴儿食品中不得使用糖精钠。

（2）甜蜜素（sodium cyclamate） 甜蜜素的化学名称为环己基氨基磺酸钠（或钙），早在1937年已被发现，1949年美国最早批准用于食品，已在80多个国家批准使用，目前也是我国应用最多的高倍甜味剂之一。1969年曾因其致畸性的报道而被世界各国禁用，后来由于大量试验表明它并无致畸、致癌作用等，许多国家重又许可使用。

表 5-2 常见甜味剂的特性及甜度成本比较

项目名称	蔗糖	糖精	甜蜜素	阿斯巴甜	AK-糖	甜菊糖	三氯蔗糖	纽甜
甜度	1	450	40~60	200	200	200	600	7000~13000
口感	纯正	后苦味	余味欠佳	纯正	有金属味	甘草味,苦味依重	较纯正	纯正
安全性	好	较差	较差	好	较好	较好	好	好
根据国标 GB 2760-96 对使用量的规定	不受限制,但糖尿病、肥胖病、心血管病和龋齿病人应慎用	受严重限制(0~0.15g/kg)	受限制(0.65~1g/kg)	受一定限制(苯丙酮尿症者慎用)	受一定限制(0~0.3g/kg)	受一定限制,用量超过甜度15%时苦味明显	受一定限制	不受限制
国际使用ADI/(mg/kg)	—	0~0.25	0~11	0~40	0~15	2~3	0~15	0~15
稳定pH值	2~11	1~10	3~10	3~5	2~10	3~9	>3	>3
热稳定性(耐受温度)	200℃	150℃	250℃	≤80℃(不宜用于焙烤食品)	225℃	200℃	75℃	好于阿斯巴甜
代谢热度	17J/G 血糖升高	不代谢	部分代谢	代谢	不代谢	部分代谢	不代谢	代谢
抗龋齿	造成	能	能	能	能	能	能	能
甜度成本	100%(比较标准)	70%(按国家要求,最多代糖30%的甜度,余下70%的甜度用蔗糖)	80%(按国家要求,最多代糖15%的甜度,余下85%的甜度用蔗糖)	30%~50%(以全代糖计)	80%(按国际要求,最多代糖30%的甜度,余下70%的甜度用蔗糖)	90%(按国际要求,最多代糖15%的甜度,余下85%的甜度用蔗糖)	正在试制中,成本太高,约150万元每吨	20%

甜度是蔗糖的 30～80 倍。其优点是对光热稳定，耐酸碱，不潮解，甜味纯正，风味自然，后苦不明显，热稳定性高，是不被人体吸收的低热能甜味剂。可以代替蔗糖或与蔗糖混合使用，能高度保持原有食品的风味，并能延长食品的保存时间。

常与糖精钠混合使用（即 1∶10 混合液）甜味纯正，加入量超过 0.4% 时有苦味。通常和糖精一起使用，常用配比为 10∶1，能相互掩盖其不良风味，减少糖精的后苦味，改善混合物味觉特性，同时降低成本。还有报道认为甜蜜素与糖精、阿斯巴甜有协同增效作用。

（3）安赛蜜（acesulfame-K，AK 糖） 化学名为乙酰磺酸钾或氧硫杂连氮酯钾。AK 糖是一种无发热量的高倍甜度甜味剂。白色结晶状粉末，易溶于水，20℃ 的溶解度为 270g/L，它具有极优的耐酸、耐热和耐酶分解性，在口腔中不分解，不会引起龋齿，摄入人体后不吸收，24h 内可以从尿排出，对人体安全无害，因此在食品加工中使用安全性甚高。其甜度约为蔗糖的 200 倍，甜味爽口，无不良后味，甜度不随温度升高而下降。

安赛蜜对光、热（能耐 225℃ 高温）稳定，pH 值适用范围较广（pH＝3～7），是目前世界上稳定性最好的甜味剂之一，适用于焙烤食品和酸性饮料。安赛蜜的生产工艺不复杂、价格便宜、性能优于阿斯巴甜，被认为是最有前途的甜味剂之一。

由于安赛蜜同其他甜味剂联用的效果比单一使用更好。因此大多探索试验与阿斯巴甜、三氯蔗糖和甜菊苷等复配使用的方法，形成一个研发的新动向。AK 糖与山梨醇混合物的甜味特性甚佳，是很有前途的新型甜味剂。具有良好口感和稳定性，与甜蜜素 1∶5 配合，有明显增效作用。安赛蜜的安全性高，甜味纯正而强烈，甜味持续时间长，与阿斯巴甜 1∶1 合用有明显增效作用。

（4）阿斯巴甜（aspartame，简称 APM） 又称甜味素、天冬甜母、天冬甜精，化学名称为天门冬酰苯丙氨酸甲酯，是化学合成的强力甜味剂。它是 200 倍于蔗糖甜度的氨基酸系甜味剂，白色结晶状粉末、甜味纯净、强烈，有凉爽感，甜味纯净，没有苦涩余味、甘草味、化学味及金属味。具有和蔗糖极其近似的清爽甜味，经溶解稀释后与蔗糖风味十分接近，是迄今开发成功的甜味最接近蔗糖的甜味剂。但不耐高温高酸，0.8%水溶液的 pH 值为 4.5～6，长时间加热或高温可致破坏。在水溶液中不稳定，易分解而失去甜味，低温时和 pH 值 3～5 时较稳定。迄今为止绝大多数被利用在可乐类碳酸型饮料中，使之成为低热量类食品。对患有遗传性代谢病苯丙酮尿症（也称苯丙酮尿症）患者不宜食用。

阿斯巴甜有明显的增香效果，尤其是对酸性的柑橘、柠檬等，能使香味持久、减少芳香剂用量。与蔗糖或其他甜味剂混合使用有协同效应，如加 2%～3% 于糖精中，可明显掩盖糖精的不良口感。

美国国内高甜度市场中阿斯巴甜占了 90%，年消费量 7000t，相当于 1.4Mt 蔗糖。按我国标准规定可用于各类食品（罐头除外），最大使用量可按生产需要适量使用，但添加阿斯巴甜的食品应标明"苯丙酮尿症患者不宜使用"。

（5）阿力甜（alitanme） 又称天胺甜精。阿力甜是一种口感好的甜味剂。甜味清爽，与蔗糖近似，阿力甜的甜度是蔗糖的 2000 倍，是阿斯巴甜的 10 倍，对酸对热的稳定性有大幅提高，阿力甜保留了 APM 的优点又改进其不足，是 APM 的新一代产品，有广阔的应用前景。其缺点是因分子结构中含有硫原子而稍带硫味。

（6）纽甜（Neot,e） 也称为乐甜。甜度高，甜味纯正，约为蔗糖的 10000 倍，阿斯巴甜的 50 倍，稳定性好，是目前所有高倍甜味剂中最甜的甜味剂。纽甜热稳定性较阿斯巴甜明显提高，酸性条件下 80℃加热 24h 稳定不变，适用于蛋糕、曲奇等焙烤食品，还具有风味增强效果。纽甜摄入人体后不会被分解为单个氨基酸，适用于苯丙酮尿症患者。

关于纽甜的甜度倍数，通常说是约 10000 倍，也有的资料说是 7000～13000 倍，不完全统一。因为纽甜产生甜感的化学键本身具有放大效应，也就出现了如此高的甜度，如果在最终的食品中纽甜含量很大，那么这些产生甜感的化学键势必靠得很近，他们的增甜发挥区域就会出现重叠,也就影响了最终的甜度倍数,所以纽甜的添加浓度越大,最终发挥的甜度倍数越小,反之添加的浓度越小,最终发挥的甜度倍数越大,比如在甜度相当于2%的蔗糖溶液时,纽甜发挥的甜度倍数会大于10000倍,而甜度相当于5%的蔗糖时,纽甜发挥的甜度倍数大约是8000倍左右。根据市场上多数甜味食品的甜度要求来看,纽甜应用于不同的产品中,可以发挥7000~13000倍的甜度效果,所以多数资料中对纽甜的倍数宣传都采用了7000~13000这个区间值,而不是固定值。

纽甜是纽特甜味剂公司开发出来的,2001年澳大利亚和新西兰最早批准使用,2002年美国也开始准许使用,现已进入我国市场。其高甜度已引起食品业的特别关注。纽甜低成本、高甜度、安全、稳定性高、溶解性好,是取代阿斯巴甜的具有更广阔应用前景的甜味剂。我国于2003年批准使用,可用于各类食品。

纽甜既可以单独使用,也可以与其他营养型和非营养型甜味剂混合使用。纽甜作为甜味剂在保持产品极佳风味的前提下,可减少替代蔗糖的添加量,降低产品热量。纽甜具有纯正的甜味,在普通或者无糖的饮料中,以纽甜替代部分甜味剂使用,不仅可以得到适宜甜度和风味的产品,纽甜更具有降低产品成本的特性。研究结果表明,在饮料产品中,纽甜可替代20%的营养甜味剂或高倍甜味剂,无需调整产品配方,即可保持相近的感官特性。纽甜具有风味增强特性,可有效地降低产品中香精和酸的使用量。

(7) 三氯蔗糖(sucralose) 三氯蔗糖是唯一以蔗糖为原料合成的甜味剂。它是蔗糖的三氯衍生物,用蔗糖作原料生产,口感最接近蔗糖,耐热,性质稳定,无任何异味,无后苦味。甜度为蔗糖的600倍,在人体内吸收率小。性质非常稳定,保存期长、耐酸、耐高温,易溶于水。

正是由于三氯蔗糖的特征是对热和pH有很好的稳定性,在烘烤、焙烧及储存期味道保持不变,pH适应性广,适用于酸性至中性食品,对涩、苦等不愉快味道有掩盖效果,引起食品和饮料生产商用其取代蔗糖和高糖浆的特殊兴趣。目前已获得美国等30多个国家的审评批准使用。我国已批准允许使用三氯蔗糖，但目前尚无报道有生产的厂家。由于价格问题，三氯蔗糖在世界范围难以被广泛接受。如何降低生产成本，是一个值得大力开展的研究课题。

（8）甜叶菊糖（strvioside） 又称为甜菊苷、甜菊糖苷、甜糖苷。是从菊科草本植物甜叶菊中提取的一种甜苷，甜度为蔗糖的200～300倍。甜菊苷（纯品）在各种食品生产过程中的应用较稳定。我国有较大的甜叶菊种植面积，甜叶菊糖是一种有中国特色的天然甜味剂，但其最大的问题在于甜味不正，带有明显的苦涩味，甜味刺激缓慢，味觉延绵，纯度较难提高，一般的甜菊糖只有80%的纯度，由于成分的不确定性，导致难以良好规范生产。因此，尽管号称为"天然甜味剂"，但一直未能得到欧美等国家的认可，目前世界上仅8个国家批准使用。

作为甜味菊提取物的甜菊苷甜味剂甜味质并不好，但经过改进后的产品，如甜菊苷转移品和高含雷色迪苷A（Rebandiaside A）在饮料、糕点和冷食中得到广泛应用。最近，在应用甜味强弱为主向改进甜味质转变，在酸奶产品以低糖型为主流时，所添加的甜菊苷以其粗涩的甜味恰好与酸奶的味道达到一致。在无砂糖胶姆糖和糖果中甜菊苷与糖醇复配使用，其甜味得到相互补充，因而增加了使用量。而甜菊苷与糖醇的组合复配添加在饮料中的目的，明显为达到低热量和改良甜味。

二、甜味剂的复配调味

1. 单一甜味剂的缺陷

安全、品质、工艺、成本，这四个因素促使甜味剂进行复配使用成为一种必然性。能完全达到这几点要求的单一甜味剂目前并不存在。事实上，很多合成甜味剂在口感味道上总不同于蔗糖，食后总有后苦，味觉延留总有金属味，像糖精、甜蜜素等。很多合成甜味剂在低浓度时，甜味还不错，一旦增加水液浓度，甜度则下降，口感变差，由甜变苦，像 AK 糖就是一例。还有一些合成甜味剂不耐高温、不耐存放时间，存放时间长了甜度就会减弱，例如公认甜度近似蔗糖的三氯蔗糖，存放 2 年后会出现甜度减弱、下降的现象。更为明显的是，现今还没有哪一种合成甜味剂能像蔗糖那样呈现醇厚的甘甜口感。也就是说，所有合成甜味剂都表现出了口感单一、不够厚实的甜味，甜味感不醇厚。

天然甜味剂大多是从草本植物和果子提炼的天然糖苷部分，从生产资源量和甜度倍数、甜味厚实感和价格因素来看，甜菊糖苷最具有应用前途。但是，甜菊糖的苦味一直影响它的推广运用。甘草甜素作为甜味剂来应用，无论提纯精制到什么程度，却一直摆脱不了其固有的甘草味，只能作甜味剂的辅料用。罗汉果苷亦是如此。

不仅单一甜味剂在口感上总令人感到不足，而且单一甜味剂的物化性质的限制及添加量、价格的限制，使得添加单一甜味剂总不能达到令人满意的效果。

2. 甜味剂复配的目的

复配是利用各种甜味剂之间的协同效应和味觉的生理特点，以达到如下目的。

（1）减少不良口味，增加风味；

（2）缩短味觉开始的味觉差；

（3）提高甜味的稳定性；

（4）减少甜味剂总使用量，降低成本。

3. 复配甜味剂的类型

在实际生产应用中，复配甜味剂主要有以下三大类。

第一大类，是复配型甜味剂，是以合成甜味剂为甜度的基料组配成分，这类成本较低，也能勉强达到食品甜味的口感基本要求。

第二大类，是以合成甜味剂为甜度的主要基料成分，再辅以天然甜味剂。

第三大类,是全部以某天然甜味剂为甜度基料组配成分,利用高科技再辅以其他天然甜味剂作为甜度的协同增效成分,甚至其他辅助食品添加剂也全系天然提制物。由于整体全系天然成分,符合当今天然、健康、绿色、纤体的复配甜味剂时尚潮流。

4. 甜味剂的复配举例

复配型甜味剂,可以做到充分发挥甜味剂的最佳功效,降低成本。既能保持单一甜味剂的特效功能,又能引出新风味添加剂组配而成的新型复配甜味剂,通过利用各种甜味剂之间的协同效应和生理特点,能减少不良味,缩短味觉开始的味觉差,提高甜度的稳定性和醇厚性,减少甜味剂总使用量,降低成本。

以果糖为例,10%的果糖和蔗糖的混合液(F/S=60/40)比10%的蔗糖水溶液的甜度高30%。在软饮料中如果几种甜味剂同时配合使用,成本最多可降低40%左右。三氯蔗糖和其他甜味剂复配使用效果非常明显,这些甜味剂有果糖、葡萄糖、麦芽糖、蔗糖、乳糖、木糖醇,尤其是在软饮料中三氯蔗糖和果糖的复配非常有效。果糖有它特别的香味和令人愉快的口感,它们的结合使用不仅使饮料中的卡路里大大降低,又可使三氯蔗糖和果糖用量都降低到所希望的水平。

安赛蜜(AK糖)和其他甜味剂混合使用产生很强的协同效应。一般浓度下可增加甜度20%~50%。当AK糖与阿斯巴甜(甜度亦为蔗糖200倍)以1:1复配时甜度立即增至300倍,阿斯巴甜的稳定性也会大大增加,是目前最好的复配甜味剂,AK糖与甜蜜素复配,增甜效果也十分明显。

甜菊糖除了可单独在食品中使用,还可以与其他甜味剂混合复配,从而达到更加满意的效果(表5-3)。

复配型甜味剂其实有多种选择,其中"赤藓糖醇K三氯蔗糖"是现在大多数企业的新宠。赤藓糖醇的甜度约是蔗糖的70%~80%、三氯蔗糖约是蔗糖的400~600倍,这两者按一定比例复合后的综合指标反映良好。

表 5-3　甜菊糖与其他甜味剂的复配

与甜菊糖复配的甜味剂	常用比例 甜菊糖∶甜味剂	与甜菊糖复配的甜味剂	常用比例 甜菊糖∶甜味剂
蔗糖	1∶(100～150)	安赛蜜	1.5∶1
果糖	1∶(60～400)	新橙皮苷	8∶1
木糖醇	1∶100	索马甜	10∶1
赤藓糖醇	1∶(30～1500)	甜蜜素	1∶5
异麦芽糖醇	1∶(150～200)	阿斯巴甜	1∶1
山梨糖醇	1∶(150～200)	甜蜜素∶阿斯巴甜	1∶3∶1
麦芽糖醇	1∶150	甜蜜素∶三氯蔗糖	1∶1.5∶1
乳糖醇	1∶(50～1000)	三氯蔗糖	1∶0.2

所有的甜味剂与蔗糖都存在口感上的差别，添加高倍甜味剂的食品与添加蔗糖的食品口味不大相同，这主要与其时间、强度特性和它们的后味有关。要像蔗糖那样口感甘甜、醇厚、纯口，只有走复配甜味剂的道路，只有协同增效的复配效应才有可能使甜味剂接近或具备蔗糖甜味的醇厚口感风味。在复配甜味剂时，人们往往选择"高倍甜味剂 K 糖醇"这样一种复合方式，这样能使这两种类型的甜味剂优势互补：高倍甜味剂甜度比较高、体积小、用量小、有一定的不良后味，糖醇甜度比较低、有一定的体积、有些能掩盖高倍甜味剂的不良后味。

安赛蜜与蔗糖、山梨糖醇复配，口感效果极佳。赤藓糖醇的溶解热较大，用它制造的固体食品和糖果由较明显的凉爽感。赤藓糖醇的甜味爽净，在与其他高甜度甜味剂如蛋白糖、甜菊糖等复配时可有效地掩盖这些甜味剂的后苦味。

热处理是食品生产中最普通的工序，而高温对甜味剂的热解和水解稳定性有极大的影响；pH 的高低也会影响甜味剂的稳定性。以上因素甚至会使不稳定的甜味剂受损失而降低产品的甜味，所以要选择不同的甜味剂加以配合，提高其稳定性。例如，甜味 AK 糖和甜蜜素是较耐热的可以复配在一起使用。阿斯巴甜耐热性较差，但阿斯巴甜与 AK 糖以 1∶1 的比例复配在一起有协同增效作用。

实践证明，使用复配甜味剂可以获得令人满意的口感，更长的货架期，较好的经济效益，以及带给商品生产者更多的自由选择。因此我们使用的许多甜味剂都不是单一的，而是由多种成分复合而成。

第三节
酸味剂调味

酸味剂（acidity regulators）是以赋予食品酸味为主要目的的食品添加剂。它还可调节食品的pH，因此又称为pH调节剂。它主要有用以控制食品所需的酸剂、碱剂及具缓冲作用的盐类。

一、常用的酸味剂

以赋予食品酸味为主要目的的食品添加剂总称为酸味剂。常用的酸味剂主要有柠檬酸、苹果酸、酒石酸、抗坏血酸、乳酸、冰醋酸、富马酸、草酸、水杨酸、马来酸等。酸味剂是重要的食品工业原料，一般来说，主要应用于饮料中，但在方便面食品中的应用也是较为广泛的。

我国现已批准使用的酸度调节剂有：柠檬酸、乳酸、酒石酸、苹果酸、偏酒石酸、磷酸、乙酸、盐酸、己二酸、富马酸、氢氧化钠、碳酸钾、碳酸钠、柠檬酸钠、柠檬酸钾、碳酸氢三钠、柠檬酸一钠、磷酸三钾18种。其中柠檬酸产量最大，醋酸次之，此外还有乳酸、富马酸等。

酸味剂分为有机酸和无机酸。食品中天然存在的酸主要是有机酸，如柠檬酸、酒石酸、苹果酸和乳酸等。目前作为酸味剂使用的主要也是这些有机酸。最近用发酵法或人工合成制取的延胡索酸（富马酸）、琥珀酸和葡萄糖酸-δ-内酯等也广泛用于食品调味。无机酸主要是磷酸，一般认为其风味不如有机酸好，应用较少。

(一) 有机酸

有机酸类（organic acids）是分子结构中含有羧基（—COOH）的化合物。有机酸多溶于水或乙醇呈显著的酸性反应，难溶于其他有机溶剂。在有机酸的水溶液中加入氯化钙或醋酸铅或氢氧化钡溶液时，能生成不溶于水的钙盐、铅盐或钡盐的沉淀。如需自中草药提取液中除去有机酸常可用这些方法。

一般认为脂肪族有机酸无特殊生物活性，但有些有机酸如酒石酸、柠檬酸作药用。有报告认为苹果酸、柠檬酸、酒石酸、抗坏血酸等综合作用于中枢神经。有些特殊的酸是某些中草药的有效成分，如土槿皮中的土槿皮酸有抗真菌作用。咖啡酸的衍生物有一定的生物活性，如绿原酸（chlorogenic acid）为许多中草药的有效成分，有抗菌、利胆、升高白细胞等作用。

1. 柠檬酸（citric acid）

柠檬酸学名 3-羟基-3-羧基戊二酸，又名枸橼酸，分子式 $C_6H_8O_7 \cdot H_2O$。

有无水物和一水物两种形式，为无色透明结晶或白色颗粒与结晶性粉末，无臭，有强酸味。相对密度 1.665（无水物）和 1.542（一水物），熔点 153℃（无水物）和 135℃（一水物）。水合物在干燥空气中易风化。1g 本品分别约溶于 0.5mL 水、2mL 乙醇和 30mL 乙醚。1% 水溶液的 pH 值为 2.31。

柠檬酸是酸味剂中最温和、可口的酸味剂，在食品工业中应用最广，需要量也最大。我国是柠檬酸生产大国，生产能力为 350kt/a，实际产量达 250kt/a 左右，出口量居世界第一位。

柠檬酸是最早在食品生产中应用的酸味剂，只需少量添加，即可呈现稍带甜味的清凉的酸味，对添加食品有调整酸味和强化酸度的效果。它的酸味缓和、可口，入口后酸味迅速达到最高点并很快降低，后味延续时间较短。与柠檬酸钠复配使用，酸味更为柔美。

2. 乳酸（lactic acid）

乳酸学名 2-羟基丙酸，分子式 $C_3H_6O_3$。

为乳酸和乳酰乳酸（$C_6H_{10}O_5$）的混合物。无色到浅黄色固体或糖浆状澄明液体，几乎无臭或稍臭，有特异收敛性，味酸，酸味阈值 0.004%，有吸湿性。纯乳酸熔点 18℃，沸点 122℃（1999.8Pa），相对密度 1.249（15℃）。可溶于水、乙醇，稍溶于乙醚，不溶于氯仿。将其煮沸浓缩时缩合成乳酰乳酸，稀释并加热水解成乳酸，0.3%水溶液的 pH 值为 2.4。通常使用的为浓度约 80%的乳酸溶液。

乳酸可与水以任意比例混合，酸味较弱，有一定的挥发性，可以满足头香和口感的两方面需求。

乳酸近年来发展迅速，受到各国普遍重视。特别是发酵乳酸（L-乳酸），是安全性很高的添加剂。乳酸盐系列产品如硬脂酰乳酸钙（钠）、乳酸钙、乳酸锌、乳酸亚铁盐等发展很快。

3. 酒石酸（tartaric acid）

酒石酸分子式 $C_4H_6O_6$。

为无色透明结晶或白色精细到颗粒结晶状粉末，熔点 168～170℃。结晶品含 1 分子结晶水，无臭，在空气中稳定，味酸，酸味阈值 0.0025%，酸味强度约为柠檬酸的 1.2～1.3 倍，口感稍涩，灼烧时有焙烧砂糖的臭气，具金属离子螯合作用。1g 约溶于 0.8mL 水（25℃），0.5mL 沸水，3mL 乙醇。0.3%水溶液的 pH 值为 2.4。

酒石酸（主要是指 L-酒石酸）的世界总产量约为 40kt/a。酒石酸酸味较强且爽口，在饮料中用量为 0.1%～0.2%左右，单独使用较少，一般多与柠檬酸、苹果酸等并用。主要用作清凉饮料的酸味料以及其他各种食品添加剂。

4. 苹果酸（malic acid）

苹果酸别名羟基琥珀酸，羟基丁二酸。分子式 $C_4H_6O_5$。

白色结晶或结晶性粉末,无臭或稍有特异臭,有特殊的刺激性酸味,酸味较柠檬酸强约20%,呈味缓慢,保留时间较长,爽口但微有苦涩感。相对密度1.601,熔点约130℃,沸点150℃,1g约溶于0.8mL水和1.4mL乙醇,微溶于乙醚,1%水溶液的pH值为2.40。

苹果酸的世界生产能力约50kt/a,其中食品用约20kt/a以上,其与其他酸味剂复配使用口感好。苹果酸刺激缓慢,不能达到柠檬酸的最高点,但其刺激性可保留较长时间,用量为0.25%~0.55%。

5. 偏酒石酸(metatartaric acid)

偏酒石酸分子式$C_6H_{10}O_{11}$。

微黄色轻质多孔性固体,无味,有吸湿性,难溶于水,水溶液呈酸性。具络合作用,可与酒石酸盐的钾离子或钙离子结合成可溶性络合物,使酒石酸盐处于溶解状态。受热过度易分解成酒石酸。

(二) 无机酸

无机酸主要是磷酸,一般认为其风味不如有机酸好,应用较少。

磷酸(phosphoric acid),别名正磷酸。分子式H_3PO_4。

无色透明糖浆状液体,无臭,味酸,含量通常在85%以上。纯品为无色结晶,相对密度1.70(20℃),熔点42.35℃,加热至215℃失去部分水而变为焦磷酸,进一步加热至约300℃变为偏磷酸,在空气中易吸湿,可与水和乙醇混溶。用作酸度调节剂、酸味剂、螯合剂、抗氧化增效剂,可在复合调味料、罐头食品、可乐型饮料、干酪、果冻和含乳饮料中按生产需要适量使用。

二、酸味机制、强度及特征

酸味剂的酸味是由舌黏膜受氢离子刺激而引起的感觉,所以在溶液中能电离出氢离子的物质都是酸味物质。但是,酸味的强弱并不能单用pH值表示。酸味的强弱与酸的尝试之间并一是简单的相关关系。各种酸味剂有不同的酸感,它们在口腔中引起的酸感与酸根的种类、pH值、可滴定酸度、缓冲溶液以及其他物质特别是糖类的存在有关。在同样的pH值下，有机酸（酸味的阈值pH=3.7～4.9）比无机酸（酸的阈值pH=3.4～3.5）的酸感要强。但是酸味感的时间长短并不与pH值成正比，解离速度慢的酸味维持时间长，解离速度快的酸味物质味觉很快消失。

酸味除了与氢离子有关外，也受酸味剂的阴离子影响。有机酸的阴离子容易吸附在舌黏膜上，中和了舌黏膜中的正电荷，使得氢离子更容易与舌味蕾相接触，而无机酸的阴离子易与口腔黏膜蛋白质相结合，对酸味的感觉有钝化作用。因此，一般地说，在相同的pH值时，有机酸的酸味强度大于无机酸。由于不同有机酸的阴离子在舌黏膜上吸附能力的不同，酸味强度也不同，如对醋酸、甲酸、乳酸、草酸来说，在相同的pH值下，其酸味的强弱依次为：醋酸＞甲酸＞乳酸＞草酸。

在相同的浓度下，各种酸的酸味强度不同，主要也是由于酸味剂解离的阴离子对味觉产生的影响所致。因此，一种酸的酸味不能完全以相等质量或浓度代替另一种酸的酸味。以同一浓度比较不同酸的酸味强度，其顺序为：盐酸＞硝酸＞硫酸＞甲酸＞乙酸＞柠檬酸＞苹果酸＞乳酸＞丁酸。比较酸味的强弱通常采用柠檬酸为标准，将柠檬酸的酸度定为100，其他酸味剂在其相同浓度条件下比较，酸味强于柠檬酸则其相对酸度超过100，反之则低于100，例如，L-抗坏血酸的相对强度为50，苹果酸为120，酒石酸为120～130，磷酸为200～300，延胡索酸为263。

酸味剂的阴离子对酸味剂的风味有影响，这主要是由阴离子上有羟基、氨基、羧基，它们的数目和所处的位置决定的。如柠檬酸、抗坏血酸和葡萄糖酸等的酸味带有爽快感，苹果酸的酸味带有涩苦味；乳酸和酒石酸的酸味伴有涩味；醋酸的酸味带有刺激性臭味；谷氨酸的酸味有鲜味等。

难以言状的酸感是很难界定的。不要说心理上情绪上的酸溜溜很难解读，即使从纯粹的滋味来看，酸也是一种难以概括、定性的味。相比之下，甜味和咸味就不大会产生歧义。酸味不像咸味和甜味可以单独构成一种美味,酸味不适宜独行。高纯度的酸味很难让人接受。"望梅止渴"中酸味所产生的特殊心理效应,与品味无关。酸味的最大特点在于它能与各种味交融组合,左右逢源,变化无穷。在味的舞台上,酸味有点类似于活跃气氛的丑角,多了喧宾夺主,少了一出戏不免平淡乏味。恰到好处的酸味配合,能给人带来美妙的感受,别有风味。

要想达到这种目的,就需要进行复配调味了。

三、有机酸的复配调味

复配酸味剂,通常是指有机酸之间的复配,它们酸味的强度和味质都分别各有自己的特征,经过将不同酸味剂复配组合以后,可以达到调整和加减单味酸时的酸味特征,用来调节口味、酸味敏感度和显味速度,从而赋予食品不同的酸味风格。

各种酸会产生不同的口感,如柠檬酸、抗坏血酸和葡萄糖酸所产生的是令人愉快、有清凉感的酸味,但酸味消失快。苹果酸所产生的是一种略带苦味的酸味,其酸味的产生和消失都比柠檬酸缓慢;磷酸、酒石酸有较弱的涩味,醋酸有强刺激性,它们的酸味也消失较快;富马酸有强涩味并能呈长时间的酸味。

酒石酸带有较强的水果风味,特别在葡萄类制品中能产生"天然酸味"的感觉;磷酸在可乐类饮料制品中能提供一种独特的酸味。

由于这些差异的存在,就为酸味剂的复配提供了广阔的平台。

周晓媛等研究发酵辣椒的风味调配,对酸味剂评定结果为:乳酸酸味单调,太柔和,乳酸 K 醋酸酸感提高,乳酸 K 醋酸 K 柠檬酸酸感较为丰富、爽口;乳酸 K 醋酸 K 柠檬酸、苹果酸酸感较为丰富,爽口,余味增长,乳酸、醋酸 柠檬酸 K 苹果酸,酸感丰富。

宋莲军等对鸡腿菇保健饮料的工艺进行了探讨,认为在鸡腿菇饮料中,单独使用柠檬酸作为酸味剂,产品有尖酸味,而且略带苦涩味。以柠檬酸和乳酸进行复合试验,结果表明,当柠檬酸与乳酸的比例为 1∶2 时,添加 0.1% 的复合酸味剂,饮料滋味柔和适口。

李宏梁等探讨了食品添加剂对乳酸菌饮料稳定性及口感的影响，实验结果显示，用0.25%的柠檬酸和0.08%的柠檬酸钠组成的复合酸味剂，代替基础配方中0.25%的柠檬酸，效果最佳，可以缓冲酸味，且口感较佳。

吴晖等进行新型营养保健果胶软糖的研制，认为：酸味剂可使用柠檬酸、苹果酸及乳酸的复配，主要考虑柠檬酸入口后很快达到酸味的最高值，而后酸味迅速下降，而苹果酸、乳酸虽然不及柠檬酸味强，但酸味柔和，持续时间长，三者复配可达到较好的配伍效果。

酸味剂的复配调味，需要考虑以下几点。

1. 考虑产品的性质与风味

苹果酸一般和柠檬酸复配使用，柠檬酸∶苹果酸＝4∶1；柠檬酸∶酒石酸＝5∶1，目前在冷饮中常用。苹果酸具有明显的呈味作用，其酸味柔和、爽快、刺激性缓慢，保留时间长，与柠檬酸配合使用，可模拟天然果实的酸味特征，使味感自然、协调、丰满。

磷酸和酒石酸兼有较弱的涩味，这使它们在乳饮料、可乐类饮料和葡萄、菠萝类制品中产生"天然酸味"的感觉。酒石酸的酸味具有稍涩的收敛味，后味长，在冷饮中很少单独使用，常与柠檬酸一起使用增加后味，可产生真实的果味口感。

醋酸和丁酸有较强的刺激味，它们在泡菜、合成醋、干酪等制品中有强化食欲的功能。

乳酸的酸味柔和，具有后味，与醋酸合用，可提供柔和的风味，并提高制品的防腐效果。

具有酸味柔和、持续时间较长、回味较好等特征的酸味剂是方便面食品行业的首选，其中以柠檬酸、苹果酸、乳酸、冰醋酸为常用，其他则较为少用。

2. 考虑产品达到什么pH值

如生产果冻，pH值一般为3.6～3.8，一般用柠檬酸和苹果酸其比为3∶2，缓冲盐用柠檬酸钠。酸与盐比为2∶1。

3. 考虑产品的成本

就苹果酸、乳酸、柠檬酸三种来讲，价格以柠檬酸最便宜，其次是乳酸，最贵的是苹果酸，一般做一款产品都不是使用单一的酸，最好是用两种或三种酸复配使用，一般以柠檬酸添加量最多，剩下的两种酸适量添加，以缓和柠檬酸单一的刺激感。

第四节
鲜味剂调味

鲜味剂（flavour enhancers）也称为增味剂或风味增强剂，是补充或增强食品原有风味的物质，我国历来称为鲜味剂。在食品中添加鲜味剂，可增强食品的一些风味特征，如持续性、口感性、气爽性、温和感、浓厚感等。

鲜味剂出现至今，已经发展到第三代：第一代为味精，是氨基酸类物质，主要成分是谷氨酸钠盐（MSG）；第二代为强力味精，或者叫核苷酸味精，其鲜度是味精的数倍到几十倍，是核苷酸类物质与氨基酸类物质的复合物，主要成分是I+G（$5'$-肌苷酸二钠+$5'$-鸟苷酸二钠）和MSG；第三代就是目前最常用的鸡精，是I+G、MSG及肉类水解物等物质的混合物，鲜度通常比味精大。

一般认为，味精可能是世界上最鲜的调味佳品了，其实不然。目前，化学家又发现了一些比味精更有鲜味的物质。例如，肌氨酸比味精鲜40倍，乌氨酸比味精鲜160倍；还有一种叫做2-呋喃甲硫基肌氨酸的化合物，它比味精鲜650倍。

一、常用的鲜味剂

鲜味剂按其化学性质的不同主要有两类：即氨基酸类和核糖核苷酸类。水解蛋白、酵母抽提物含有大量的氨基酸、核糖核酸，它们属于复合鲜味剂。

常用的鲜味剂有：味精、呈味核苷酸二钠（I+G）、干贝素、L-丙氨酸、甘氨酸以及水解植物蛋白、酵母提取物等。

1. 氨基酸类

这类鲜味剂中最主要的是 L-谷氨酸钠（MSG），俗称味精。氨基酸类鲜味剂除谷氨酸钠以外，还有 L-丙氨酸、甘氨酸、天门冬氨酸及蛋氨酸等。各种氨基酸有其独特的风味，如 DL-丙氨酸增强腌制品风味，甘氨酸有虾及墨鱼味，蛋氨酸有海胆味。

（1）味精　谷氨酸一钠，是谷氨酸的一钠盐，也称作麸氨酸钠。无色至白色结晶或晶体粉末，无臭，微有甜味或咸味，有特有的鲜味，易溶于水，溶解度为 7.71g/100mL（200℃），微溶于乙醇，不溶于乙醚和丙酮等有机溶剂。相对密度 1.65，无吸湿性。以蛋白质组成成分或游离态广泛存在于植物组织中。它在 pH 为 3.2（等电点）时鲜味最低，pH 为 6 时鲜味最高，pH＞7 时因形成谷氨酸二钠而鲜味消失。L-谷氨酸钠是目前应用于食品中的一种最主要的增味剂，也广泛用作复配其他鲜味剂的基础料，第 2 代、第 3 代，第 4 代味精，均以谷氨酸钠为主料。目前世界味精总产量已超过 100 万吨。由于很多国家并不以味精作为调味品，因而市场相对较小，尽管味精总产量仍有增长趋势，但市场已进入饱和期。

谷氨酸也有类似于味精的鲜味。谷氨酸的另一种钠盐谷氨酸二钠是没有鲜味的。因此，味精不宜在碱性食品中使用。

味精 70~90℃时在水中的溶解最充分，在酸性环境中溶解较差。因此从溶解性考虑，味精不宜在低温和酸性食品中使用。

味精在 100℃以上长时间加热会部分分解，150℃以上加热会失水生成焦谷氨酸钠，不单鲜味降低，而且对人身体有害。因此，味精忌高温使用。

（2）甘氨酸　甘氨酸是结构最简单的氨基酸，广泛存在于自然界，尤其是在虾、蟹、海胆、鲍鱼等海产及动物蛋白中含量丰富，是海鲜呈味的主要成分。我国已达到年产量 3000 吨左右。甘氨酸作为鲜味剂，在软饮料、汤料、咸菜及水产制品中添加可产生出浓厚的甜味并去除咸味、苦味。与谷氨酸钠同用则可增加鲜味。

（3）L-丙氨酸和甘氨酸　两种氨基酸都同样具有甜味和鲜味。经常用作其他鲜味剂的复合增效剂。另外，在汤料、咸菜及水产制品中添加甘氨酸可产生出浓厚的甜味，并去除咸味、苦味。

2. 呈味核苷酸类

呈味核苷酸类鲜味剂是20世纪60年代后所发展起来的鲜味剂。主要有$5'$-肌苷酸（$5'$-IMP）和$5'$-鸟苷酸（$5'$-GMP），实际使用时多为它们的二钠盐。此外，还有一类有机酸，如琥珀酸及其钠盐，是贝类鲜味的主要成分。

$5'$-肌苷酸钠为无色至白色结晶或晶体粉末，呈鸡肉鲜味，倘若将99％以上的谷氨酸钠的鲜度定为100，那么肌苷酸钠的鲜度可达4000。其增强风味的效率是味精的20倍以上，可添加在酱油、味精之中。$5'$-肌苷酸钠在水溶液中只要有0.012％～0.025％的量存在就有呈味作用。

$5'$-鸟苷酸钠为无色至白色结晶或晶体粉末，平均含有7个水分子，呈鲜菇鲜味。无气味，易溶于水。作调味品比肌苷酸钠鲜数倍。鸟苷酸钠和适量味精在一起会发生协同增效，可比普通味精鲜100多倍。

$5'$-肌苷酸钠及$5'$-鸟苷酸钠在可pH3以下长时间加热会分解而失去作用，但在pH4～6时非常稳定。这两种核苷酸对磷酸分解酶非常敏感，因为磷酸分解酶可将磷酸脱去而失去呈味作用。在市场上的$5'$-呈味核苷酸（I+G）是$5'$-肌苷酸钠与$5'$-鸟苷酸钠各50％的混合物，而且它们与谷氨酸钠混合使用时会产生相乘效果。

琥珀酸二钠又名丁二酸钠，商品名称干贝素，海鲜精。具有特异的贝类鲜味，但它很少单独使用，常和味精及呈味核苷酸混合使用。琥珀酸及其两种钠盐（琥珀酸一钠和琥珀酸二钠）都有贝类鲜味。通常只有琥珀酸二钠（干贝素）作鲜味剂使用。在调味中，干贝素除了用于调制海鲜、贝类鲜味外，主要用作其他鲜味剂的复合增效剂。

琥珀酸及其钠盐，无色至白色结晶或结晶性粉末，易溶于水，不溶于酒精。水溶液呈中性至微碱性，120℃失去结晶水，味觉阈值0.03%。主要存在于鸟、兽、鱼类的肉中，尤其是在贝壳、水产类中含量甚多，为贝壳肉质鲜美之所在。

3. 水解动物蛋白

水解动物蛋白（HAP）是新型食品添加剂，主要用于生产高级调味品，以及作为功能性食品的基料。HAP主要以鸡肉、猪肉、牛肉等为原料，通过酸解法和酶解法制备。

酸解法需强酸、高温，并且必需氨基酸色氨酸被破坏，酶解法条件温和，氨基酸不被破坏，构型不发生改变。常用的酶有木瓜蛋白酶、胃蛋白酶、胰蛋白酶等，耐高温、pH值适应范围广，投入一定量的蛋白质，可获得几乎等量的蛋白水解物。蛋白质的酶解过程和酵母酶解类似，降解产物也相似，均属营养性氨基酸类调味剂。动物蛋白质由多种氨基酸缩合及聚合而成，当蛋白质分解成多肽和游离氨基酸时才呈现出各种复杂的滋味，而气味则来源于极性氨基酸和还原糖通过美拉德反应的产物。动物蛋白水解物风味品质较好，但价格稍贵，除单独作调味剂使用外，也常与酵母浸膏等复配使用，以互相增强风味。

例如，鸡精（粉）作为复合型调料，要有甘浓圆满的滋味和浓烈的鸡香味。鸡精的生产工艺：鸡肉调pH值为6.5，加中性蛋白酶1.5%，控制温度45～50℃，水解2～3h，灭酶，加入盐、甜味剂、鲜味剂、风味增强剂、香辛料、填充剂等即可。

4. 水解植物蛋白

水解植物蛋白（HVP）是一种营养型食品添加剂，主要用于生产高级调味品和营养强化食品的基料和肉类香精原料。HVP的制备主要以豆粕粉、玉米蛋白、面筋、花生饼和棉籽等为原料，通过酸法水解或酶法水解将蛋白质分解成氨基酸和短肽。水解植物蛋白由于水解得比较彻底，其中富含各种人体所需氨基酸、多糖类物质，和以上单体鲜味剂相比，水解植物蛋白口感是较好的。

酶法水解制备 HVP 是以蛋白酶为催化剂，具有高效、专一、反应条件温和等特点，在营养成分的保留上有着不可比拟的优点，水解产物只有短肽和氨基酸，符合食品卫生的要求，因此酶法水解生产植物蛋白是发展的必然趋势。

HVP 含有醇、醛、酯、酚、酮类和吡嗪类、吡咯类、吡啶类、有机酸类、呋喃类、呋喃酮类及含硫化合物等挥发性香气成分，能与含硫化合物、酵母自溶物、肉类浸膏、还原糖等物质共同加热，产生浓郁的肉类香气。HVP 的生产成本较低，价格便宜，调味作用优于味精，但其滋味不够和谐，需要与其他的鲜味剂复配使用，才能使其发挥更大的作用。

5. 酵母提取物

酵母抽提物又称酵母浸膏、酵母精，由酵母自溶和酶解等经发酵、后发酵过程产生的氨基酸、核苷酸、生物肽等混合物提纯精制而成，属新型氨基酸调味料，是一种天然增味剂。它具有天然肉制品鲜味，易溶于水，吸湿性强。其肌苷酸、鸟苷酸含量为5%，高的可达20%，特别鲜美，能提升肉味，协调动物浸膏、植物蛋白水解物的鲜味。

酵母提取物是一种营养型功能性天然调味剂，作为增鲜剂和风味增强剂，保留了酵母所含的各种营养，包括蛋白质、氨基酸、肽类、葡聚糖、各种矿物质和丰富的维生素 B 等。酵母抽提物具有纯天然、营养丰富、味道鲜美、香味醇厚等优点。添加到食品中，不仅可使鲜味增加，还可以掩盖苦味、异味，获得更加温和丰满的口感。但采用自溶法获得的酵母提取物，因鸟苷酸和肌苷酸含量一般在2%以下，鲜味还不够。在发现了核苷酸呈味物质和谷氨酸共存时有增效作用后，已为国际上很多商家采用。将鸟苷酸和肌苷酸作为添加剂加入到酵母提取物中，以提高酵母提取物的风味和鲜味。酵母抽提物在食品领域已应用多年，它能产生和储存大量的天然风味,是天然的理想风味替代品。可增强汤、调味汁和调味料的风味。

酵母提取物为膏状和粉状两种产品,主要用作复合调味液、鲜酱油、调味粉、罐头食品、肉制品、蔬菜制品、水产加工品等的增鲜剂,可掩盖杂味;也常用于动物浸膏的复配增鲜。酵母浸膏含有全部的必需氨基酸、维生素及核糖核酸、烟酸、味酸、谷胱甘肽等,矿物质元素品种和含量也很丰富,是常用的营养物,具有助消化、降血压、治贫血等功能,也可用作食品营养强化剂和保健食品素材。酵母菌生长快、易培养,发展酵母产业前景广阔。如:利用埃切毕赤酵母浸出液可提取牛肉型调味料;利用色串孢酵母制取色串孢蛋白,具有豆油口感,可制作豆香调味料;酵母自溶物含有丰富的谷氨酸;具有肉香味,可作肉汁代用品;富硒酵母自溶物含有丰富的有机硒,可用作富硒调味料等。

6. 其他类

其他的鲜味剂主要是美拉德反应产物(HRPs),是指原来食物中含有的糖类、蛋白质和脂肪,在加热时,糖类会降解为单糖、醛、酮及呋喃类物质,蛋白质会分解成多种氨基酸,而脂肪则会自身氧化、水解、脱水和脱酸,生成各种醛、酮、脂肪酸和丙酯类物质。以上各种物质相互作用,从而产生出许多原来食物中没有的有独特香味的挥发性物质。

二、鲜味剂的协同增效

鲜味剂之间存在显著的协同增效效应,也就是说,在两种以上的鲜味剂按一定比例复合使用时,表现出的效果不是简单的叠加效应,而是相乘的增效。

氨基酸类型和核苷酸类型的鲜味剂混合使用,其鲜味不是简单的叠加,而是具有相乘的提味效果。在普通味精中加入5%的肌氨酸,使普通味精鲜味大增在味感、时间上还能延长鲜味时间,抑制酸味和苦味,使食品更加美味可口,这是使用任何单种鲜味剂无法达到的效果。

研究发现,味精同肌苷酸钠与鸟苷酸钠两者之间具有很强的互补增鲜效应,并且可以定量地描述,用一个关系式来表示就是:

$$Y = X + CXZ$$

式中　Y——能够表现同混合溶液的鲜味同等强度的单一味精溶液的浓度,g/L;

　　　X——混合溶液中味精的质量浓度,g/L;

　　　C——常数,$5'$-肌苷酸钠为121.8,$5'$-鸟苷酸钠为280;

　　　Z——$5'$-肌苷酸钠或者$5'$-鸟苷酸钠的质量浓度,g/L。

比较$5'$-肌苷酸钠和$5'$-鸟苷酸钠的常数C值,可以发现后者是前者的2.3倍,也可以说$5'$-鸟苷酸钠的协同增效作用是$5'$-肌苷酸钠的2.3倍。

由该式可以推导也适用于商品核苷酸鲜味剂I+G的计算公式:

$$Y = X + 201XZ'$$

式中　Z'——商品核苷酸鲜味剂I+G的浓度,g/L。

在进行鲜味剂的复配设计时,可以根据以上两式进行定量计算。但是要注意,这两个公式只在一定的范围内适用,否则计算结果和实际的增鲜效果差距很大,产生错误的指导作用。

三、常用的复配方式

(1) I+G　I+G是肌苷酸二钠(IMP)和鸟苷酸二钠(GMP)以1∶1的比例混合制成,简称I+G,取开头英文字母的简称,是两种调味剂的复配。I+G是新一代鲜味剂。鲜度是味精的二百多倍。IMP呈鸡肉鲜味,鲜度为味精的40多倍;GMP呈鲜菇鲜味,鲜度为味精的160多倍。实践证明,当二者各半结合使用时,为最佳呈味效果和最经济的使用成本,是目前销售前景最好的鲜味剂。必须指出,核苷酸类鲜味剂对酶表现出较差的稳定性,呈味核苷酸二钠很容易被分布在天然食品中的磷酸酯酶分解,转换成不呈鲜味的物质,导致失去鲜味。而酶类在80℃情况下会失去活性,因此,在使用这类鲜味剂时,应先将生鲜动、植物食品加热至85℃将酶钝化后再行加入。

(2) 氨基酸类和核苷酸类配合使用 肌苷酸钠或鸟苷酸钠等与谷氨基酸钠混合后,鲜味可以增加几倍到几十倍,具有强烈增强风味的作用。谷氨酸钠与5′-肌苷酸二钠或5′-鸟苷酸二钠合用,可显著增强其呈味作用,并以此产生"强力味精"等。强力味精,即复合味精,又称特鲜味精,由含量为90%~99%的谷氨酸钠+1%~2%呈味核苷酸制成。也可由谷氨酸钠和鸟苷酸、肌苷酸3种成分复合而成。谷氨酸钠与5′-肌苷酸二钠之比为1∶1的鲜味强度,可高达谷氨酸钠的16倍。

表5-4~表5-6列出以谷氨酸钠盐(MSG)为主,与核苷酸类的复配效果。

表 5-4 GMP、I+G、MSG 之间的增鲜效应

GMP∶MSG	增味倍数	I+G∶MSG	增味倍数
12%∶88%	9.9	12%∶88%	8.1
8%∶92%	8.4	88%∶92%	7.1
5%∶95%	6.8	5%∶95%	5.9
4%∶96%	6.2	4%∶96%	5.3
2%∶98%	4.6	2%∶98%	4.6

表 5-5 MSG 与 I+G 的协同效应

MSG	I+G	相应之鲜味浓度	相等于1000kg味精		
			MSG	I+G	成本
100%	0%	1.0	1000kg	0.0kg	100
98%	2%	3.5	280kg	5.7kg	39

续表

MSG	I+G	相应之鲜味浓度	相等于1000kg味精		
			MSG	I+G	成本
96%	4%	4.9	196kg	8.2kg	36
94%	6%	6.3	149kg	9.5kg	34
92%	8%	7.1	130kg	11.3kg	36
90%	10%	7.8	115kg	12.8kg	37
88%	12%	8.4	103kg	14.3kg	39

表 5-6　MSG 与 IMP 的协同效应

MSG 用量/g	IMP 用量/g	相当于 MSG	相乘倍数
99	1	290	2.9
98	2	290	3.5
97	3	430	4.3
96	4	520	5.2
95	5	600	6.0

最近开发出许多以谷氨酸钠为主的具有强烈鲜味的配方，举例如下。

配方 1：谷氨酸钠 14.7%，肌苷酸钠 0.3%，食盐 85%。

配方 2：谷氨酸钠 99%，肌苷酸钠 0.5%，鸟苷酸钠 0.5%。

配方 3：谷苷酸钠 98%，肌苷酸钠 1%，鸟苷酸钠 1%。

配方 4：谷苷酸钠 95%，肌苷酸钠 2.5%，鸟苷酸钠 2.5%。

谷氨酸钠与核糖核苷酸钠、琥珀酸钠、天门冬氨酸钠、甘氨酸、丙氨酸、柠檬酸（钠）、苹果酸、富马酸、磷酸氢二钠、磷酸二氢钠，以及与水解植物蛋白、水解动物蛋白、动植物氨基酸提取物等进行不同的配合，可制成不同特点的复配鲜味剂，广泛应用于各种食品。

（3）动物蛋白水解物常与酵母浸膏等复配使用，以互相增强风味。

(4) 植物蛋白水解物滋味不够和谐，与其他的鲜味剂复配使用，具有增艳增香效果。

(5) 干贝素常和味精及呈味核苷酸混合使用。

(6) 谷氨酸钠和食盐配合使用，可以增强呈味作用。作为调味品的市售味精，为干燥颗粒或粉末，因含一定量的食盐而稍有吸湿性，贮放应密闭防潮。商品味精中的谷氨酸钠含量分别有90％、80％、70％、60％等不同规格，以80％最为常见，其余为精盐，食盐起助鲜作用兼作填充剂。

食品品种繁多，风味特色各异，鲜味剂的配合方式也就多种多样。只有了解并运用鲜味剂调味的规律，才能得心应手。无论哪一类食品添加剂都会有其自身的特点，只有了解了原料特性，才知道如何选择和运用，也只有这样才有调出好的产品风味。

四、调味要点

调味开始之前，我们首先要确定哪些鲜味剂是可以用的，哪些是不可以用的；采用的鲜味剂中哪些需要突出，哪些只是起辅助作用。合理配合的结果，要求主题鲜明、突出。比如说：调鸡味产品时就要多突出IMP的鸡肉鲜味，同时尽量少使用味精。因为鸡产品本身就有很自然，有舒适的鲜美口感，加入味精不但起不到好的作用，反而会使鸡风味显得不自然，会给人一种不真实的感觉。如果产品口感比较单一、厚味不足时，可以增加酵母提取物的用量，然后辅以其他几种鲜味剂。但是，在产品特征风味混杂不突出的情况下，单一靠鲜味剂来增味是不够的。因为鲜味剂起的是增味作用，并不会改变产品的风味特征。所以首先要调整产品风味特征，去除杂味，增加特征风味，然后再辅以鲜味剂来增味，才会取得较满意的效果。

调味时我们用鲜味剂来增味，强化食品原有的风味，而不是要突出鲜味，不是要鲜味剂的鲜味。在我们品尝食品时，如果产品中吃出了鲜味，就说明鲜味剂的使用已经过量了。因此，在调味中使用鲜味剂最理想的效果是:尽可能的强化食品原有的特征风味,同时又感觉不到鲜味的存在。

第五节 咸味剂调味

咸味是一种非常重要的基本味。它在调味中作用是举足轻重的,人们常称咸味是"百味之主",是调制各种复合味的基础。咸味主要是中性盐所显示的味,它们的组成一般比较简单,使用也极方便。

咸味剂是人类生活中不可缺少的物质,主要成分是氯化钠,是人体内钠离子和氯离子的主要来源,也有维持人体正常生理功能,调节血液渗透压,刺激唾液分泌,参与胃酸形成,促进消化酶活动的作用。无盐饮食会导致头晕、恶心、食欲减退、四肢无力、血压下降、心律不齐,人体生长发育会受限,易患感冒发烧、脱发、便秘等症,严重影响健康。

但过多摄入食盐会导致心血管病、高血压及其他疾病,原因是一旦人体摄取的钠、钾、钙、镁等离子处于极不平衡的状态,导致人体功能病变,易引起高血压等疾病。对此,一些国家提出了劝告性日用量,如美国为 5 克、德国为 5~8 克,日本为 10 克以下。此外,美国还制定出了低钠、无钠食品的规格标准。对进口食品也要求注明低钠盐的钠含量,以进行限制。

现在食盐代用品发展得很快,方向是营养、保健,产品向精细化、多品种、多档次发展。

一、咸味剂的品种

1. 食盐

常用的咸味剂是食盐,主要成分是氯化钠,其中还含有少量钾、钙、镁等矿物质，咸味的主体是氯离子。食盐价廉物美，并有纯粹的咸味。所以它能满足一般要求。

具有咸味的并不只限于食盐（NaCl）一种，其他一些化合物如氯化钾、氯化铵、溴化钠、溴化锂、碘化钠、碘化锂、苹果酸钠等也都具备咸味的性质，但这些化合物除了呈现咸味外，还多少带有其他的味，只有食盐的咸味最为纯正。

2. 低钠盐

普通加碘盐中，氯化钠的纯度高达95%。因为钠离子能增强人体血管表面张力，容易造成人体血流加快、血压升高。

低钠盐是高钠盐的良好替代品，它是以碘盐为原料，又添加了一定量的氯化钾和硫酸镁，从而改善体内钠（Na^+）、钾（K^+）、镁（Mg^{2+}）的平衡状态，可降低高血压、心血管疾病的风险。因此低钠盐最适合中老年人和患有高血压、心脏病患者长期食用。

目前，在美国、德国、荷兰、日本等国的市场上出现了不少含50%~100%氯化钾的咸味剂。食盐里以钾代替钠的意义是，在食用同样咸味的饮食下，大大减少钠的摄取量，同时也摄入了钾。钾非但不会升高血压，反而有降血压、保护血管壁的功能。

3. 营养强化盐

营养强化盐，简称强化盐，主要是在普通食盐中添加了一种或者几种营养强化剂，适应不同人群的需要。其主要成分是氯化钠，其中添加了人体不可缺少的营养成分和微量元素，如碘、铁、锌制剂、核黄素等。

（1）硒强化营养盐　适合人群：中老年、心血管疾病患者可适量摄入。

（2）铁强化营养盐　适合人群：婴幼儿、妇女及中老年等缺铁性贫血类特殊人群。

（3）钙强化营养盐　适合人群：容易患佝偻病，出现烦躁不安、面部青紫、头部多汗、手足抽搐、蛀牙（龋齿）等症状的患儿。

注意事项：对预防骨质疏松有帮助。但需多吃含磷食物，适当补充维生素 D。

（4）锌强化营养盐　适合人群：妊娠后期的妇女、进食量少的老年人、学龄儿童等人群。

（5）核黄素盐　适合人群：素食主义者。

4. 风味盐

这种盐的主要成分也是氯化钠，其中添加各种调味品，使咸味剂的用途更加丰富。主要品种有：五香盐、虾盐、花椒盐、辣椒等。

二、影响咸味的因素

咸味是中性盐呈现出的味感特征，其影响因素有以下几方面。

1. 由解离后的离子决定

盐类的味是由解离后的离子决定的，盐在水溶液中解离出的阳离子（正离子）和阴离子（负离子）都影响咸味的形成。

2. 与正负离子的相对质量有关

在中性盐中，盐的正负离子的相对质量越大，越有增加苦味的趋势。

3. 与正负离子的半径有关

半径都小的盐有咸味，半径都大的盐有苦味。

4. 与粒子的价态有关

从一价离子的理化性质来看，凡是离子半径小、极化率低、水和度高、并且由硬酸硬碱生成的盐都是咸味的，与之相反的盐则是苦味的。

5. 与味觉神经对各种阴离子感应能力和有机阴离子的碳链长短有关

即有机离子的碳链越长,感应越小。如:氯化钠＞甲酸钠＞丙酸钠＞酪酸钠。

三、调味要点

首先,必须考虑到咸味和其他味的相互关系:咸味对苦味有消杀作用;食盐液中添加蔗糖,咸味减少;添加少量醋酸而咸味增加;咸味因谷氨酸等化学调味料而被抑制等。

因此,在 1‰～2‰ 的食盐溶液中添加 10% 的糖,几乎可以抵消咸味;在 1‰～2‰ 的食盐溶液中添加 0.01% 的醋酸就可感到咸味更强。

在肉品加工中食盐具有调味、防腐保鲜、提高保水性和黏着性等重要作用。但食盐能加强脂肪酶的作用和脂肪的氧化,因此,腌肉的脂肪较易氧化变质。

在方便面汤料中咸味是最基本的味,在汤料中盐的用量最大,但含量是不一定的,主要是看其在汤液中的含量,一般入口最感舒服的食盐水溶液的浓度是 0.8%～1.2%（不同地区有所不同）。在食品中添加 15% 的食盐能抑制细菌的繁殖,因此调味酱包除了考虑口感,有良好的包装和储存条件外,还要考虑抑制细菌的作用。

第六节
苦 味 调 味

苦味是五种基本味感之一,是动物在长期进化过程中形成的一种自我保护机制。因为多数天然的苦味物质具有毒性,尤其是那些腐败和未成熟的食物，所以动物会本能地厌弃有恶臭和苦味的食物。但是这种本能反应现在却妨碍了人们的判断，有些味苦的物质不仅没有毒，反而对身体有益，多数苦味剂都具有药理功能。

单纯的苦味是不可口的，但苦味在调味和生理上都有极其重要的的作用。

食品中有许多本身就带天然苦味的苦味物质，如茶叶、咖啡、可可、苦瓜等。从这些天然食品中，我们可以感觉到，就味本身而言，如果苦味得当，能起到丰富和改进食品风味的作用。例如苦瓜、莲子、白果、柑橘等都有一定苦味，但均被视为美味食品。有些氨基酸是苦味的，蛋白质在部分酶分解时产生的一些小分子肽的片段也有些苦味，如亮氨酰亮氨酸二肽、精氨酰脯氨酸二肽就有苦味。

另一方面，苦味可以在生理上对味感觉器起强有力的刺激，这种刺激有一定的疗效作用。

"苦"为中药五味之一。其最显著的特征在于阈值极低，如奎宁，当含量在0.005%时就可以品尝出来。历代医药学家对其功用总归为：苦能泄、能燥、能坚阴。而且许多苦味物质不仅仅赋予食品的苦味，还具有其他的功能作用，如抗肿瘤、降血压、提高免疫等。

虽然苦味并不令人喜爱，但是苦味的阈值最低，微量的苦味物质就能够刺激味蕾，通过味觉神经兴奋，刺激唾液腺，增加唾液分泌，还能刺激胃黏膜分泌胃液，促进胆汁分泌，使脂肪充分皂化，从而增加食欲、促进消化、增强体质、提高免疫力。

此外，苦味还能促进肠道内乳酸杆菌生存与繁殖，抑制有害菌的生成，减少毒素的产生，保持肠道生态环境的平衡，有助于肠道功能，特别是肠道和骨髓的造血功能的发挥，改善贫血的状态。

某些消化器官活动发生障碍的人，味觉会出现衰退或减弱现象，而强烈的、不可口的苦味对其味觉器官进行强烈的刺激，有可能容易恢复灵敏的、正常的味觉。

一、食品中的苦味物质

食品中的苦味物质主要有以下几种。

1. 生物碱类

生物碱是具有特殊生理作用的碱性含氮化合物的总称，已知约有 6000 种，可分为 59 类。几乎所有的生物碱都具有苦味，碱性越强，苦味越重，成盐仍苦，其中，奎宁是最常用的苦味标准物。

生物碱结构的母体是嘌呤，如咖啡碱、可可碱、茶碱等，存在于可可、茶叶、巧克力、莲子、百合等食品中。这类物质具有一定的生理作用。因此，还被加入某些可乐型饮料中。

2. 苷类

母体结构为黄酮苷，如新橙皮、柚皮苷等，存在于柑橘类制品及果汁、饮料中。

3. 酮类

母体结构为 α-酸，如葎草酮和蛇麻酮，存在于酒花、啤酒中，形成啤酒的独特风味。

4. 肽类

对 30 多种氨基酸的味道的测试发现，有 20 多种带苦味。含有氨基酸、苯丙氨酸等疏水性氨基酸和精氨酸的肽都有苦味，所以有些苦味的天然食物含有较高的氨基酸。

需要指出的是，食品的苦味是多种物质共同作用的结果，同一食品中往往含有多种苦味成分。茶叶和可可中不仅含有生物碱（茶碱、可可碱、咖啡碱等），还含有高浓度的苦味氨基酸。

二、苦味调味料

常见的苦味调味料有以下几种。

1. 陈皮

陈皮是柑桔等水果的果皮经干燥处理后所得到的干性果皮。因干燥后可放置陈久,因此称之为"陈皮"。

陈皮味苦,有芳香。它的苦味物质是以柠檬苷和苦味素为代表的"类柠檬苦素"。这种类柠檬苦素味平和,易溶解于水。它有助于食物的消化。因此,陈皮用于烹制菜肴时,即可调味,又可去除异味。

2. 苦杏仁

苦杏仁是杏仁的一种,它是山杏的种子。

苦杏仁的苦味主要是由苦杏仁苷所提供的,苦杏仁作为一种苦味调料。烹饪中主要就是利用这种苦仁苷的苦味。在用于烹饪时,常常需将苦杏仁放入水中浸泡,以除去部分苦杏仁的苦味。然后配以芹菜、胡萝卜、黄豆等蔬菜炒食或拌食。

利用苦杏仁作为苦味调料时需注意:苦杏仁不能一次食用过多。如果食入苦杏仁过多,就可使人体组织降低或失去运输氧气的功能,甚至能够抑制呼吸中枢神经,严重者会危及生命。因此,烹饪中利用苦杏仁时,一定要先在水中浸泡,使其中的苦杏仁苷大部分溶于水中,这样既可减少苦味,又可保障安全。

3. 菊花

菊花为菊科植物菊的头状花序。性味甘、苦、凉。含有挥发油、胆碱、腺嘌呤、菊苷、氨基酸、黄酮类、维生素B_1等成分。可用于制作菊花酒、菊花绿茶饮、菊花肉片、菊花鱼片等。

苦味没有独立的味道价值,无专门的食品苦味添加剂,但却有苦味物质的应用。"小苦而味成",如配制某些食品类香料时就加入了苦味的氨基酸,使香精的整体风味带有浓厚的后味。没有这种苦味,香精的风味就不丰满。

在食品中添加苦味时,一般是使用天然含苦味食物,如饮料中的荷兰芹种子等。0.001%的苦味对甜、酸都有增效作用。

第七节
常见调味错误

一、调味不当

调味剂的使用是有相应条件限制的,应结合相应的工艺进行。常见的影响因素有温度、pH值、酶等。

例如,味精的增鲜能力很强,将它溶于3000倍的水中,还可以品尝出鲜味。不过,它在弱酸和中性溶液中能达到最佳的离解度,会显出最大的鲜味效果。它在酸性和碱性溶液中,鲜味即被压抑,此时不仅不显鲜味,还会因遇碱而变成谷氨酸二钠。谷氨酸二钠是胺类物质,会产生氨水臭味。因此味精不应在过低的pH条件下使用,I+G最好在pH>4的条件下使用。

在70~90℃时,味精即随水蒸气挥发;超过150℃以后,它就会变成焦谷氨酸钠,不但失去鲜味,而且还产生一定的毒性,因此不要在高温下使用味精调味。

味精可因转氨酶、脱氢酶等作用失去鲜味。鸟苷酸钠和肌苷酸钠易被一些原料中的磷酸酯酶分解而失去鲜味。特别是在发酵食品或者生鲜原料的食品加工时,最好在预热之后添加肌苷酸钠,否则必须尽量缩短添加鸟苷酸钠、肌苷酸钠与加热处理之间的间隔,最好是完全避免与磷酸酯酶的接触。酱油、酱类、酱菜等都有此类问题。

二、口味测试不科学

(1) 参与测试的人员组成影响结果。例如:参与口味测试的有关人员是利益相关者,人员组成中存在权威、或者由经销商等组成,这些情况导致测试不能代表目标消费群体,失去代表性、客观性、公正性,测试结果失去意义。

(2) 测试者的状态影响结果。1999年北华饮业组织了5场双盲口味测试,试图推出冰茶。调查显示:超过60%的被访问者认为不能接受,他们认为中国人忌讳喝隔夜茶,冰茶更是不能被接受,一致否定了装有冰茶的测试标本。新产品在调研中被否定。直到2000年、2001年,以旭日升为代表的冰茶在中国全面旺销,北华饮业再想迎头赶上为时已晚。当年的组织者曾惋惜地说:"我们举行口味测试的时候是在冬天,被访问者从寒冷的室外来到现场,没等取暖就进入测试,寒冷的状态、匆忙的进程都影响了访问者对味觉的反应。测试者对口感温和浓烈的口味表现出了更多的认同,而对清凉淡爽的冰茶则表示排斥。测试状态与实际消费状态的偏差让结果走向了反面。"

(3) 品尝顺序影响结果。例如,总是先尝好的占绝对优势。应当通过打乱次序,使每个产品都有均等的机会先品尝、后品尝,可使产品评价不受顺序影响。不要只分析先品尝或后品尝的产品评价,要看总体。在单独测试和比较测试之中,后者更重要,前者只是辅助信息。例如:当比较测试时,A好于B,如果B单独测试得分较高,那说明B其实也还是不错的,只是不如A,可以考虑以B为后备产品。如果B单独测试得分不高,说明B需要进一步改进。

三、违规

常见的是调味剂的超范围、超量使用,如糖精钠的超量添加,或在儿童食品中添加,这些都是禁止的。调味剂的使用量及使用范围应遵守 GB 7718 的规定。

食品不等同于药品。罂粟籽是麻醉药品原植物种子，我国对其实行严格管制。罂粟籽不含有吗啡，含油率为 36%～50%，常被加工为高级色拉油与烹调油。曾经有一段时期，部分经销商为推销罂粟籽及用罂粟籽生产的罂粟籽珍、罂粟籽酱等调味品，错误宣传罂粟籽的保健和治疗疾病作用，严重误导了消费者。国家五部委紧急发文禁售并将依法收缴、销毁市场流通的罂粟籽及其调味品。

第八节 调味效果评价

一、口感测试

调味的效果评价方式，主要是口感测试，包括盲测。

1. 口感测试的目的

科学口味测试研究，可以帮助企业在产品口味方面更好地定位。在不同区域，不同市场，不同消费者之间清楚地定位，可以让企业产品具有口味的优势，更好地与竞争类产品竞争。对于后续工作——新产品上市而言，口味测试的工作做得好坏是起着举足轻重的一环，同时也是新产品上市后能存活多久的关键。口味测试研究能帮助企业更准确地对自身产品口味进行定位；更好地了解区域市场的口味差异；能更好地进行分产品，分区域，分人群的口味定位；能更有效地了解市场同类产品的口味的导向与消费者接受的口味类型。

2. 口感测试的做法

通常的做法是：首先，把样品发到公司的员工手里，让公司自己的人先从"酸甜苦辣麻"的角度品尝，然后收集意见和建议，进行整理并及时对不适的地方进行改进。再把改进后的样品发到市场上，组织人员问卷式让广大消费者品尝，然后提出意见和建议，发给小奖品予以感谢，最后针对东西南北和男女老少的不同口感进行改进。

例如，饮用奶的口味调试，可以采用定点拦截方法，邀请符合条件的目标消费者到现场试饮饮用奶，并接受访问，反映对饮用奶的意见。通过分析调查结果，分析目标消费者对各种新口味的喜欢程度和接受程度，了解消费者对饮用奶的浓度、甜度、鲜度等方面的评价，反映目标消费者对饮用奶的选择偏好程度，以及对饮用奶口味的相关要求和期望。这利于企业在新品口感设计方面的创新与改进，从而达到最佳口味。

所谓"盲测"，是一种市场调研方法，又称为隐性调研。在调研过程中，隐藏被测试产品包装和其他可以识别的特征，不告知测试者测试产品的品牌，目的是比较不同的产品设计，不存在品牌对所测产品的影响；不同产品设计间的差异也会更明显的表现出来。由于品牌名称和包装很大程度影响着用户对商品的感性认识，而"盲测"这种方法在一定程度上避免了产品标识对用户的影响，使得调研结果更加符合用户的原始需求和期望。

3. 口感测试举例

当杭州娃哈哈集团有限公司（简称娃哈哈）决定推出非常可乐时，首先解决的是配方和品质问题，据称，为此娃哈哈不但聘请国际专家做了大量实验，还在进行了大量的口感测试。在非常可乐上市前，娃哈哈曾到美国，将可口可乐、百事可乐和非常可乐的商标撕去，请专家和消费者品尝，几乎没有人能够分辨出不同。在北京清华大学进行的国内盲测中，非常可乐的口感优势甚至优于对手。这使娃哈哈信心大增，于是非常可乐上市。

广东传统的"降火"凉茶实际上是中草药熬煮的药汤，效果虽好，但味道苦，即使在广东，年轻人也很难接受，这也是广东凉茶偏安广东一隅，难以走出广东的主要原因。原来的王老吉口感甘中微苦，经过反复的口感测试后，罐装王老吉选择的是偏甜的配方，现在的王老吉口感像山楂水一样，更接近饮料的味道，满足了全国各地不同消费者的口感要求，在口感上得到了大众的喜爱。从营销角度分析，通过口感的改变取悦消费者，是王老吉营销全国极其关键的一步棋，重新调配后的口感极大地扩大了王老吉的消费者群，使其市场潜量得到了巨大的提升。

二、仪器测试

主要是电子舌，也称为味觉指纹分析仪，或食品风味测试仪。食品和饮料的整体质量是通过气味和味道来体现的。这种气味和味道的组合体现了整体的感官质量。电子舌可以方便的测试不挥发或低挥发性分子（和味道相关的）以及可溶性有机化合物（和液体的风味相关的），适用于液态食品的常规风味成分分析。

品味专家拥有超乎常人的味觉分辨能力，能够判断出饮料和食物风味的微妙差别，他们在饮食工业中起着重要作用。但无论如何，人类舌头上的味蕾在连续工作一段时间后都会"疲倦"，导致分辨能力降低，电子舌头就不会疲劳（特别是苦味测试），可以分析有毒样品或成分。

第九节
调味设计举例

一、甜酸比与饮料设计

1. 甜酸比的重要性

某家酸奶公司在酸奶饮料广告上这样写道："甜而酸的酸奶有初恋的味道。"新闻记者问："如果小孩子问什么是初恋的味道时，怎么办?"经理回答说:"没啥,回答说初恋的味道就是酸奶的味道就行了。"精明的商家利用我们的初恋情结大做文章。

初恋的味道是人世间最美好的味道,最难忘的味道,经历一次便回味无穷的味道。

爱是甜的,相思是酸的。

人们把这种味觉感受和爱情扯到一起,可见它在人们的生活中是多么重要、多么美好的事情。

好滋味,酸甜配。甜味剂和酸味剂相加复配,是食品生产中最常见的调味方式。甜味物质中加入少量酸则甜味感减弱;在酸中加入甜味物质则酸味感减弱。各种不同的水果其甜酸比不同,因此对其甜酸的感知各异。即使由相同的酸类所构成的酸味,也因相差悬殊的甜酸比而感到各不相同的酸味特征。没有加酸味剂的糖果、果酱、果汁、饮料等,味道平淡,甜味剂也很单调。加入适量的酸味剂来调整甜酸比,就能使食品的风味显著改善,使产品更加适口。

甜酸比是重要的感观质量因素,是口感的重要组成部分之一。不同的甜酸比,风味特点明显(表 5-7),确定了正确的甜酸比,就确定了正确的食品风格。

表 5-7　不同甜酸比的口味

口味	w(糖)/%	w(酸)/%	甜酸比
甜味突出	10	0.01～0.25	100.0～40.0
酸甜	10	0.25～0.35	40.0～28.6
酸	10	0.35～0.45	28.6～22.2
酸味突出	10	0.45～0.60	22.2～16.7
强酸	10	0.60～0.85	16.7～11.8

2. 甜酸比的公式

甜酸比是产品中甜度与酸度之比,甜度是指全部甜味剂的总甜度(按蔗糖计),酸度是指全部酸味剂的总酸度(按柠檬酸计)。

甜酸比=总甜度(按蔗糖计)/总酸度(按柠檬酸计)

适宜的甜酸比取决于人的口味,甜酸比的配合以接近天然最好。因此,甜酸比又是和香味联系在一起的,甜酸比配合恰当,香味效果较好。如柠檬饮料的甜酸比中酸低,再多的香精也起不到应有的作用。

水果的甜酸比可用以比较果实类的品质,以果实的可溶性固形物量(一般以糖度折射计的示度表示)除以酸量而求得之数值。例如,葡萄的成熟系数是指葡萄的糖酸比。如果用 M 表示成熟系数,S 表示含糖量,A 表示含酸量,成熟系数则为:$M=S/A$。在葡萄的成熟过程中,葡萄浆果的含糖量不断升高,含酸量急剧下降,所以成熟系数 M 的值迅速升高。对于某一个具体的葡萄品种来说,当葡萄已经达到生理成熟,其含糖量和含酸量很少变化,这时成熟系数的值也相对稳定。一般说来,要做高质量的葡萄酒,M 的值必须大于 20。人们应该根据葡萄的成熟系数,根据葡萄加工的能力和条件,确定葡萄的采收期。

3. 饮料的甜酸比与调配

对于果汁而言,甜酸比合适,风味才可口。表 5-8 列举了各种饮料的糖酸及香精用量。根据大多数人的口味,一般果汁的甜酸比为 (13∶1)~(15∶1),不宜超出 (10∶1)~(15∶1) 的范围。也可以通过 $(6x+7) \leqslant y \leqslant (6x+9)$ 式确定。式中,x 为柠檬酸浓度;y 为蔗糖浓度。消费者对酸比对甜要敏感。

乳饮料中适宜的酸味剂组成要根据不同的还原乳添加量而定,在还原乳添加量为 20%、30%、40% 的情况下,适宜的酸味剂组成(柠檬酸∶乳酸∶苹果酸)依次为 30∶45∶25、20∶55∶25、10∶65∶25(奶香型)和 40∶35∶25、30∶45∶25、20∶55∶25(果奶香型)。

在实际生产中,由于采用的原料不同,甜酸比有差异。只有通过成分调节才能得到满意风味。这种调整与混合俗称调配,目的是标准化,提高产品的风味、色泽、口感、营养和稳定性。甜酸比的调整要根据天然果汁的成分特点、消费者的要求和嗜好选用适当的

表 5-8　各种饮料的糖酸及香精用量

名　称	含糖量/%	柠檬酸/(g/L)	香精参考用量/(g/L)
苹果	9~12	1	0.75~1.5
香蕉	11~12	0.15~0.25	0.75~1.5
葡萄	11~14	1	0.75~1.5
可乐	11~12	磷酸 0.9~1	0.75~1.5
柠檬	9~12	1.25~3.1	0.75~1.5
橘子	10~14	1.25	0.75~1.5
芒果	11~14	0.425~1.55	0.75~1.5
菠萝	10~14	1.25~1.55	0.75~1.5
草莓	10~14	0.425~1.75	0.75~1.5

甜味剂和酸味剂，或采用同类、不同风味的果汁为原料。甜酸比值高则甜而无味，不爽口，不解渴；甜酸比低则只有感到酸，酸而涩口。用糖液或甜味剂调整甜度，用果汁或 0.1% 柠檬酸调整酸度。

4. 饮料配方设计

饮料配方设计通常是根据经验设计好大致的比例，然后作调整，做出多组样品，进行感官评价。一般采用正交试验法，因素和水平的确定根据所模仿对象的不同而不同；饮料的风味是所设计配方的根本。基本点是确定适当的甜酸比和甜酸强度。此外，还要充分考虑到人们的饮用习惯、生理需要和饮料的发展趋势。

例如，果汁（果味）乳饮料。为使果汁（果味）乳饮料具有爽快的风味，应降低乳脂肪和乳固体，一般果汁（果味）乳饮料各成分的含量大约为脂肪 0.3%、蔗糖 10%、蛋白质 1.2%、酸度 0.36%~0.38%、pH 值为 4.6~4.8。

参考配方：

奶粉	3%~15%
柠檬酸溶液调 pH 值至	3.8~4.6
浓缩果汁	2%~10%

稳定剂（果胶、PGA、CMC）   0.25%～0.6%
柠檬酸钠   0.5%
果味香精、色素   0.1%
水加至   100%

二、无糖糖果配方设计

功能性食品这一发展潮流在20世纪70年代波及糖果工业，由此出现了无糖糖果。当时美国最早向市场推出无糖胶姆口香糖，结果取得了很大的成功。所谓无糖糖果，较为统一的说法是"用不含构成龋齿的糖质制成的，且比常规糖果减少三分之一以上热量的糖果，而其他营养元素相同。"

根据无糖糖果的概念，可以看出食用无糖糖果不会造成龋齿，而且由于其热量较低，可以避免摄入过多的糖转化为脂肪而导致的肥胖，有利于年轻人保持健美体形。无糖糖果有相对稳定的消费市场，适合糖尿病患者、血糖偏高的人和部分高脂血患者。

据资料显示，我国有糖尿病患者4000万人，人均消费一公斤无糖糖果，就是上亿元的销售额。另外据资料显示，美国是世界上肥胖人口最多的国家，约有61%的成年人体重超标，美国人每年花在减肥上的费用至少在300亿美元，其中很大一部分是用于购买低热食品。我国的肥胖人群也呈现惊人的增长趋势，想吃糖而不敢吃，他们也会选择无糖糖果。

1. 设计方法

设计方法主要是替代，然后调整口味。

无糖糖果通常是以甜味剂来替代蔗糖、麦芽糖、葡萄糖等，其作用就是有糖的味感，却没有普通糖类的热量。从目前市场情况来看，这些填充型甜味剂主要是一些功能性低聚糖类和糖醇类（包括赤藓糖醇、异麦芽糖醇、木糖醇、山梨醇、麦芽糖醇等）。

糖醇有一定黏度、吸湿性和耐热性，甜度稍低于食糖，热量平均为食糖的一半,基本上可以 1∶1 的比例替代食糖,能制作出十分接近"有糖"的口味来。常用糖醇品种及其理化指标见表 5-9。

在口味的调整上,也可采用其他甜味剂进行调节。例如,感觉甜味不足,可加入少量阿斯巴甜调整(0.03%)。

表 5-9　糖醇品种及其理化指标

项　目	赤藓糖醇	异麦芽糖醇	麦芽糖醇	木糖醇	山梨醇
外观	白色结晶	白色结晶	浆状或无色透明结晶	白色结晶	无色晶体或浆状
熔点/℃	120	145～150	135～140	92～96	96～97
甜度(10%蔗糖)/%	60～70	40～60	80～90	100	60
发热值/(kJ/g)	0.87	8.36	8.04	11.7～12.1	12.54
溶解热/(kJ/kg)	-97.4	-39.3	-79.0	-153.0	-110.8
吸湿性	不吸湿	高温微吸湿	保湿	吸湿	保湿
耐热酸性	耐高温耐酸	耐高温耐酸	风味增强稳定	稳定	耐高温耐酸
溶解度(20℃水中)/%	37	28	62	63	75

在食品中,高倍甜味剂用量很少,无法替代食糖的体积、重量、黏度等,按照国际惯例不能算作无糖食品原料。单纯用高倍甜味剂配制的食品,一般称无热量食品和低热量食品,如用阿斯巴甜可以配成无热量饮料。

2. 赤藓糖醇巧克力

赤藓糖醇具有特殊的营养保健功能:热量值在众多糖类中是最低的,接近于零,号称"零"热量,有利于降低冰淇淋这种高热量食品的热值。赤藓糖醇的甜度较高,为 10% 蔗糖水溶液甜度的 60%～70%,口味与蔗糖十分相似,无后苦味。赤藓糖醇甜味爽净,在与其他高甜度甜味剂如蛋白糖、甜菊糖等复配时,可有效地掩盖这些甜味剂的后苦味。由于人体内没有代谢赤藓糖醇的酶系,所以当小肠吸收进入血液后,不能被代谢,而几乎全部随尿排出体外,避免了像其他糖醇进入大肠后由于量过大而产生腹胀、肠鸣和腹泻的副作用,能适用于各类人群,尤其是糖尿病患者。而且赤藓糖醇对口腔病原细菌有拮抗作用,能起到护齿保洁的作用。

用赤藓糖醇可生产出品质良好的各种糖果,包括硬糖、软糖、口香糖等,产品的质地及货架寿命等与传统产品完全一样。在巧克力中,用赤藓糖醇替代配方中的砂糖时,仅需在传统制造中作极小调整即可。在标准精炼条件下,各种赤藓糖醇巧克力浆料的黏度与一般糖浆相似。但因赤藓糖醇具有热稳定性好、吸湿性低的特点,因此可在 80℃ 以上的环境中操作,从而大大缩短加工时间,同时也可改善产品风味。赤藓糖醇能轻易替代产品中的蔗糖使巧克力的能量减少 34%,并赋予产品口感清凉和非蚀性的特点。又由于赤藓糖醇吸湿性低,有助于克服其他糖类制巧克力时的起霜现象。配方示例见表 5-10。

表 5-10 赤藓糖醇巧克力和蔗糖巧克力的配方示例

原料	赤藓糖醇巧克力		蔗糖巧克力	
	含量/%	热量/(kcal/100g)	含量/%	热量/(kcal/100g)
可可液块	39	237.9	42	256.2
可可脂	13	120.9	13.5	125.5
赤藓糖醇	47.7	19	—	—
蔗糖	—	—	44	176
卵磷脂	0.48	4.5	0.48	4.5
香兰素	0.02	—	0.02	—
阿斯巴甜	0.03	—		
热量/kcal	—	382.3		562.2

用赤藓糖醇替代配方中的砂糖时，仅需在传统制造中作极小调整即可。它的热稳定性好，吸湿性低，使其可在较高温度下（80℃）进行精炼，从而减少操作时间，改善产品风味。

3. 木糖醇硬糖

食用木糖醇外观像蔗糖，热量与葡萄糖相同，甜度与蔗糖相当，无异味，口尝凉甜清爽，具有吸湿性，易溶于水。虽然有近似于砂糖的甜味度，但在口中呈出有冷凉感和爽快感的味质，预防龋齿的效果——有抑制引发龋齿的变形杆菌活动的效果，是利用木糖醇的最大亮点。

木糖醇硬糖参考配方 1：结晶木糖醇 74.51%、水 24%、柠檬酸 0.8%、食用香料 0.5%、食用色素 0.05%。

结晶木糖醇和水加热到 135～145℃ 左右。并不断搅拌，抽真空充分保持真空 5h，然后在糖液中水分下降至 2% 时出锅，熬煮后糖液色泽以透明光亮为最好，为保证成品品质，将糖液温度降至 95～100℃ 后，再添加柠檬酸、香料和色素溶液，最后进入正常的生产工序。

参考配方 2：液体木糖醇 98.52%、柠檬酸 0.7%、食用香料 0.6%、食用色素 0.06%。

先将液体木糖醇和色素共同加热至温度达到 171℃，接着把糖料置于真空装置中保持 5min，然后将糖料冷却至具有一定的可塑性，依次添加柠檬酸、香料并捏合均匀，最后切割成型，冷却包装，并置于密封容器中。

4. 无糖糖果的特殊性

在生产环境方面，由于受无糖原料的限制，无糖糖果生产车间的环境有其特殊性。要求环境相对湿度低于 55%，温度低于 20℃，储藏温度低于 20℃。

在包装方面，需要根据糖醇的吸湿性考虑包装，例如，使用麦芽糖醇糖浆制作无糖糖果时，要求每粒糖果都密封包装，最好要有外包装，外包装内要求放置干燥剂。

在熬制时，要考虑糖醇的特点，例如，用麦芽糖醇糖浆制硬糖时，添加香料和色素时应注意，不宜添加碱性香料和色素，否则易产生美拉德反应而使糖果变色。

第六章
品质改良设计

品质改良设计是在主体骨架设计的基础上进行的设计,目的是为了改变食品的质构。
- 品质改良方式:增稠(胶凝)、乳化、水分保持、膨松、催化、氧化、上光、抗结等。
- 品质改良评价:感官检测和仪器检测相结合。
- 配方设计举例:果冻、冰淇淋、植物蛋白饮料。

第一节
品质改良原理

一、食品质构

进行品质改良的目的，是为了改变食品的质构。

食品质构（texture）也称为食品的质地，它是食品的一个重要属性。关于质构的定义，IFT（美国食品科学学会）规定，"食品的质构是指眼睛、口中的黏膜及肌肉所感觉到的食品的性质，包括粗细、滑爽、颗粒感等"。ISO（国际标准化组织）规定的食品质构是指用"力学的、触觉的、可能的话还包括视觉的、听觉的方法能够感知的食品流变学特性的综合感觉"。

食品质构是食品的物理性质通过感觉而得到的感知，它与食品的密度、黏度、表面张力以及其他物理性质相关，其中，食物在口腔和咽喉内的移动或流动状态对食品质量的感知作用最大。有人称之为物理的味觉，它与食品的基本成分、组织结构和温度有关，是食品品质品评的重要方面。食品的质构是食品除色、香、味之外另一种重要的性质，它是在食品加工中很难控制的因素，却是决定食品档次的最重要的关键指标之一。

二、食品质构对风味的影响

时尚食品对质构的要求越来越讲究，特别是对质构中黏稠度、醇厚感、颗粒度越来越敏感。

黏稠度是物理现象，是对物质外观的直接反应，它不仅是液态食品的感官评价指标，而且影响食品风味的可接受性。良好、适当的黏稠度使食品看上去具有一种深厚感、真实感。黏稠度高的食品可延长食品在口腔内的黏着时间，给较弱的味感更多的感受时间，使滋味感觉时间延长。

醇厚感对味觉的影响与黏稠度不同，醇厚感是指味觉丰满、厚重的感觉，涉及味的本质，属于化学现象；而良好的黏稠度可以导致或改善食品的醇厚感。产生醇厚感的原因之一是诸呈味成分共同协调作用。

食品的颗粒度是食品的特征性质，细腻的食品可美化口感，味感更加丰富。通常来说，食物颗粒越小，越有利于呈味成分的释放，使得更多的呈味粒子与味蕾接触，同时对口腔的触动较柔和，对味觉的影响有利。巧克力蛋糕和巧克力糖果的味道和质地很大程度上取决于制作原料成分中的颗粒度。巧克力制造商们通过"口感"来定位他们产品的特点。如果产品粗粒太多，就会被品尝者们形容成"像沙砾一样粗糙，难以下咽"，如果产品颗粒太细，又会被称为"太黏，太软"。

油性感对风味也有影响。大多数风味物质都可部分溶解于脂肪，由于产生味道的化学结构不同及脂肪酸的链长度差异，使得味道成分在油态和水态彼此分离。溶于水的味首先释放，并很快消散，后释放出来的是溶于脂肪的味，导致连续的味道的感觉。因此低脂肪食物不能具有高脂肪食物的浓烈和持续的味觉。同时脂肪本身也提供口感和浓度。

三、食品质构的特点

食品质构有如下的特点：
（1）是由食品的成分和组织结构决定的物理性质。
（2）属于机械和流变的物理性质。
（3）不是单一性质，是多因素决定的复合性质。
（4）主要由食品与口腔、手等部分的接触而感觉。
（5）与气味、风味等无关。
（6）客观测定结果用力、变形和时间的函数表示。

四、食品质构的分类

在这方面,Szczesniak 等提出了相应的分类方法,如表 6-1。

表 6-1 Szczesniak 对食品质构的分类

特性	一次特性	二次特性	习惯用术语	标准食品与强度范围
机械特性	硬度		柔软、坚硬	软质干酪(1)…冰糖(9)
	凝聚性	酥脆性	酥、脆、嫩	玉米松饼(1)…松脆花生糖(7)
		咀嚼性	柔软-坚韧	黑麦面包(1)…软式面包(7)
		胶黏性	酥松-粉状-糊状-橡胶状	面团(40%面粉)(1)…面团(60%面粉)(7)
	黏性		松散-黏稠	水(1)…炼乳(8)
	弹性		可塑性-弹性	
	黏附性		发黏的-易黏的	含水植物油(1)…花生酱(5)
几何特性	粒子的大小、形状和方向		粉状、砂状、粗粒状、纤维状、细胞状、结晶状	
其他特性	水分含量		干的-湿的-多汁的	
	脂肪含量	油状	油腻的	
		脂状	肥腻的	

五、改良的方式

主要有两种改良方式:一种是通过生产工艺进行改良,例如均质。在液态奶、乳饮料生产中,全脂或部分脱脂原料乳经过均质处理,通常起到细化乳脂肪球、防止脂肪上浮、避免分层现象、增加蛋白质水合力的作用,从而达到了品质改良的效果。另一种是通过配方设计进行改良,这是食品配方设计的主要内容之一。其主要方式有如下几种。

（1）增稠（胶凝） 采用食品胶。食品胶具有增稠、胶凝、乳化、成膜、稳定泡沫、润滑等作用，是食品添加剂界的多面手，它在食品中的添加量很小就能有效地改善食品的品质。

（2）乳化 采用乳化剂。乳化剂是一类表面活性剂，分子内具有亲水基和亲油基，当它分散在分散质的表面时，形成薄膜或双电层，可使分散相带有电荷，这样就能阻止分散相的小液滴互相凝结，使形成的乳浊液比较稳定。它还能与食品中碳水化合物、蛋白质、脂类发生特殊的相互作用，起到乳化、保鲜、起泡等多种功能。

（3）水分保持 采用水分保持剂，通常指的是磷酸盐。磷酸盐在食品中有多种用途，除了作营养强化剂外，主要是用作品质改良。利用磷酸盐的特殊结构和性能，起到保水保鲜，抗结缓冲和乳化分解的作用，从而改进食品的品质，提高食品的质量，在肉鱼类制品和面食加工中应用广泛，它能提高肉的持水性，增进结着力，使肉质保持鲜嫩。

（4）膨松 采用膨松剂。膨松剂是在以小麦粉为主的焙烤食品中添加，并在加工过程中受热分解，产生气体，使面胚起发，形成致密多孔组织，从而使制品具有膨松、柔软或酥脆咸的一类物质。

（5）催化 采用酶制剂。酶制剂是一类从生物中提取出的具有酶的特性的制品，主要作用是催化食品加工过程中各种化学反应。生物酶加入小麦粉或制品中的作用相当大，它能显著改善面粉筋力，提高面粉品质，从而得到广泛应用。

其他还有：

（6）氧化 采用面粉处理剂。我国许可使用的偶氮甲酰胺等均有一定的氧化漂白作用，可使面粉增白，又有一定的熟成作用。其氧化作用可使面粉中蛋白质的—SH基氧化成—S—S—基，有利于蛋白质网络结构的形成。与此同时，还可抑制小麦粉中蛋白质分解酶的作用，避免蛋白质的分解，借以增强面团的弹性、延伸性、持气性，改善面团质构，从而提高焙烤制品的质量。

（7）上光　采用被膜剂，在某些食品的表面涂布一层薄膜，不仅外观明亮、美观；而且可以防止黏结，保持质量稳定；还可以防止水分蒸发，延长保存期，起到保质、保鲜的作用。常用的被膜剂有天然的蜂蜡、石蜡、紫胶等，此外还有某些人工合成品，如吗啉脂肪酸盐等。

（8）抗结　采用抗结剂，用来防止颗粒或粉状食品聚集结块，保持其松散或自由流动的品质。抗结剂颗粒细微、松散多孔、吸附力强，易吸附导致形成结块的水分、油脂等。我国许可使用的抗结剂目前有5种：亚铁氰化钾、硅铝酸钠、磷酸三钙、二氧化硅和微晶纤维素。例如，调味盐的流动性问题是由于湿热的环境引起的，代乳品的流动性问题是由于其本身的脂肪含量导致颗粒过多粘连，都可以通过添加抗结剂解决。抗结剂能解决产品因吸潮、受压形成的结块，同时也是高价粉末产品的载体。

（9）保湿　有些食品如泡泡糖，在制造过程及后期保藏中需要保持应有的湿润、柔软，避免干燥、硬结或脆裂。常用的保湿剂有甘油（丙三醇），用量不超过0.1%；山梨醇，在软糖中用量一般为2.5%～15%，椰干中用量一般为2.5%～8.5%；甘露醇，用量不超过1.0%；丙二醇，巧克力制品中用量一般不超过1.4%。

第二节
增稠（胶凝）设计

增稠（胶凝）设计通过食品胶进行。

食品胶一般都是亲水性高分子物质，能溶解或分散在于水中，并在一定条件下能充分水化形成黏稠的溶液或凝胶，也称为亲水胶体、水溶胶、食用胶。在加工食品中可起增稠、凝胶、稳定、乳化、悬浮、絮凝、黏结、成膜等作用，所以也常称作增稠剂、胶凝剂、稳定剂、悬浮剂等。

相当数量和种类的加工食品如果要进一步提高其感官品质和质量，都离不开食品胶体在其中的有效应用，同时，不少天然产物

（包括植物、动物及微生物食品原料）要顺利地加工成合适的食品，也往往要靠食品胶体的功能特性来完成，它对保持食品的色、香、味及结构的相对稳定起着相当重要的作用，有关食品胶的研究和开发一直以来都是食品配料行业中十分活跃的领域。

一、食品胶分类

迄今世界上用于食品工业的食品胶已有40余种，根据其来源，可分为五大类。

1. 植物胶

植物胶是由植物渗出液、种子、果皮和茎等制取的食品胶。

植物胶是用温水浸泡植物或植物的种子，提取其中的黏液制得的。其主要成分是半乳甘露聚糖。半乳甘露聚糖属多糖类天然高分子化合物，分子量因来源不同而异。同种植物的半乳糖和甘露糖的比值保持不变，不同的植物有各自固定的比值。半乳糖甘露糖结构具有较好的水溶性和交联性，在低浓度下能形成高黏性的稳定水溶液。水合后可与硼砂、重铬酸盐等多种化学试剂发生交联作用，形成具有一定黏弹性的非牛顿水基凝胶。

2. 动物胶

由动物性原料制取的食品胶。

这类食品胶是从动物的皮、骨、筋、乳等提取的。其主要成分是蛋白质，品种有明胶、酪蛋白等。

3. 微生物胶

由微生物代谢生成的食品胶。

真菌或细菌与淀粉类物质作用产生的另一类用途广泛的食品胶，如黄原胶等。它是将淀粉几乎全部分解成单糖，紧接着这些单糖又发生缩聚反应再缩合成新的分子。这种新分子的大分子链具有以下的特点：每一个葡萄糖残基除了第四碳原子仍保留原有的结构之外，部分或全部地发生羧基部位的部分氧化，大分子链间的交联、羟基上的氧原子被新的化学基取代等反应。

4. 海藻胶

由海藻制取的食品胶。

海藻胶是从海藻中提取的一类食品胶，地球上各海域水温变化及盐含量不同，海洋中藻品种多达 15000 多种，分为红藻、褐藻、蓝藻和绿藻四大类。重要的商品海藻胶主要来自褐藻。不同的海藻品种所含的亲水胶体其结构、成分各不相同，功能、性质及用途也不尽相同。

5. 化学改性胶

通常是选用价格低廉的大分子原料，经过适当的化学反应而获得的食品胶。

纤维素和淀粉由于其来源广泛、成本低，成了化学改性胶的原料首选。以纤维素为原料的化学改性胶中，羧甲基纤维素（CMC）、羟丙基甲基纤维素（HPMC）应用广泛。CMC 最常见，根据其特性可分为耐酸型和高黏型。以淀粉为原料的改性食品胶有一个更通俗的名字——变性淀粉，得益于淀粉本身就是可食用的，在食用安全性和限量方面更有优势。

各食品胶的主要品种见表 6-2。

二、食品胶的功能特性

食品胶在食品中的广泛应用归功于它们有着许多的功能特性。

对于大多数食品胶而言，最重要的功能特性是其增稠性或黏度性能，其次是胶凝特性。

几乎所有的食品胶都具有增稠效果。但对于不同的食品胶，增稠效果并不一样。大多数食品胶在很低浓度（1%）时就能获得高

第六章 品质改良设计

表 6-2 食品胶主要品种分类表

种类		主 要 品 种
植物胶	植物子胶	瓜尔胶、槐豆胶、罗望子胶、他拉胶、沙蒿胶、亚麻子胶、田菁胶、胡卢巴胶、皂荚豆胶
	植物皮胶	阿拉伯胶、黄蓍胶、印度树胶、刺梧桐胶、桃胶
	其他植物胶	果胶、魔芋胶、印度芦荟提取胶、菊糖、仙草多糖
动物胶		明胶、干酪素、酪蛋白酸钠、甲壳糖、壳聚糖、乳清分离蛋白、乳清浓缩蛋白、鱼胶
微生物胶		黄原胶、结冷胶、苴霉多糖、威兰胶、酵母多糖
海藻胶		琼脂、卡拉胶、海藻酸(盐)、海藻酸丙二醇酯、红藻胶、褐藻岩藻聚糖
化学改性胶		羧甲基纤维素钠、羟乙基纤维素、微晶纤维素、甲基纤维素、羟丙基甲基纤维素、羟丙基纤维素、变性淀粉、聚丙烯酸钠、聚乙烯吡咯烷酮

黏度的流体,但也有一些胶体即使在很高的浓度下也只能得到较低黏度的流体。食品胶中,主要的增稠剂有:瓜尔豆胶、黄原胶、刺槐豆胶、卡拉胶、羧甲基纤维素钠等,用于食品增稠时首先可考虑使用瓜尔豆胶、黄原胶。

胶凝现象一般可以简单描述为亲水胶体的长链分子相互交联,形成能将液体缠绕固定在内的三维连续式网络,并由此获得坚固严密的结构,以抵制外界压力而最终能阻止体系流动。几乎所有的食品胶都有黏度特性,但只有其中一部分食品胶具有胶凝特性,且其成胶特性也往往各不相同。主要的胶凝剂包括:琼脂、明胶、海藻酸钠、结冷胶、卡拉胶和果胶等,其中琼脂的凝胶强度较高,结冷胶、卡拉胶的凝胶透明度较好。

用作悬浮剂的食品胶主要有:琼脂、黄原胶、羧甲基纤维素钠、卡拉胶、海藻酸钠等。

这些是选择食品胶的依据。在选择食品胶时,同时还必须考虑以下因素:

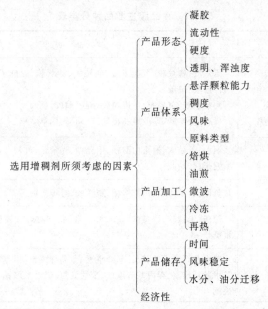

各类食品胶的特性比较见表 6-3，以便能根据所需考虑的因素，选择具有相应特性的食品胶。食品胶的最重要的基本功能或是

表 6-3　食品胶的特性比较（各种特性强度按顺序排列）

特　性	食　品　胶　种　类
抗酸性	海藻酸丙二醇酯、抗酸型羧甲基纤维素钠、果胶、黄原胶、海藻酸盐、卡拉胶、琼脂、淀粉
增稠性	瓜尔豆胶、黄原胶、槐豆胶、魔芋胶、果胶、海藻酸盐、卡拉胶、羧甲基纤维素钠、琼脂、明胶、阿拉伯胶
吸水性	瓜尔豆胶、黄原胶
冷水中溶解度	黄原胶、阿拉伯胶、瓜尔豆胶、海藻酸盐
凝胶强度	琼脂、海藻酸盐、明胶、卡拉胶、果胶
凝胶透明度	卡拉胶、明胶、海藻酸盐
凝胶热可逆性	卡拉胶、琼脂、明胶、低脂果胶
快速凝胶性	琼脂、果胶
溶液假塑性	黄原胶、槐豆胶、卡拉胶、瓜尔豆胶、海藻酸盐、海藻酸丙二醇酯
乳类稳定性	卡拉胶、黄原胶、槐豆胶、阿拉伯胶
乳类托附性	阿拉伯胶、黄原胶
悬浮性	琼脂、黄原胶、羧甲基纤维素钠、卡拉胶、海藻酸钠
口味	果胶、明胶、卡拉胶

使水相增稠，或是使水相成胶，这些重要功能已在食品加工工业中得到了广泛和充分的应用。目前，在众多食品中特别是在西方的食品产品中，几乎找不到一种食品不含有亲水胶体充当体系稳定剂。

三、食品胶的复配

各种单体食品胶在使用过程中往往会存在一定的缺陷，难以解决生产过程中的技术问题，尤其在食品市场竞争日益激烈的今天，这些缺陷可能造成该产品在市场竞争中处于劣势。与此相比，复配食品胶具有明显的优势，通过复配，可以发挥各种单一食品胶的互补作用，从而扩大食品胶的使用范围、提高使用功能。通过复配，可以产生无数种复配胶，以满足食品生产的不同需要。在很多情况下，单一的胶体不可能达到某种特定的性能，只能通过多种胶体的复配来达到。

复配食品胶与单一食品胶相比，具有明显的优势：通过复配，利用各种食品胶之间产生协同增效作用，使食品胶的性能得以改善，从而可以满足各方面加工工艺的性能，能在更广泛的区间内使用；通过复配，降低用量和成本，从而更加经济，也减轻了副作用，使产品安全性得以提高；通过复配，使食品胶的风味互相掩蔽，优化和改善食品的味感。

食品胶的协同效应，既有功能互补、协同增效的效应，也有功能相克、相互抑制的效应，见表 6-4。在食品工业中具有应用价值的一般是协同增效效应，要避免功能相克、相互抑制的现象。

例如，κ 型卡拉胶与槐豆胶（LBG）、魔芋胶之间有明显的协同增效作用，而与琼脂、黄原胶、瓜尔胶、羧甲基纤维素、海藻酸钠、果胶之间没有协同增效作用。槐豆胶与琼脂、卡拉胶、黄原胶等有良好的凝胶协同效应。从表中的统计可以看出，黄原胶具有良好的配伍性，与其他胶复配可以得到令人满意的凝胶和 $1+1>2$ 的协同增效作用。琼脂与槐豆胶、卡拉胶、黄原胶、明胶之间有明显的协同增效作用，但是与瓜尔豆胶、羧甲基纤维素、海藻酸钠、淀

184 食品配方设计7步

表 6-4　一些常见的食品胶的复配性能举例

食品胶	槐豆胶	魔芋胶	琼脂	黄原胶	瓜尔胶	CMC	海藻酸钠	卡拉胶	淀粉	明胶	果胶
κ-卡拉胶	+	+	×	×	×	×	×				×
槐豆胶			+	+			+				
阿拉伯胶					+		+				
瓜尔胶		+	+	+			+				
黄原胶	+	+	+		+	×	+	+		+	
PGA			+		+			+			
琼脂	+			+		××	××	××	+	××	××
结冷胶	+			+	+						
明胶							+				
亚麻子胶		+		+	+	+		+			
CMC				+			+	+	+	+	
魔芋胶				+							

表中"+"表示相互之间有协同作用,"×"表示没有协同作用,"××"表示具有相克(拮抗)作用。

粉、果胶产生拮抗作用,后者使琼脂的凝胶强度下降,它们的结构阻碍琼脂三维网状的形成。

四、实验分析方法

对于大多数食品胶而言,最重要的功能特性是其增稠性或黏度性能,其次是胶凝特性。在实际应用时,需要考虑的是凝胶强度、成胶温度和胶特性、黏度及流体特性、与蛋白质作用活性和冷冻脱水收缩等。这些是进行配方设计的关键因素。效果测试就是用数据来指导设计工作,测试过程中宜用同行成功的产品作为参照。

1. 黏度

黏度指液体的黏稠程度,它是液体在外力作用下发生流动时,分子间所产生的内摩擦力。食品胶一般都能溶解或分散在水中,发生水化作用产生增稠或提高流体黏度的效应,因此几乎所有的食品胶都具有增稠效果。但对于不同的食品胶，增稠效果并不一样。大多数食品胶在很低浓度（1%）时就能获得高黏度的流体，但也有一些胶体即使在很高的浓度下也只能得到较低黏度的流体。黏度的大小是判断液态食品品质的一项重要物理常数。黏度的大小随温度的变化而变化。温度愈高，黏度愈低。

食品胶中，主要的增稠剂有：瓜尔胶、黄原胶、刺槐豆胶、卡拉胶、羧甲基纤维素钠等，用于食品增稠时首先可考虑使用瓜尔胶、黄原胶。

进行增稠设计时，首先要考虑的是：所对应的生产介质是一种比较杂的液体混合物，其成分少则由几种，多则由十几种、几十种成分组成。因此，选择增稠剂时，一定要考虑它们的复杂性。

测试仪器：旋转黏度计。或毛细管黏度计、滑球黏度计。

测试作用：研究浓度、温度、剪切速率等对常用胶体溶液黏度的影响；研究复配胶的黏度性能，研究其在不同配比、不同混合胶浓度时的协同增效作用。测定液体黏度可以了解样品的稳定性，亦可揭示干物质的量与其相应的浓度。黏度的数值有助于解释生产、科研的结果。

2. 悬浮稳定性

用作悬浮剂的食品胶主要有：琼脂、黄原胶、羧甲基纤维素钠、卡拉胶、海藻酸钠等。

进行悬浮设计时，首先要考虑的是：添加剂溶液黏度的相对稳定，这是关键，推估悬浮物的相对密度，这是基础。任何单体食用胶溶液都会较明显地受到浓度、温度、pH值和盐类的影响，若使用复合型功能相近的食品胶，效果就会明显改观。

测试仪器：离心机。

设备选择：离心机利用离心沉降原理，对溶液中密度不同的粒子进行分离，浓缩或提纯。应该选择转速连续可调的、实验室用型，从而通过转速的调整，观察悬浮液浓度的相对变化，从而判断悬浮液中颗粒的沉降情况。

另一种方法：在胶体浓度为 0.5%、石英砂大小为 100～125μm 条件下测定的沉淀率，来表示其悬浮性。或在 50mL 滴定管中装满样品溶液，然后用直径约为 0.3cm 的硅胶球落入滴定管中，记录硅胶球从上往下自然下落 50mL 高度所需时间（s），作为稳定剂的悬浮性。自然下落时间越长，悬浮性越好；反之，悬浮性越差。

测试作用：研究食品胶浓度、糖等对悬浮稳定性的影响，研究不同配比、不同混合胶浓度时协同增效作用所产生的悬浮稳定作用。

3. 凝胶强度

胶凝现象一般可以简单描述为亲水胶体的长链分子相互交联，形成能将液体缠绕固定在内的三维连续式网络，并由此获得坚固严密的结构，以抵制外界压力而最终能阻止体系流动。几乎所有的食品胶都有黏度特性，但只有其中一部分食品胶具有胶凝特性，且其成胶特性也往往各不相同。

主要的胶凝剂包括：琼脂、明胶、海藻酸钠、结冷胶、卡拉胶和果胶等，其中琼脂的凝胶强度较高，结冷胶、卡拉胶的凝胶透明度较好。

测试仪器：凝胶强度测定仪、食品流变仪。

测试作用：研究浓度、糖、酸、冷冻对凝胶的影响；研究食品胶的复配性能，研究其在不同配比、不同混合胶浓度时的协同增效作用；测定食品的胶体类产品凝胶后的强度，如果冻。

4. 持水性

测定完凝胶强度后的凝胶，质量为 m_1；用纱布轻轻挤压除去水分后称重，质量为 m_2；持水率（%）可由公式：持水率 $= 100 \times (m_1 - m_2)/m_1$ 计算求得，一般测两次取平均值。

测试作用：测试、比较食品胶及复配后的持水能力。

第三节
乳化设计

一、乳浊液及其稳定性

乳浊液是两种以上不相溶的溶液形成的混合物，例如，水和油形成的热力学不稳定的分散体系。这两种组分中的一种组分以球形小液滴的形式精细地分散在另一个连续相中。如果将油分散在水中，得到的乳状液就叫做水包油型（O/W）乳浊液；相反，将水分散到油中得到的乳浊液，就叫做油包水型（W/O）乳状液。

与广义的宏观体系的自由能相比，按照表面能的量，这种分散体系的自由能较高。所以，纯乳浊液中液滴之间的相互碰撞使它们聚结起来，最终使乳浊液分离成较低能量状态的分离相。当液滴不可逆转地合成一体时，就是聚结。发生聚结时液滴的个体特征消失。聚结的原因是在体积最大化时，使表面积最小化的趋势。两个小液滴聚结形成一个液滴的表面积比这两个液滴的表面积之和要小。

由于乳浊液是热力学不稳定状态，因此"稳定"这个词用来指乳浊液的寿命。为了制备稳定的乳浊液，需要加入第三组分，称为乳化剂。

二、乳化剂的 HLB 值

乳化剂是指能改善乳化体中各种构成相之间的表面张力，形成均匀分散的乳浊液的物质。乳化剂分子具有亲水和亲油两种基团，容易在油和水的界面形成吸附层，将两者联结起来以达到乳化的目的。食品中互不相溶的油和水组分能很好地混合，形成均匀的分散体系，从而改变了食品的内部结构，改善了食品的风味和品质，提高了食品的质量。

乳化剂除了乳化作用外，对淀粉还有络合作用，降低淀粉分子的结晶程度，防止淀粉制品的老化、回生、沉凝；对蛋白质也有络合作用，改善面团中面筋的网络结构，保持面制品的柔软性；还能改善糖果、巧克力等食品的结晶结构；提高乳浊液的稳定性；此外，还具有发泡、消泡、润湿和抗菌保鲜等作用。

乳化剂的乳化能力与其亲水、亲油的能力有关，即与其分子中亲水、亲油基的多少有关。如亲水性大于亲油性，则呈水包油（O/W）型的乳化剂，即油分散于连续相水中。

比较乳化剂分子中的亲水基团的亲水性和亲油基团的亲油性是一项衡量乳化剂效率的重要指标。亲水基团的亲水性和亲油基团的亲油性可以有两种类型的简单的比较方法。

一种方法是：

乳化剂的亲水性＝亲水剂的亲水性－憎水基的憎水性

另一种方法是：

乳化剂的亲水性＝亲水剂的亲水性/憎水基的憎水性

如果乳化剂的亲水基团相同时，憎水基团碳链愈长（摩尔质量愈大），则憎水性愈强，因此憎水性可以用憎水基的摩尔质量来表示；对于亲水基，由于种类繁多，用摩尔质量来表示其亲水性不一定都合理。由于憎水基的憎水性和亲水基的亲水性在大多数情况下不能用同样的单位来衡量，所以表示乳化剂的亲水性不用第一种相减的方法，而用第二种相比的方法来衡量。

基于以上观点，格里芬（Griffin）提出了用 HLB（hydrophile-lipophile balance 亲水亲油平衡）值来表示表面活性物质的亲水性。该理论为乳剂处方设计提供了科学依据。HLB，即亲水亲油平衡值，是衡量表面活性剂在溶液中的性质的一个定量指标，是表明表面活性剂亲水能力的一个重要参数。表面活性剂亲水性大小以其 HLB 值表示，即 HLB＝亲水基重/（疏水基重＋亲水基重）×100/5。

亲油性为 100% 的乳化剂，其 HLB 值为 0，亲水性 100% 者为

20,其间分为 20 等份,以此表示其亲水、亲油性的强弱情况和不同用途。HLB 值越大,亲水性越强;HLB 值越小,亲油性越强。一般 HLB 值<7 的乳化剂可用于油包水(W/O)型乳液体系,HLB 值>7 的乳化剂则用于水包油(O/W)型乳液体系。通常,乳化剂 HLB 值 8~18、3~6 分别适用于 O/W 与 W/O 型乳剂的配制,用量一般为乳剂的 0.5%~10%。基于 HLB 值是以数字表示的概念,又将其从定性引申为定量应用。单体的每个基团都对应一定的 HLB 值,所以可以整体估算出大概 HLB 值范围以便你选择合适的乳化剂。在食品加工过程中,对于不同性质的食品体系,可以选用具有不同 HLB 值的乳化剂。

选择乳化剂是一个关键问题。实际生产中对乳化剂的选择有多种方法和原则,其中使用 HLB 值选择乳化剂有直观方便的优点,几十年来一直被许多部门作为选择乳化剂的重要依据和手段。

在选择乳化剂时,应对各种常用乳化剂的 HLB 值及其基本性质有一定的了解。表 6-5 是一些常用乳化剂的 HLB 值。

三、常用的乳化剂

食品乳化剂绝大多数是非离子表面活性剂,少数属于阴离子表面活性剂。国外批准使用的有 60 多种,我国批准使用的仅有 30 多种,最常用的只有约 5 个品种。

下面介绍几种最常用的牛乳饮品乳化剂及其基本性质。

1. 甘油酯 (glycerin stearate) 及其衍生物

同硬脂酸和过量的甘油在催化剂存在下加热酯化而制得甘油酯。酯化生成物有单酯、双酯和三酯三种。三酯就是油脂,完全没有乳化能力。双酯的乳化性质也较差,表面张力下降能仅为单酯的 1%以下。目前工业产品分为单酯含量 40%~50%的单双混合酯(MDG),以及经分子蒸馏的单酯含量 60%~70%(一次蒸馏)和单酯含量大于 90%(二次蒸馏)的分子蒸馏单甘酯。

表 6-5　常用乳化剂的 HLB 值

乳化剂名称	HLB 值
丙二醇酯	2.0~3.0
甘油单油酸酯	3.4
单甘酯	3.0~5.0
亲水性单甘酯	9.0~11.0
甘油单月桂酸酯	5.2
聚甘油脂肪酸酯	6.0~15.0
蔗糖脂肪酸酯	2.0~16.0
蔗糖甘油脂肪酸酯	3.0~18.0
大豆磷脂	3.0~11.0
乙酰化甘油单硬脂酸酯	3.8
二乙酰化酒石酸甘油酯	8.0
聚氧乙烯(20)甘油单硬脂酸酯	13.1
山梨醇单油酸酯(Span80)	4.3
山梨醇酐单硬脂酸酯(Span60)	4.7
山梨醇酐单月桂酸酯(Span20)	8.9
聚氧乙烯山梨醇单油酸酯(20)(Tween80)	14.9
聚氧乙烯(20)山梨醇酐单硬脂酸酯(Tween60)	15.0
聚氧乙烯(20)山梨醇酐单月桂酸酯(Tween20)	16.7

单甘酯是乳化剂中应用面最广、用量最大的品种。它具有优良的乳化能力和耐高温性能，添加于含油脂或蛋白质的饮料中，可提高溶解度和稳定性。为了改善甘油酯的性能，甘油酯可与其他有机酸反应生成甘油的衍生物聚甘油酯、二乙酰酒石酸甘油酯、乳酸甘油酯等。到目前已有 13 种衍生物被批准使用。这些衍生物的特点是改善了甘油酯的亲水性，提高了乳化性能和与淀粉的复合性能等，在蛋白饮料加工中有独特的用途。

目前一般冰淇淋生产中多用分子蒸馏单甘酯。它为白色至乳白色粉末或细小颗粒，HLB 值约为 3.8 为油包水（W/O）型乳化剂，因本身的乳化性很强，也可作为水包油（O/W）型乳化剂。它是一种优质高效乳化剂，具有乳化、分散、稳定、起泡、抗淀粉老化等作用。

2. 蔗糖脂肪酸酯（sucrose fatty acid ester）

蔗糖脂肪酸酯简称蔗糖酯（SE），由蔗糖与脂肪上的碳链部分酯化反应而得。蔗糖分子内的 8 个羟基中有 3 个羟基化学性质与伯醇类似，酯化反应主要发生在这 3 个羟基上。因此控制酯化程度可以得到单酯含量不同的产品。白色至黄褐色粉末。HLB 值 3～16，分别有高亲油性和高亲水性。其特点是亲水亲油平衡值范围宽，适用性广，乳化性能优良。高亲水性产品能使水包油乳状液非常稳定，用于冰淇淋可提高乳化稳定性和搅打起泡性。对淀粉有特殊作用，使淀粉的糊化温度明显上升，有显著的防老化作用。对人体无害，为无毒、无味、无臭的物质，进入人体后经过消化转变为脂肪酸和蔗糖，为营养物质，故使用安全。与甘油酯及山梨糖醇酯乳化剂相比，其亲水性最大。适于 O/W 型饮料的乳化稳定，因此在蛋白饮料中应用较多。

3. 山梨醇酐脂肪酸酯

又称司盘（Span）。它是由硬脂酸与山梨醇酐反应而得。这类乳化剂的产品分类是以脂肪酸构成划分的，如 Span20（月桂酸酯），Span40（棕榈酸酯），Span60（硬脂酸酯），Span80（油酸酯）等，见表 6-5。蛋白饮料中最常用的是 Span60（HLB 4.7）和 Span80（HLB 4.3）。

司盘呈白色至黄棕色的液体、粉末、薄片、颗粒或蜡块状。性质因构成的脂肪酸种类而异。HLB 值 1.8～8.6。常用于乳化蛋白饮料的司盘类 HLB 值为 4～8。司盘不溶于冷水，能分散于热水。司盘的乳化能力优于其他乳化剂，但有特殊气味，风味较差，因此，很少单独使用，与其他乳化剂有很好的协同增效作用。

4. 聚山梨酸酯

聚山梨酸酯商品名吐温（Tween），由山梨糖醇与各种脂肪酸部分酯化而得的混合物,再与氧化乙烯进行缩合而成。蛋白饮料中使用的有Tween60(HLB 14.9)和Tween80(HLB 15.0),为黄色至橙色油状液体(25℃)。有轻微特殊臭味,略带苦味。极易溶于水,形成无臭及几乎无色的溶液。不溶于矿物油和植物油。通常与低HLB值的单甘酯、司盘、蔗糖酯复配使用,以适应各类蛋白饮料的需要。

Span和Tween系列产品是非离子表面活性剂,具有优良的乳化、分散、发泡、润湿、软化等优良特性。在配料中加入0.05%~0.1%的Tween和混合单甘酯的复配物,可使冰淇淋质构坚挺,成型稳定。

5. 大豆磷脂

大豆磷脂又称卵磷脂、磷脂,其主要成分有磷酸胆碱、磷酸胆胺、磷脂酸和磷酸肌醇。为浅黄色至棕色透明的黏稠状液态物质,或白色至浅棕色粉末或颗粒。无臭或略带坚果类气味及滋味。纯品不稳定,遇空气或光线则颜色加深,成为不透明。部分溶于水,但易形成水合物而成胶体乳状液。大豆磷脂为两性离子表面活性剂,乳化能力较强,在热水中或pH在8以上时乳化作用更强。若添加乙醇或乙二醇,则它们会与大豆磷脂形成加成物,乳化性能提高。酸式盐可破坏乳化而析出沉淀。大豆磷脂不仅是一种乳化剂,同时还是一种营养强化剂,可增加磷酸胆碱、胆胺、肌醇及有机磷。食用磷脂还可降低人体的胆固醇。但一般大豆磷脂的价格较高,一般在高档的乳制品中使用。

6. 酪蛋白酸钠(sodium caseinate)

酪蛋白酸钠又称酪朊酸钠,是由牛乳中的酪蛋白加氢氧化钠反应而制得。商品酪蛋白酸钠含蛋白质(干基)大于90%,为白色至淡黄色黏状、粉末或片状。无臭、无味或稍有特异香气和味道。易溶于水。pH中性,其水溶液加酸产生酪蛋白沉淀。是优质乳化剂、稳定剂和蛋白质强化剂,能增进脂肪和水分的亲和性,使各成分均匀混合分散。有增稠、发泡、持泡等作用,在蛋白饮料中常作乳化剂、增稠剂和蛋白质强化剂。在冰淇淋中添加0.2%~0.3%,使产品中气泡稳定,防止返砂及收缩。

7. 卵磷脂

它是从大豆毛油中提取精制而成。浅黄至棕色的黏稠液体或白色至浅棕色固体粉末。HLB值约为3.5,是亲油性乳化剂,其特点是纯天然优质乳化剂,也是唯一不限制用量的乳化剂,有较强的乳化、润湿、分散作用,还有良好的医疗保健效果,在冰淇淋生产中,一般需与其他乳化剂共同使用。卵磷脂作为面包组织软化剂有保鲜作用,并能节省起酥油。在面包制作中,卵磷脂与甘油单、二酸酯复配使用,具有协同作用。使用这种混合乳化剂可以抵消原料的质量波动,改进生产工艺过程,节省起酥油,并能明显改善成品的总体质量。

四、乳化剂的复配

一个理想的乳化剂配方,应与水相和油相都有较强的亲和力,而一种乳化剂很难达到这种理想状态。不同HLB值的乳化剂有一定的加和性。利用这一特性,可制备出不同的HLB值系列复配乳化剂。在实际工作中,往往将几种乳化剂复配使用,以得到比使用单一乳化剂更好的效果。在复配乳化剂中,一部分是水溶性的,而另一部分是油溶性的,这两部分在界面上吸附后即形成复合物,分子定向排列比较紧密,具有较高的强度。

多种乳化剂复合使用可起到互相补充、协同增效的作用。乳化剂增效复配使用,具有下列优势:更有利于降低界面张力,甚至能达到零,界面张力越低,越有利于乳化。由于界面张力降低,界面吸附增加,分子定向排列更加紧密,界面膜增强,防止了液滴的聚集倾向,有利于乳浊液的稳定。复配乳化剂要比单一的乳化剂具有更好的表面活性。由此可见,使用复配乳化剂是提高乳化效果、增强乳浊液稳定性的有效方法。目前,国内外都在积极研制和推广应用复配型乳化剂。

分子蒸馏单甘酯与蔗糖酯复配,复配后的 HLB 值为 8～10 之间,其乳化能力提高 20% 以上,而且能提高冰淇淋的抗融性,改善组织结构;Span 60 与聚甘酯合理复配,可将其 HLB 值调整到 8～10,可提高其分散和乳化能力,减少乳化剂用量 20%～40%,还能改善其发泡和稳泡性能,提高搅打起泡率,改善冰淇淋组织结构,提高冰淇淋膨胀率和抗融性;分子蒸馏单甘酯、Span 60 和卵磷脂复配,能增强其水分散能力,提高乳化效果,增强发泡和稳泡性能,改善冰淇淋的组织结构。

甘油单、二酸酯与其他乳化剂复配使用,可提高其作用效果。75% 聚氧乙烯甘油单、二酸酯和 25% 甘油一酸酯的混合型乳化剂是有效的面团性质改进剂和面包组织软化剂,其效果优于单独用一种乳化剂,研究结果表明,这种混合型乳化剂可以提高糊化率和最大黏度。利用调粉性记录仪测定面团物理性质证明,这种混合型乳化剂还能够提高面团稳定性。

一般将 HLB 值大的乳化剂与 HLB 值小的乳化剂混合使用,复配乳化剂的 HLB 值可由组成的各种乳化剂的 HLB 值,按质量分数比计算。计算公式如下:

$$HLB_总 = HLB_1 \times g_1 + HLB_2 \times g_2 + \cdots\cdots$$

式中,g_1,g_2,…为各组分的质量分数。

其他复配方式有:分子结构相似的乳化剂复配,协同效应比较明显,尤其是一种乳化剂是另一种的衍生物时。阴离子乳化剂和非离子乳化剂复配,比只用非离子乳化剂的效果好。亲水基团构象不同的乳化剂复配,能产生优势互补。

五、应用配比设计举例

例如,豆奶中乳化剂配比的确定。

试验方法:取一定量市售大豆油加入水中,使其在水中的含量与豆奶中脂肪含量大体相等（2.2%），用来进行模拟试验。用8000~10000r/min 高速搅拌机乳化，静置 12h，用分光光度计在 540nm 吸光度下测定透光度。透光率越小，则乳化效果越好，乳化剂配比越好。结果表明，在 HLB 值为 8.4 时，透光率最小。把这一数据应用于豆奶试验，样品在 3 个月内乳浊液均匀、稳定，色泽乳白、发亮，未发现油水分离。进一步试验证明，HLB 值为 7.5~9 的乳化剂配方均能得到满意的效果。

大豆脂肪中以不饱和脂肪酸为主，因此选用亲油基为不饱和脂肪酸的乳化剂。综合考虑乳化剂的成本及其对产品风味的影响等，乳化剂的配方为：单甘酯（HLB 3.8）40%、司盘 60（HLB 4.7）20%、吐温 80（HLB 15）40%。该复合乳化剂 HLB 值为 8.46。其用量为大豆重量的 0.5%~2%（取中间值 1.25%）。当大豆添加量为 8%时，乳化剂用量为 0.1%。

在制备稳定乳浊液时，选择最适合的乳化剂以达到最佳乳化效果是关键问题。对于乳化剂的选择，目前尚没有完善的理论。表面活性剂的 HLB 值在选择乳化剂和确定复合乳化剂配比用量方面有很大使用价值，其优点主要体现在它的加和性上，可以简单地进行计算；其问题是没有考虑其他因素对 HLB 值的影响，尤其是温度的影响，这在近年来用量很大的非离子型乳化剂上表现尤为突出。此外，HLB 值只能大致预示形成乳状液的类型，不能给出最佳乳化效果时乳化剂浓度，也不能预示所得乳状液的稳定性。因此，应用 HLB 值选择乳化剂是一个比较有效的方法，但也有一定的局限性，在实际应用中还需要结合其他方法参照进行。

第四节
水分保持设计

水分保持设计通过水分保持剂进行。

水分保持剂（humectants）指在食品加工过程中，加入后可以提高产品的稳定性，保持食品内部持水性，改善食品的形态、风味、色泽等的一类物质。也称为品质改良剂。常指用于增强其水分的稳定性和具有较高持水性的磷酸盐类。

水分保持剂在我国的食品添加剂国家标准中属第15类,共有10个品种。现允许使用的水分保持剂有三聚磷酸钠、六偏磷酸钠、焦磷酸钠、磷酸氢二钠、磷酸二氢钠等10种,实际应用中很少单独使用,多使用复合盐。

一、磷酸盐的作用

水分是食品必要的组成成分,不论是加工前和完成后,食品都需要保持合适的水分。如何控制食品成品的水分及其存在状态,是保证食品质量的一个关键,水分保持剂就可起到这种控制作用。

磷酸盐是亲水性很强的水分保持剂,它能很好地使食品中所含的水分稳定下来。其持水性的好坏,与磷酸盐的种类、添加量、产品的 pH 值、离子强度等因素有关。磷酸盐应用在肉制品加工中可起到如下作用:①提高肉制品的黏结性,改善肉制品的切片性能;②提高肉的持水能力,使肉制品在加工和烹调过程中仍能保持其天然水分,减少肉的营养成分损失,保存肉制品的嫩度,提高成品率。对肉制品而言,持水能力最好的是焦磷酸盐,其次为三聚磷酸盐,随着链长的增加,多聚磷酸盐的持水能力逐渐减弱,正磷酸盐的持水能力较差。

具体来说,食品加工中磷酸盐的主要作用有5个方面:

(1) 螯合作用 磷酸盐可螯合钙、镁、铁、铜等离子。对金属离子起到"封锁"作用,可以防止维生素 C 分解,防止天然色素和合成着色剂褪色、变色,除去金属离子臭味等,并有抗氧化作用。

(2) 缓冲作用 各种磷酸盐 pH 值各不相同,从 pH=4 到 pH=12,各种磷酸盐按一定的比例配合可以得到不同 pH 值的缓冲剂,以满足各类食品的酸度调节和稳定。其中正磷酸盐的缓冲作用最强。可以抑制 pH 值的变化,能改善食品的风味。

(3) 乳化、分散作用　防止蛋白质、脂肪分离，增加粘接性，改善混合物的组织结构，使食品组织柔软多汁。可以使难溶于水的物质悬浊液分散，有防止难溶性物质产生结晶分离的作用。例如，可以使色素分散而防止其凝聚，可以使乳化性食品稳定。

(4) 蛋白质持水作用　防止蛋白质变性，磷酸盐在食品组织表面发生增溶作用，加热时形成一层凝结的蛋白质，从而改善、提高蛋白质对水的亲和性、保水性，使食品柔软，能改善食品的品质。

(5) 阴离子效应　磷酸盐中的阴离子为磷酸根离子，能与副络蛋白复合物上的钙相结合，还能参与构成蛋白质分子间的离子桥，因而既可防止凝胶形成，又具有极强的分散、胶溶和乳化作用。

磷酸盐是目前世界各国应用最广泛的食品添加剂，它广泛应用于食品生产的各个领域。食品级磷酸及其盐类具有安全、无毒，可改善食品品质及对人体有补钙、补铁、补锌等作用，同时，磷酸根是人体合成细胞壁的基础物质。目前世界各国开发使用食品级磷酸盐类别有钠盐、钾盐、钙盐及特殊功能的铁盐、锌盐等。应用领域涉及肉制品、面制品、海产品、奶产品、饮料等行业。常用品种有三十多个，复配型磷酸盐品种更为繁多。

二、常用的磷酸盐

磷酸盐是亲水性很强的水分保持剂，它能很好地使食品中所含的水分稳定下来。其持水性的好坏，与磷酸盐的种类、添加量、产品的 pH 值、离子强度等因素有关。对肉制品而言，持水能力最好的是焦磷酸盐，其次为三聚磷酸盐，随着链长的增加，多聚磷酸盐的持水能力逐渐减弱，正磷酸盐的持水能力较差。

(1) 焦磷酸钠（包括结晶焦磷酸钠与无水焦磷酸钠）　溶于水，不溶于乙醇，能与金属离子络合。它具有乳化性、分散性、防止脂肪氧化、提高酪蛋白黏性等作用，对因 pH 值高而容易氧化、发酵的食品也有抑制氧化和发酵的作用。在鱼肉等熟制品里，焦磷酸钠的添加量为原料肉的 $0.05\% \sim 0.3\%$。结晶和无水的焦磷酸钠都很少单独使用，一般都是与其他的缩合磷酸盐一起配制成制剂后使用。多与三聚磷酸钠混合使用。

酸性焦磷酸钠作为合成膨松剂的酸性物质，可持续地产生二氧化碳气体，适用于烘烤糕点。

(2) 三聚磷酸钠　系无色或白色玻璃状块或片，或白色粉末，有潮解性，水溶液呈碱性（pH值为9.7），对脂肪有很强的乳化性。另外还有防止变色、变质、分散作用，增加黏着力的作用也很强。在食品工业中主要用于罐头、奶制品、果汁饮料及豆乳等的品质改良剂；火腿、午餐肉等肉制品的保水剂和嫩化剂；在水产品加工中不但能起到保水和嫩化，而且起膨胀和漂白的作用；在蚕豆罐头中可使豆皮软化；也可作为软水剂、螯合剂、pH调节剂和增稠剂以及啤酒行业中。三聚磷酸钠在食品加工中一般添加3‰～5‰，在水产加工中最大量为3%。

三聚磷酸钠不单独使用，与其他的缩合磷酸盐配制成混合制剂使用。

(3) 六偏磷酸钠　系无色粉末或白色纤维状结晶或玻璃块状，潮解性强。对金属离子螯合力、缓冲作用、分散作用均很强。能促进蛋白质凝固，常用其他磷酸盐混合成复合磷酸盐使用，也可单独使用。因为它的粘接性好，所以在缩合磷酸盐中，它的使用范围最广。

在食品工业中作为品质改良剂、pH调节剂、金属离子螯合剂、黏合剂和膨胀剂。在豆类、罐头、豆沙馅料中能稳定天然色素，保持色泽；在罐头中可使脂肪乳化，保持质地均匀。用于肉类罐头和肉制品可提高保水性，防止脂肪变质。加入啤酒中，能澄清酒液，防止混浊。是优良的水质无沉淀的软水剂。在水产品加工中起着保水、膨胀和漂白的作用。六偏磷酸钠在食品加工中一般添加3‰～5‰，在水产加工中最大添加量为3%。

(4) 磷酸钙　又名磷酸三钙，在食品工业中可用作抗凝强剂、缓冲剂、水分保持剂、酸度调节剂、稳定剂、营养强化剂。单独使用磷酸钙的很少，作为肉类食品粘接剂，常与其他的缩合磷酸盐并用。

(5) 焦磷酸二氢二钠（酸式焦磷酸钠）　在食品加工中作为快

速发酵剂、品质改良剂、膨松剂、缓冲剂、螯合剂、复水剂和粘接剂。用于面包、糕点等合成膨松剂的酸性成分，CO_2 的产生时间较长，适用于水分含量较少的焙烤食品（如煎饼），与其他磷酸盐复配可用于干酪、午餐肉、火腿、肉制品和水产品加工的保水剂，方便面的复水剂等。在食品加工中一般添加 0.5‰～3‰，在水产品加工中最大添加量为 1％。

(6) 磷酸二氢钠（包括结晶磷酸二氢钠和无水磷酸二氢钠） 磷酸二氢钠在酿造、乳品加工和食品加工的过程中，可以用来调整 pH 值。作为粘接剂、稳定剂，在肉和鱼肉制品里可以添加 0.4％左右。

(7) 三偏磷酸钠 在食品工业中作为淀粉改良剂、果汁饮料防混浊剂、肉食品加工保水剂、黏结剂、螯合剂、水质软化剂、分散剂、冰淇淋、奶酪等乳制品稳定剂，在水产品加工中起黏结和保水作用。还可以防止食品变色和维生素 C 分解。在食品加工中一般添加 3‰～5‰，在水产品加工中最大添加量为 3％。

(8) 磷酸 在食品工业中用作酸味剂、营养发酵剂，用于面包烘焙、果蔬罐头的特色保水剂，抑制微生物生长，延长保质期；用于饮料、果汁、可可制品、乳酪和食用油等之中。可用于干酪涂味的乳化作用和酸化。

(9) 磷酸三钠（无水） 在食品工业中用于缓冲剂、乳化剂、营养增补剂；配制面食作碱水原料。也可用于糖精制和淀粉的制作以及食用瓶、罐的洗涤剂等。在食品加工中一般添加 3‰～5‰，最大添加量为 1％。

(10) 多聚磷酸钠 适用于粗碎和乳化型肉制品及家禽食品的加工。如法兰克福香肠、热狗肠、鸡肉肠、台式香肠、汉堡饼、火腿肠、方便面、米粉及米线加工等。是一种高品质的海产品添加剂，可有效保持海产品特有的风味，增强口感，能减少加工损耗，改善质地，使产品表面富有光泽、鲜亮有韧性，可明显提高产品档次。在加工和冷冻过程中，使肉质和水分黏合性明显增强。防止储藏过程中水分的损失，使脂肪和水分的结合力更强，从而使食物的可食性和柔嫩性在储藏中得到了很好的保持，使食品的味道和色泽更持久稳定,能阻止细胞生长。在食品加工中一般添加 3‰~5‰,最大添加量为 3%。

(11) 酸式磷酸铝钠　在食品工业中用作油炸面团,烘焙食品时可作发酵膨松剂。添加到饲料中可作为养殖业的脂肪抑制剂,能有效防止禽畜脂肪的生长。在食品加工中添加量为 1%~2%。

(12) 三聚磷酸钾 (磷酸五钾)　在食品加工中用作水分保持剂、组织改良剂、螯合剂和水质处理剂等。广泛应用于肉汤类、午餐肉、腌肉等肉制品加工。速冻鱼片和虾等水产品加工及奶油、奶粉、干酪、炼乳、奶油粉等乳制品加工中。三聚磷酸钾有极好的溶解性和溶解速度,使用本品比使用传统的磷酸盐出品率高,且口感好。在食品加工中添加量为 3‰~5‰。

(13) 磷酸二氢钠　在食品工业中作为品质改良剂、pH 调节剂、缓冲剂、乳化分散剂、营养增补剂和水分保持剂等。主要用于乳酪、饮料、果冻、番茄酱、午餐肉及肉类腌制品,同时可作为改性淀粉添加剂。在食品加工中添加量为 3‰~5‰。

(14) 磷酸氢二钠　在食品工业中作为品质改良剂、pH 调节剂、营养增补剂、乳化分散剂、发酵助剂、黏结剂等。主要用于面食类、豆乳制品、乳制品、肉类制品、乳酪、饮料、果类、冰淇淋和番茄酱中。在食品加工中添加 3‰~5‰。

(15) 焦磷酸钾　在食品工业中用作乳化剂、组织改良剂、螯合剂,还作为面制品用碱水的原料,与其他缩合磷酸盐合用。通常防止水产品罐头产生鸟粪石,防止水果罐头变色;提高冰淇淋膨胀度;提高火腿、香肠的产出率和鱼糜的保水性;改善面类口味及提高产出率,防止干酪老化。

三、磷酸盐的复配

为充分发挥各种磷酸盐以及磷酸盐与其他添加剂之间的协同增效作用,满足食品加工技术的发展需求,在实际应用中常常使用各种复配型磷酸盐作为食品配料和功能添加剂。我们通常所说的复配磷酸盐或者复合磷酸盐,就是指这种复合盐。复配型磷酸盐的研究与开发日益成为磷酸盐类食品添加剂开发与应用的发展方向。

磷是植物和动物的重要营养素,磷酸盐阴离子能形成多聚物,有机体中许多生化反应与之有关。磷酸盐不但是食品的天然成分,而且也是多数食品的关键配料,食品化学中许多重要的反应涉及磷酸盐,其以独特的作用被世界各国广泛应用于食品加工业,国内外普遍使用的单位磷酸盐为正磷酸盐、二聚、三聚及多聚磷酸盐。磷酸盐在食品加工中的作用效果与链长、pH、金属离子、颗粒度、溶解性等有关,在实际应用中一般将上述单体磷酸盐复配使用,以发挥其协同、增效作用(表6-6)。

表6-6 复配磷酸盐的品种及功效

食品种类	磷酸盐品种	主要功效	推荐量/‰
方便面	酸式焦磷酸钠、三偏磷酸钠、三聚磷酸钠、偏磷酸钠	缩小成品复水时间,不黏不烂	≤2.0
饼干糕点	酸式焦磷酸钠、三偏磷酸钠、三聚磷酸钠、偏磷酸钠、磷酸氢钙、磷酸二钙	缩短发酵时间,降低产品破损率,疏松空隙整齐,可延长储存期	≤2.0
饮料	磷酸、磷酸氢二钠、焦磷酸钠、三聚磷酸钠、聚磷酸钾、磷酸钙	控制酸度,螯合作用,乳化作用,稳定剂	≤2.0
果冻	磷酸二氢钠、磷酸氢二钠、三聚磷酸钠	缓冲作用	根据需要
果酱	磷酸、六偏磷酸钠	控制pH,螯合作用,增加得率	根据需要
冰淇淋	磷酸氢二钠、焦磷酸钠	分散度,缩短冷冻时间	0.2~0.5
熟肉制品及红肠等	磷酸氢二钠、焦磷酸钠、三聚磷酸钠	色泽红润,口味佳,弹性好,得率高	0.2~0.4
香肠	酸式磷酸钠、磷酸氢二钠、三聚磷酸钠、焦磷酸钠	加速加工处理,改善口味,色泽佳	0.5
家禽	三聚磷酸钠、焦磷酸钠	控制水分,增加得率,新鲜	0.3~0.5或5%~6%,溶液浸泡
水产品加工、鱼丸鱼香肠、速冻食品	三聚磷酸钠、酸式焦钠	螯合作用,防止晶花生成,控制水分,抑制晶花生成	6%~12%,溶液浸泡
蚕豆	磷酸氢二钠、三聚磷酸钠、六偏磷酸钠	缩短蒸发时间,改善色泽和口味	0.2~0.5

四、应用配方设计举例

怀丽华等研究了磷酸盐对面条品质的影响。结果表明，300g 面粉使用偏磷酸钠用量为 0.4g，焦磷酸钠用量为 0.3g，三聚磷酸钠用量为 0.2g 的复合磷酸盐能明显提高面条的食用品质，增强面条的弹性、韧性，降低面汤浊度，提高面团稳定时间。

鲍丽敏对复合磷酸盐、复合增稠剂与复合碱对面条品质的改良作用及它们的复配增效作用进行了研究。结果表明，采用复合碱、复合磷酸盐及复合增稠剂复配而成的复合添加剂能明显改善面团特性，增强面条强度与烹煮品质。采用了三聚磷酸钠（STPP）、焦磷酸钠（TSPP）及六偏磷酸钠（SHMP）复配添加于面粉中进行试验，磷酸盐复配比为 STPP：TSPP：SHMP＝2.5：1：2.5（质量比）。

潘欣等通过大豆多肽粉与小麦粉的配兑，研制营养全面、吸收率高的大豆多肽方便面。通过正交试验，确定的最佳工艺配方为：大豆多肽粉 5％、专用乳化剂 4g/kg 和复合磷酸盐 0.02％。复合磷酸盐，由三聚磷酸盐 29％、偏磷酸钠 55％、焦磷酸钠 3％、磷酸二氢钠（无水）13％配制而成。

杜艳等研究了不同配比的复合磷酸盐对去骨块状火腿的各项理化指标的影响，并对成品火腿块的品质进行了感观评价，得到了较好的一组磷酸盐配比，即焦磷酸钠 40％、三聚磷酸钠 40％、六偏磷酸钠 20％。

吕兵等研究了复合磷酸盐和酪蛋白酸钠对提高肉制品保水性的作用。结果表明：复合磷酸盐的最佳配比为三聚磷酸钠：焦磷酸钠：六偏磷酸钠＝2：2：1（质量比），最适用量为 0.4％；0.4％的复合磷酸盐和 2％的酪蛋白酸钠组合添加于火腿肠中，得到理想的保水效果。同时能明显改善制品的品质。

李蜜等采用单因素实验及 L16 正交实验分别研究了单个磷酸盐及复合磷酸盐对酸性乳稳定性的影响。结果表明：单个磷酸盐的最适添加量分别为 STP 0.05%、SPP 0.05%、SHMP 0.25%；复合磷酸盐的最佳配比为 STP∶SHMP＝2∶5（质量比），且添加量为 0.35%。

第五节 膨松设计

膨松设计通过膨松剂进行。

膨松剂（bulking agents）是在以小麦粉为主要原料的糕点、饼干等焙烤仪器及膨化食品生产用的，并在加工过程中受热分解，产生气体，使面坯起发，形成致密多孔组织，从而使制品具有膨松、柔软和酥脆感的一类物质。它亦称膨胀剂、面团调节剂。民间所用的馒头起子（面头、老面）已有悠久历史，亦是一种膨松剂。

无多孔组织的食品，味觉反应慢，味道平淡。面包、蛋糕、馒头等食品的特点是具有海绵状多孔组织，因此口感柔软，食品入口后，消费者能快速地品尝到食品特有的风味。在制作上为达到此种目的，必须使面团中保持有足量的气体。所需气体的绝大多数是由膨松剂所提供。

膨松剂不仅能使食品产生松软的海绵状多孔组织，使之口感柔松可口、体积膨大；而且能使咀嚼时唾液很快渗入制品的组织中，以透出制品内可溶性物质，刺激味觉神经，使之迅速反应该食品的风味；当食品进入胃之后，各种消化酶能快速进入食品组织中，使食品能容易、快速地被消化、吸收，避免营养损失。

一、常用的膨松剂

膨松剂是小麦粉制品（面包、饼干、蛋糕、馒头、大饼、油条等）必不可少的添加剂，主要分为生物膨松剂（酵母）和化学膨松剂两大类。

化学膨松剂是由食用化学物质配制的，可分为单一膨松剂和复合膨松剂，常用单一膨松剂为 $NaHCO_3$ 和 NH_4HCO_3，两者均是碱性化合物。

化学膨松剂根据其水溶液中所呈的酸碱性又可分为酸性膨松剂和碱性膨松剂。

（一）碱性膨松剂

碱性膨松剂主要是碳酸氢盐，如碳酸氢钠和碳酸氢铵等，它们在焙烤时会自身直接分解而产生气体。

1. 碳酸氢钠

碳酸氢钠又名重碳酸钠、酸式碳酸钠、小苏打、小起子、焙碱。化学式为 $NaHCO_3$，相对分子质量84.01。

碳酸氢钠为白色晶体粉末，无臭，味咸，相对密度2.20，熔点270℃。加热自50℃起开始失去 CO_2；加热至270～300℃经2h，转变为碳酸钠。在干燥空气中稳定，在潮湿空气中缓慢分解，失去 CO_2。易溶于水，8.8g/mL（15℃）；11.2g/100mL（30℃）；13.86g/100mL（45℃）。水溶液呈弱碱性，pH为8.3，遇弱酸则强烈分解。水溶液放置稍久，或振摇，或加热，碱性则增强。不溶于乙醇。

碳酸氢钠受热分解放出二氧化碳，使食品产生多孔海绵状疏松组织，但由于产气过快，容易使食品出现大空洞。此外，碳酸氢钠分解后形成的碳酸钠，使食品的碱性增强，不但影响口味，还会破坏某些维生素；甚而导致食品发黄或杂有黄斑，使食品质量降低。

2. 碳酸氢铵

碳酸氢铵又名重碳酸铵、食臭粉、臭碱、大起子、亚母尼。分子式 NH_4HCO_3，相对分子质量79.06。

碳酸氢铵为白色晶体粉末，有氨臭，相对密度1.586，熔点36～60℃。性质不稳定，在36℃以上分解为二氧化碳、氨和水，60℃可完全分解，而在室温下相当稳定。在空气中易风化，有吸湿性，潮解后分解加快。易溶于水，17.4g/100mL（20℃），水溶性呈碱性，0.08％水溶液的 pH 为 7.8。溶于甘油，不溶于乙醇。

碳酸氢铵受热后分解产生二氧化碳和氨气，使食品形成海绵状疏松结构体。碳酸氢铵分解时产生的氨气溶于食品的水中生成一水合氨，可使食品的碱性增加，还会影响食品的风味，即有氨的臭味。此外，一水合氨还有皂化油脂的缺陷。

3. 轻质碳酸钙

轻质碳酸钙即沉淀碳酸钙，化学式 $CaCO_3$，相对分子质量 100.09。

轻质碳酸钙为白色微细轻质粉末，无臭，无味，相对密度 2.5～2.7。在空气中稳定，不发生化学变化，易吸收臭气，有轻微吸湿性。加热至 825～896.6℃时发生分解，释出二氧化碳，变为氧化钙。几乎不溶于水和乙醇，如有铵盐或二氧化碳存在可提高溶解度。在含有二氧化碳的水溶液中，生成溶解性重碳酸钙。溶于稀酸，产生二氧化碳。

碳酸氢钠、明矾等与轻质碳酸钙复配得到的疏松剂，遇热则缓慢地释出二氧化碳，使食品产生均质、细腻的膨松结构体，可提高糕点、面包、饼干的品质。此外还有强化钙的作用。

4. 碳酸氢钾

碳酸氢钾别名重碳酸钾、酸式碳酸钾。

使用时按 GB 2760 的规定，在需要添加膨松剂的各类食品中，可按生产需要适量使用。

5. 碱性膨松剂的使用及其优缺点

碳酸氢钠和碳酸氢铵都是碱性化合物，受热后它们产生气体的反应式如下：

$$2NaHCO_3 \longrightarrow CO_2\uparrow + H_2O + Na_2CO_3$$

$$NH_4HCO_3 \longrightarrow CO_2\uparrow + NH_3\uparrow + H_2O$$

碳酸氢钠分解后残留碳酸钠，使成品呈碱性，影响质量和口味，使用不当时还会使成品表面呈黄色斑点。碳酸氢铵分解后产生气体的量比碳酸氢钠为多，起发能力大，但容易造成成品过松，使成品内部或表面出现大的空洞。此外加热时产生带强烈刺激性的氨气，虽然很容易挥发，但成品中还可能残留一些，从而带来不良的风味，有特异臭，所以使用时要适当控制其用量。因此目前实际应用的膨松剂大多是由不同物质组成的复合膨松剂。一般将碳酸氢钠与碳酸氢铵混合使用，可以减弱各自的缺陷，获得较好的效果。

这些碱性膨松剂除具有上述缺点外，其气体产生量比优质的复合膨松剂为少；此外食品中的有些维生素，在碱性条件下加热也容易被破坏。

碱性膨松剂具有价格低廉、保存性较好、使用时稳定性较高等优点；所以它仍是现在饼干、糕点生产中广泛使用的膨松剂。

（二）酸性膨松剂

1. 钾明矾

钾明矾亦称明矾，学名硫酸铝钾，化学式 $KAl(SO_4)_2 \cdot 12H_2O$，相对分子质量为 474.39。

钾明矾为无色透明结晶，或白色晶体粉末，无臭，味微甜带涩，在空气中由于风化而变得不透明，熔点 92.5℃，加热至 200℃以上失去全部结晶水而成为白色粉末，称为烧明矾。相对密度 1.757，可溶于水，溶解度 5.42g/100mL（0℃）；9.25g/100mL（15℃）；12.2g/100mL（25℃）；54.5g/100mL（60℃）；28.3g/100mL（100℃）。18%水溶液的 pH 为 3.3，1%水溶液的 pH 为 1.0。钾明矾在水中水解成氢氧化铝胶体沉淀；不溶于乙醇；缓慢地溶于甘油。

硫酸铝钾为酸性盐，主要用于中和碱性疏松剂，产生二氧化碳和中性盐，可避免食品产生不良气味，又可避免因碱性增大而导致食品品质下降，还能控制疏松剂产生的快慢。钾明矾与碳酸氢钠反应较慢，产气较缓和，降低碱性可使食品酥脆。

钾明矾有收敛作用，能和蛋白质结合导致蛋白质形成疏松凝胶而凝固，使食品组织致密化，有防腐作用。

2. 铵明矾

铵明矾又称铝铵矾或铵矾，学名硫酸铝铵，化学式 $AlNH_4(SO_4)_2 \cdot 12H_2O$，相对分子质量 453.33。铵明矾为无色透明坚硬的晶体颗粒或粉末，无臭，味微甜带涩，有较强的收敛性，相对密度 1.645，熔点 94.5℃。加热至 120℃失去 10 个结晶水，至 250℃成为无水物，至 250℃开始分解。它溶于水和甘油，在水中溶解 5g/100mL（常温）；66g/100mL（66℃）。水溶液呈酸性。不溶于乙醇。

铵明矾是硫酸铝和硫酸铵的复盐，水解生成弱碱、强酸、水溶液呈酸性，疏松性能与钾明矾同。

3. 磷酸氢钙

磷酸氢钙化学式为 $CaHPO_4 \cdot O \sim 2H_2O$，相对分子质量 172.09（无水物）。

磷酸氢钙为白色晶体粉末，无臭，无味，相对密度 2.32，在空气中稳定不发生变化。它微溶于水，0.02g/100mL（25℃）；不溶于乙醇；易溶于稀盐酸、稀硝酸和柠檬酸铵溶液；微溶于稀乙酸。加热至 75℃以上失去结晶水，成为无水盐，强热则变为焦磷酸盐。

磷酸氢钙分解缓慢，产气亦较慢，有迟效性，能使食品组织稍有不规则的缺点，但口味与光泽为好。

4. 酒石酸氢钾

酒石酸氢钾化学式为 $C_4H_5O_6K$，相对分子质量 188.18，结构式为

$$\begin{array}{c} HOCHCOOK \\ | \\ HOCHCOOH \end{array}$$

。酒石酸氢钾为白色晶体粉末，无臭，有快活的清凉酸味，相对密度 1.956，常温下微溶于水，0.84g/kg（25℃）；

乙醇, 0.0001g/100mL (25℃); 溶于热水, 6.9g/100mL (100℃); 17℃下饱和水溶液的 pH 为 3.66。

疏松性能与磷酸氢钙相似,产气较缓慢。

(三) 生物膨松剂 (酵母)

生物疏松剂是指酵母。酵母是面制品中一种十分重要的膨松剂。它不仅能使制品体积膨大,组织呈海绵状,而且能提高面制品的营养价值和风味。酵母在发酵过程中由于酶的作用,使糖类发酵生成酒精和二氧化碳,而使面坯起发,体积增大,经焙烤后使食品形成膨松体,并具有一定的弹性。同时在食品中还产生醛类、酮类和酸类等特殊风味物质,形成面包的独特风味(化学膨松剂无此作用)。此外酵母体也含有蛋白质、糖、脂肪和维生素,且其中必需氨基酸含量充足,特别是赖氨酸含量较高,使食品的营养价值明显提高。

过去食品中大量使用压榨酵母(鲜酵母),由于其不易久存,制作时间长,现在已广泛使用由压榨酵母经低温干燥而成的活性干酵母。活性干酵母使用时应先用 30℃ 左右温水溶解并放置 10min 左右,使酵母菌活化。

酵母是利用面团中的单糖作为其营养物质。它有两个来源:一是在配料中加入蔗糖经转化酶水解成转化糖;二是淀粉经一系列水解最后成为葡萄糖。其生成过程为:

$$2(C_6H_{10}O_5)_n + 2nH_2O \xrightarrow{\beta\text{-淀粉酶}} n(C_{12}H_{22}O_{11})(\text{麦芽糖})$$

$$C_{12}H_{22}O_{11} + H_2O \xrightarrow{\text{麦芽糖酶}} 2C_6H_{12}O_6(\text{葡萄糖})$$

$$C_{12}H_{22}O_{11}(\text{蔗糖}) + H_2O \xrightarrow{\text{蔗糖转化酶}} C_6H_{12}O_6(\text{葡萄糖}) + C_6H_{12}O_6(\text{果糖})$$

酵母菌利用这些糖类及其他营养物质,先后进行有氧呼吸与无氧呼吸,产生 CO_2、醇、醛和一些有机酸。

$$C_6H_{12}O_6 + 6O_2 \xrightarrow{\text{有氧呼吸}} 6O_2 + 6H_2O + 2822kJ$$

$$C_6H_{12}O_6 \xrightarrow{\text{无氧呼吸}} 2C_2H_5OH + 2CO_2 + 100kJ$$

生成的物质被面团中面筋包围,使制品体积膨大并形成海绵状网络组织。而发酵形成的酒精、有机酸、酯类、羰基化合物则使制品风味独特、营养丰富。

利用酵母作膨松剂,需要注意控制面团的发酵温度,温度过高(>35℃)时,乳酸菌大量繁殖,面团的酸度增加,而面团的pH值与其制品的容积密切相关,实验表明,面团pH值为5.5时,得到容积为最大的成品。

烘烤用酵母的种类及使用方法如下。

(1) 鲜酵母(浓缩酵母、压榨酵母) 鲜酵母是将优良酵母菌种经培养、繁殖后,将发酵液进行离心分离、压榨除去大部分水后,压成块状体。每克鲜酵母块约含酵母50~100亿个。新鲜品易腐败变质,需在低温0~4℃下保存。特点:使用方便,但不宜保存(0~4℃可保存2~3个月),使用时需活化。

(2) 干酵母(活性酵母) 由鲜酵母干燥而成,将鲜酵母挤压成小颗粒状体,以热空气进行干燥除去水分。使用前需活化,处理:加入30~40℃,4~5倍于干酵母的温水,溶解15~30min至表面起泡。保存期:20℃左右保存两个月。

(3) 液体酵母 未经高倍浓缩的酵母液,直接使用。液体酵母是酵母菌培养后的发酵液。制法如下:取小麦粉0.5kg,加开水1kg搅拌成浆糊状,加酵母液0.5kg,搅匀,取酒花50g、砂糖50g加于2.5kg水中,煮沸后过滤,冷却后注入淀粉浆内,搅匀,于25~28℃下培养24~30h。

(4) 速效干酵母 特点是溶解速度快,一般无需活化,可直接加入水中使用。

二、复合膨松剂的组成

复合膨松剂又称发酵粉、焙粉、泡打粉、发泡粉,是目前实际应用最多的膨松剂。复合膨松剂是由多种成分配合而成的,按具体食品生产需要而有所不同。一般由以下三种成分组成。

(1) 碳酸盐 用量占20%~40%,主要作用是产生气体。

(2) 酸性盐或有机酸　用量约占 35%～50%，作用是与碳酸盐反应，控制反应速度和膨松剂的作用，调整食品酸碱度。

酸性盐或有机酸，如磷酸氢钙、葡萄糖酸-δ-内酯、酒石酸，其主要作用是中碳酸盐的碱性，以免碳酸盐对食品产生不良影响。酸性盐还能控制碳酸盐产气速度，其解离出氢离子与碱性盐反应释放出 CO_2 气体，而氢离子解离速度与酸性盐之溶解度、温度有关。如在常温下，酒石酸钾、磷酸二氢钠等反应快，葡萄糖-δ-内酯反应较慢，而磷酸氢钙反应更慢，有的酸性盐只有在加热时才与碳酸氢钠起反应，这样就可以合理控制膨松剂的反应了。

(3) 助剂　有淀粉，脂肪酸等，作用是改善膨松剂保存性，防止吸潮失效，调节气体产生速率或使气泡均匀产生，助剂含量一般为 10%～40%。

在调配时，应注意酸性盐与碳酸氢钠等碱性盐的比例恰好反应完毕，避免中和后残留过剩的酸性盐或碱性盐。

三、膨松剂的复合方式

1. 氨系复合膨松剂

这种复配方式除能产生 CO_2 气体外，还会产生 NH_3 气体。

2. 单一剂式复合膨松剂

用碳酸盐和酸性盐或有机酸复配，$NaHCO_3$ 与酸性盐作用而产生 CO_2 气体。

$$NaHCO_3 + 酸性盐 \longrightarrow CO_2 \uparrow + 中性盐 + H_2O$$

碳酸氢钠单独使用时，因受热分解后呈强碱性，易使制品出现黄斑，且影响口味，需要复配使用。碳酸氢铵可单独使用，通常是与碳酸氢钠复配使用，两者复配用于食品的配方如下：

(1) 酥性饼干　碳酸氢铵 0.2%～0.3%，碳酸氢钠 0.5%～0.6%

(2) 韧性饼干　碳酸氢铵 0.35%～5.4%，碳酸氢钠 0.7%～0.8%

(3) 甜酥饼干 碳酸氢铵 0.15%～0.2%，碳酸氢钠 0.3%～0.4%。

(4) 酥性糕点 碳酸氢铵 0.2%～0.6%，碳酸氢钠 0.16%～0.45%。

3. 二剂式复合膨松剂

在上述第 2 步的基础上，再加上其他会产生 CO_2 气体的膨松剂原料（如酵母），进行复配，一起作用而产生 CO_2 气体。

不同的配方配制出来的膨松剂的功能特点是不同的，按产气的特点可以分为快速泡打粉、慢速泡打粉和双效泡打粉。快速泡打粉在焙烤前就已经开始作用了，但在焙烤时常常会出现后劲不足的问题，使产品塌陷；而慢速泡打粉在焙烤的时候，产品的组织开始凝固时才释放 CO_2，往往使产品的膨胀不充分，效果很差；现在市场上使用最多的是经复配的双效泡打粉，将快性和慢性的酸性盐适当配合，克服了上述两种泡打粉的缺陷，在加热前后都释放出气体，满足焙烤食品膨胀的要求。

酵母和复合膨松剂单独使用时，各有不足之处。酵母发酵时间较长，有时制得的成品海绵状结构过于细密、体积不够大；而复合膨松剂则正好相反，制作速度快、成品体积大，但组织结构疏松、口感较差。二者配合正好可以扬长避短，制得理想的产品。将酵母和复合膨松剂应用于包子、馒头的制作，可获得理想的效果。成品体积膨大、疏松、组织结构均匀、口感柔软、色泽洁白、有光泽，整个质量明显优于单一酵母或复合膨松剂所制产品。

4. 全能式复合膨松剂

例如，在前者的基础上，混入一定比例的乳化剂、氧化剂之类，甚至加入一定量的小麦粉后配成蛋糕预混合粉等。这已经演变成一个产品的解决方案了。

四、使用注意事项

（1）配制复合膨松剂时，应将各种原料成分充分干燥，要粉碎过筛，使颗粒细微，以便混合均匀。

（2）取碳酸盐与酸性物质混合时，碳酸盐使用量最好适当高于理论量，以防残留酸味。

（3）产品最好密闭储存于低温干燥处，以防分解失效。

（4）也可以把复合膨松剂中的酸性物质单独包装，不与其他成分混合，待使用时再将酸性物质和其他成分一起加入，这样在储存中不易分解失效，也易于调节 pH，但缺点是使用不便。

五、应用配方设计举例

复合膨松剂的应用配方设计，依具体食品生产需要而有所不同。通常依所用酸性物质的不同可有产气快、慢之别。例如其所用酸性物质为有机酸、磷酸氢钙等，产气反应较快；而使用硫酸铝钾、硫酸铝铵等，则反应较慢，通常适用在高温时发生作用。

杨健等研究不同的酸味剂与小苏打作用对面团 pH 的影响，从而反映出馒头制品膨松效果的变化。结果表明，当面团的 pH 在 6.40~6.60 时制出的馒头色泽自然、口感好、膨松度好。对应得出几种较好的酸味剂进行复配制成膨松剂，并与酵母对比做馒头可达到酵母效果。该膨松剂配方为 $NaHCO_3$：$KAl(SO_4)_2$：$C_7H_{10}O_6$：淀粉 = 35：18：33：14（质量比）。

董少华等对无铝油条膨松剂配方进行优化，通过正交实验，得出了无铝油条膨松剂的最佳配方，即小苏打+碳酸氢铵 2.5%，葡萄糖酸-δ-内酯 2.5%，酒石酸氢钾 1.2%，磷酸二氢钙 2.4%。实验表明，复合无铝膨松剂完全可以取代传统的膨松剂明矾。

高建华对非油炸甘薯脆片的工艺进行研究，研究了非油炸甘薯脆片加工过程中，薯团水分含量、食用油、淀粉添加量、薯片烘烤温度、膨松剂对甘薯脆片成品品质的影响。结果表明,薯团水分含量为49%~50%,油添加量为6%,薯团辊轧成型质量较好;添加5‰ NH_4HCO_3 或5‰的 NH_4HCO_3 与 $NaHCO_3$ 的复合膨松剂,于130℃烘烤9min,可获得水分含量3.5%,脂肪含量7.7%,色泽金黄,外观平整,松脆适中,有甘薯香味,无异味的甘薯脆片。

殷七荣研制脆香豆,研究了脆香豆加工过程中,淀粉、寒梅粉、低筋面粉的添加配方、膨松剂以及烘焙时在不同温度不同烘焙时间下对脆香豆成品品质的影响,结果表明:在脆香豆的加工过程中,添加3.5% NH_4HCO_3 和 $NaHCO_3$ 的复合膨松剂,于80~120~100℃范围内阶段式加热5min产品质量最好,成品水分可控制在含水量4%左右,色泽金黄、酥松、脆香、甜咸的脆香豆。

于新等对非油炸芋头脆片加工工艺进行研究,研究了非油炸芋头脆片加工过程中,原料的配比、面团水分含量、食用油、鸡蛋液、疏松剂等对芋头脆片成品品质的影响。结果表明:原料配比为7:3,面团含水量为32%,食用油添加量为5%,鸡蛋液添加量为6%, NH_4HCO_3、$NaHCO_3$ 的复合膨松剂添加量为0.7%,在180℃的烘烤5min,可获得水分含量4%,脂肪含量3.5%,色泽浅金黄,外观整齐,口感松脆,具有浓郁的芋头香味的脆片。

第六节 催化设计

催化设计通过酶制剂进行。

酶制剂是近年来普遍应用的面粉改良剂之一。生物酶加入小麦粉或制品中的作用相当大,它能显著改善面粉筋力,提高面粉品质。酶制剂作为生物大分子物质,属于生物制剂,只要适量使用,一般不考虑其毒性,其安全性比其他改良剂要高得多,因此酶制剂被称为绿色面粉改良剂,添加入面粉后,在蒸煮、焙烤过程中将失活,无残留,不会对人体健康造成威胁。酶本身是活性细胞产生的活性蛋白质,它的催化作用具有高度的专一性;酶的催化效率高,用量相当少，工业化生产经济合算；操作条件温和，因此在面粉行业中也广泛的应用。馒头、面包制作与酶的关系密切，许多年以前，人们就开始将从麦芽中提取的淀粉酶应用于品质改良。

一、常用的酶制剂

面粉中常用的酶制剂是 α-淀粉酶、木聚糖酶、葡萄糖氧化酶、脂肪氧化酶、葡萄糖氧化酶、半纤维素酶、蛋白酶、植酸酶，它们对面粉品质均有较好的改良作用。

(1) 淀粉酶　淀粉酶是能够分解淀粉糖苷键的一类酶的总称，包括 α-淀粉酶、真菌 α-淀粉酶、β-淀粉酶、糖化酶和异淀粉酶，常用的有 α-淀粉酶和糖化酶。

α-淀粉酶又称淀粉1,4-糊精酶，别名为液化型淀粉酶，能够切开淀粉链内部的 α-1,4-糖苷键，将淀粉水解单糖、低聚糖和糊精等长短不一的水解产物。在面包生产中添加 α-淀粉酶，使面包变得柔软，增强伸展性和保持气体的能力，容积增大，出炉后制成触感较好的面包，此外，由于 α-淀粉酶作用淀粉所生成的糊精，对改良面包外皮色泽已有较好的效果。

真菌 α-淀粉酶简称 FAA，来源于米曲霉，作为传统酶制剂，是第一个应用于面包制作的微生物酶。在面包中添加真菌 α-淀粉酶使面包变得柔软，增强伸展性和保持气体的能力，容积增大，出炉后制成触感良好的面包。真菌 α-淀粉酶作用淀粉产生的糊精，又对改良面包外皮色泽具有良好的效果。

糖化酶又称淀粉 α-1,4-糖苷酶，常用名为葡萄糖淀粉酶。它是一种外切酶，作用直链淀粉的产物几乎全部是葡萄糖，作用于支链淀粉后的产物有葡萄糖和带有 α-1,6-糖苷键的寡糖。此酶水解出来的葡萄糖能参加美拉德反应，使面包增加色泽和风味，同时也可以应用于冷冻面团中。

(2) 木聚糖酶　木聚糖酶是一种戊聚糖酶。在面粉中添加木聚糖酶，作用于面粉中的可溶性和不可溶性木聚糖酶，从而改善面筋网络的弹性和强度,能改进面团的机械强度和增加面包的体积,改进面包的色泽,改善面团的操作性能及面团的稳定性,增大成品体积,提高成品的质量。

(3) 葡萄糖氧化酶 葡萄糖氧化酶能将葡萄糖氧化成葡萄糖酶、水及氧,再氧化面筋中的硫氢基成二硫键,从而改善面团的机械搅拌特性,强化面筋网络,增加面团强度,增强弹性,对机械冲击有更好的承受力,在面包烘烤中使面团有良好的入炉急胀特性,改善面包体积,其作用类似氧化剂,但更安全,更高效。因此,葡萄糖氧化酶被认为有希望作为溴酸钾的替代品,溴酸钾已被证实可引起动物组织癌变。使用此酶注意不要过量添加,以免会引起面粉筋力过强,给制品加工引起负面影响。

(4) 脂肪氧化酶 又称不饱和脂肪酸氧化还原酶。脂肪氧化酶可通过偶合反应破坏胡萝卜的双键结构,从而起到漂白面粉,改善面粉色泽的作用。而脂肪氧化酶催化亚油酸生成的过氧化物,可改善面包的香气,为面包增香。由此可见,脂肪氧化酶兼具强筋和增白的功效,可减少或替代强筋剂溴酸钾及漂白剂过氧化苯甲酰的用量。

(5) 蛋白酶 蛋白酶是催化分解蛋白质肽键的一群酶的总称。面团中面筋蛋白经蛋白酶处理后,可改善其机械特性,和烘焙品质。蛋白酶可以水解面筋蛋白,切断蛋白分子肽键,弱化面筋,使面团变软。这在强筋麦时,效果较好,可降低面团的弹性,并提高其延伸性,从而改善了机械特性,同时与亚硫酸氢钠等用于弱化面筋的化学还原剂相比,蛋白酶作用专一性强,从而充分显示了生物酶制剂在作为面粉改良剂上的优势。

二、酶制剂的增效复配

复合型酶制剂的复配技术和配方是面粉改良剂研究的首要形式。尽管已知的酶有许多作用,但单一的酶往往是特异性的酶,其产品品质的提高往往是间接的。根据不同面粉的固有品质和各种酶的特性,将几种酶复合使用,会有比单独使用某一种酶更佳的效果,即所谓的协同增效作用。几种酶制剂混合使用往往有协同增效作用,起到"1+1>2"的效果,还可减少单一酶的使用量。

葡萄糖氧化酶与脂酶对面粉的协同改善效果非常理想,葡萄糖氧化酶解决了脂酶所达不到的强度,脂酶解决了葡萄糖氧化酶所达不到的延伸度。半纤维素酶和其他酶制剂混合使用有增效作用。α-淀粉酶和木聚糖酶一起使用能使面包的体积增加30%。木聚糖酶和纤维素酶同时使用能使细胞壁降解。

将木聚糖酶和真菌淀粉酶联用在面包中,可使总用酶量下降,而获得更大体积和更高评分的面包,又会避免产生发黏的问题。如果将木聚糖酶、真菌淀粉酶和脂肪酶联用,增效作用更好,可广泛用于通用粉中,使总用酶量下降,制品体积增大,组织结构细腻均匀,总评分大为提高。如果在上述三酶的基础上,增加麦芽糖淀粉酶,会大大提高制品的保鲜效果。葡萄糖氧化酶和真菌淀粉酶联用也能产生协同作用。常见的几种酶的组合方式及其作用见表6-7。

表6-7 常见几种酶的组合方式及其作用

编号	组合酶种类	作用
1	复合酶(真菌淀粉酶、脂肪酶、木聚糖酶、麦芽糖淀粉酶)	可使面团调理强筋,增白抗老化
2	复合酶(真菌淀粉酶、木聚糖酶、麦芽糖淀粉酶)	可使面团调理,抗老化
3	复合酶(真菌淀粉酶、脂肪酶、木聚糖酶)	可使面团调理强筋,增白
4	复合酶(真菌淀粉酶、木聚糖酶、葡萄糖氧化酶)	可使面团调理强筋

三、使用注意事项

(1) 由于酶制剂是高分子蛋白质,因此紫外线、X射线、强酸、强碱、重金属离子等均可破坏其结构而使其失去活性。因此,在实际使用过程中应选择该酶最适宜的温度、pH条件、底物浓度,并结合该酶作用时间等情况来确定酶的最佳用量。

(2) 使用酶制剂前,应除去抑制剂,避免使用铁、铜等产生重金属离子的器皿。反应后期,为控制酶促反应速度,可使用抑制剂。

(3) 酶制剂一般不存在毒性问题,但酶制剂在产品中不应使细菌总数超过该食品允许的微生物指标。

四、应用配方设计举例

张晓云等研究利用酶作为添加剂改善面包制作的品质,结果表明,黑曲霉发酵产生的α-淀粉酶(FAA)和葡萄糖氧化酶(GOD)在正常面包加工的条件下可促进面包发酵、提高面团筋力、增加成品面包的体积;两种酶的复合应用可产生协同增效作用,并可弥补葡萄糖氧化酶单一作用使面团延伸度下降的缺陷。

蒋晓玲通过探讨不同用量的活性小麦蛋白、真菌α-淀粉酶在面包烘焙品质以及面包储存过程中老化程度的影响,找出活性小麦蛋白、真菌α-淀粉酶单独作为面包改良剂的最佳添加量。再以这两者及魔芋精粉为原料,用正交实验法设计面包改良剂的配方。实验结果表明,2%活性小麦蛋白、0.0005%真菌α-淀粉酶、0.4%魔芋精粉为面包改良剂的最佳组合。

杜荣茂采用单因素试验和正交试验对延缓面包老化速度的一些添加剂进行了研究。试验表明,在面包制作中按面粉用量添加0.09%α-淀粉酶、1%脱脂大豆粉、2%黄原胶、0.3%单甘酯、0.1%丙二醇脂肪酸酯和0.1%三聚甘油单硬脂酸酯时,面包的老化得到了很大程度的控制,品质得到了保证。

于明等采用四因素三水平正交实验,研究复合改良剂对新疆面包专用粉加工品质的影响。结果表明维生素C、葡萄糖氧化酶、硬脂酰乳酸钠、戊聚糖酶4种品质改良剂复合后能显著提高面粉的各项粉质参数、拉伸参数及烘焙效果,最佳搭配比例为:维生素C 30mg/kg,葡萄糖氧化酶 30mg/kg,硬脂酰乳酸钠(SSL)45mg/kg,

戊聚糖酶 45mg/kg。

第七节
品质改良设计注意事项

一、时间的影响

食品有一个保质期，配方设计应考虑时间因素的影响；某些成分会随着时间而发生变化，应进行相应的处理。例如，泡泡糖配方中，甘油和葡萄糖浆占据一定的比例，让产品的质地柔软。这其中必须考虑葡萄糖浆中水分的挥发问题。成功的配方设计在保质期内始终保持质地柔软，而失败的配方设计经不起时间的考验，在保质期内水分蒸发，产品的质地变得板结，口感低劣。

二、原辅料的影响

配方设计中，很多问题是因为原辅料的配置问题，其实可以通过原料的取代解决。这需要有全局意识：
① 熟悉原料。
② 熟悉添加剂及其复配。
③ 熟悉供应商。同种的原料，尤其是食品添加剂，不同的供应商，其性能相差甚远。

三、工艺的影响

配方要由生产来实施，有些配方的设计需要特定的工艺来保证，不能因此而将很好的配方否定了。例如，液态奶配方中的乳化稳定剂的加入溶解，应注意防止形成团块。对应措施：胶体预先和糖干拌后加入配料罐；通过水粉混合器加入乳化稳定剂；采用高剪切乳化罐。

四、合法性问题

在食品中使用有毒有害的物质,这不仅是不道德的,而且是严重的违法行为。

溴酸钾作为焙烤工业面包蛋糕粉的品质改良剂,在欧美成功应用已有几十年的历史。作为一种慢速氧化剂,改善面团结构和流变性,增强筋力和弹性,使焙烤制品获得满意的结果。我国也较早地将溴酸钾作为面粉品质改良剂,列入 GB 2760 之中,使用卫生标准为 0.03g/kg。但规定焙烤后不得有残留。早期认为溴酸钾在焙烤后会完全分解,但是 20 世纪 80 年代日本和英国,经长期研究发现,溴酸钾在焙烤后有残留物,对动物有致癌毒性,食用后对人的肾脏有损害。根据溴酸钾危险性评估结果,卫生部 2005 年 7 月 1 日起,取消溴酸钾作为面粉处理剂在小麦粉中使用。全国各地开展了大量溴酸钾替代品的研究,主要用料为乳化剂和酶制剂,而且均取得了成效。

禁止在食品中采用工业原料。例如:①荧光粉,荧光粉是一种在紫外光照射下能激发荧光的有机化合物,它能提高物质的白度和光泽,其作用机理是,在物质中添加了荧光粉后,其荧光粉不仅可以反射可见光,还能吸收可见光以外的紫外光,并转变和反射出具有紫蓝色或青色的可见光,抵消了物质中的黄色,使物质显得洁白;②工业漂白剂类(氧化性),工业漂白剂类物质主要是指具有强烈氧化性,可以氧化有色物质,起到漂白效果;③吊白块,吊白块学名为次硫酸氢钠甲醛,是白色粉末;和亚硫酸类化合物如亚硫酸氢钠、亚硫酸钠等一样,大都是属于工业上常用还原性漂白剂。

食品的属性之一是安全性,食品添加剂的使用必须遵守 GB 7718 的用量和范围,严禁将工业原料用于食品中,以免造成严重后果。

第八节
设计结果评价

一、感官测试

凭借触觉来鉴别食品的膨、松、软、硬、弹性,以评价食品品质的优劣,也是常用的感官鉴别方法之一。在感官测定食品的硬度(稠度)时,要求温度应在 15~20℃ 之间,因为温度的升降会影响到食品状态的改变。针对具体的产品,评价的指标和术语有不同之处。例如,面包的感官评价,包括面包的硬度、脆度、组织细腻度以及面包弹性等指标。表 6-8 可供饮料口感评价分析时参考。

表 6-8 饮料口感术语的分类

种 类	响应值 (%总量)	典型词汇	具有此类特性的饮料	不具有此类特性的饮料
黏度相关词汇	30.7	稀薄的 浓稠的	水,凉水,热水 奶昔,热巧克力	杏仁露,奶昔 苏打水,香槟酒
稠度相关的词汇	10.2	厚重的 水的(稀薄的,味淡)	奶昔,蛋黄酱 肉汤,凉水,热水	水,柠檬水 牛奶,杏仁露
化学影响	7.3	收敛的 热烈的,强烈的 刺激的	热水,冰水,柠檬汁 威士忌,烈酒 李子汁,凤梨汁	水,牛奶,奶昔 牛奶,茶 水,热巧克力
温度相关	4.4	冷 凉爽 热	冰淇淋苏打,冰水 冰茶,水,牛奶 热茶,肉汤,威士忌	烈酒,热水 姜汁饮料 冷水,冰茶
湿度相关	1.3	湿的 干的	水 咖啡	酸奶,咖喱 水

二、简易测试

根据不同的产品,开动脑筋,可以找出一些简易的测试方法。据说,以前某果冻厂检查果冻密封效果,是将一件果冻从二楼上扔下去,然后下去清点有多少坏的,得出百分比,进行量化。这就是一种简易的方法。

根据不同的产品,有不同的指标。例如,评价口香糖的质量好坏需要分析:①拉伸率(越大越好);②变形(越小越好);③耐弯曲次数(越多越好)。这些都可以进行简易测试。

再例如,面条以下指标的测试是比较简易的。

① 固形物煮出率 20g 干面条放于 250mL 沸水的烧杯中,保持微沸状态煮 10min。捞出面条,用自来水冲洗 3 次,冲洗水并入面汤中。将面汤倒入 250mL 的量筒,烧杯用适量自来水冲洗,洗水倒入量筒。用自来水定容至 250mL 的刻度。静置 2h。冷却到室温后,记录沉淀层的体积为固形物的煮出率。

② 面条煮断率的测量 可分为无断面、2~4 根断面、5~10 根断面、10 根以上断面。

三、仪器测试

根据不同的设计要求,可选择不同的测试仪器,例如前面介绍的增稠、悬浮稳定测试采用黏度计,凝胶强度采用凝胶强度测定仪、食品流变仪等。这些测试都是针对产品质构的某个特定方面。配方设计不能全靠经验进行,那样有很大的盲目性,必须具备必要的理论指导和先进测试仪器的辅助。

对于有条件的企业而言,是采用质构仪对产品进行质构测定。质构仪比较贵重。采用质构仪进行测定和研究,主要是为了进行组织分析,与口感有关,改进产品,改变成分和产品匹配,即:

体质特性→模拟→经验测试→优化

以面包为例。面包的组织结构、内部性状直接影响口感，为了准确地反映面包的品质，在用质构仪评价时，我们从这几个主要指标给予评定：硬度、弹性、黏聚性、胶着性和咀嚼性。

① 硬度　样品达到一定变形时所必需的力。硬度值指第一次穿冲样品时的压力峰值。

② 弹性　变形样品在去除变形力后恢复变形前的条件下的高度或体积比率。它的量度是第二次穿冲的测量高度同第一次测得的高度的比值（长度2/长度1）。

③ 黏聚性　该值可模拟表示样品内部黏合力。它的量度是第二次穿冲的做功面积除以第一次的做功面积的商值（面积2/面积1）。

④ 胶着性　该值可模拟表示将半固体的样品破裂成吞咽时的稳定状态所需要的能量，等于胶着性乘以弹性。

经过实验可以确定：硬度值、胶着性、咀嚼性与面包品质成负相关。即这三个指标数值越大，面包吃起来就越硬，缺乏弹性、绵软、爽口的感觉；弹性值、黏性值与面包品质正相关，即数值越大，面包吃起来柔软又劲道、爽口不粘牙。

对馒头的评价，主要评价指标分别是：硬度值、弹性值、黏聚性、胶着性、咀嚼性。利用质构仪对面制品进行评价，其测试方法与面包的相同，这些指标和馒头品质的对应关系与面包相同。

对饼干的评价，口感的松脆是大多数饼干的主要指标。这就要求有适当的硬度，因为硬度太大，咀嚼费劲，不脆；硬度太小，产品不抗震，不利于产品的包装运输。将饼干固定在一定间距的两水平支持臂间，通过一刀刃型探头下压至试样破碎成两半为止。所测力值越大，其抗破碎能力就越强，饼干硬度就越大。

质构测定面对的是一些物体的自然性质和形态，可变性因素较多，为了测试准确，数据可用，我们必须保证相关因素的相对固定（温度、湿度、夹具探头等）。

第九节
设 计 举 例

一、果冻配方设计

果冻亦称啫喱，为大众食品，因外观晶莹，色泽鲜艳，口感软滑，清甜滋润而深受妇女儿童的喜爱。果冻不但外观可爱，同时也是一种低热能高膳食纤维的健康食品。

果冻是以水、食糖和食品胶等为原料，经溶胶、调配、灌装、杀菌、冷却等工序加工而成的胶冻食品。根据果冻的形态，分为凝胶果冻和可吸果冻。凝胶果冻呈凝胶状，脱离包装容器后，能基本保持原有的形态，组织柔软适中；可吸果冻呈半流体凝胶状，能够用吸管或吸嘴直接吸食，脱离包装容器后，呈不定形状。

果冻主要采用食品胶的胶凝作用，通过分子链的交互作用，形成三维网络，从而使水从流体变成能脱模的"固体"。凝胶中能包含的水分可高达99%之多。果冻的国家标准GB 19883—2005规定，可溶性固形物（以折光计）含量≥15.0%。也就是说，除此之外，绝大部分是食品胶所束缚住的水分了。因此说，果冻利润丰厚，加工简单；低附加值、低技术含量、高度同质化，没有技术和研发等天然屏障是这类产品的基本属性。

1. 果冻的生产

果冻实质就是将食品胶、白砂糖、色素、柠檬酸等原料在水中加热溶解、灌装、杀菌的过程。生产工艺流程为：

配料→化糖→溶胶→过滤→调配→灌装→封口→杀菌→冷却→风干→成品

生产操作要点：

① 配料　将各种原料按配方称量好。

② 化糖　将白砂糖倒入配料缸中，加水、加热溶解。

③ 溶胶　食品胶可用5～10倍的白砂糖拌和，加入配料缸中，搅拌溶解。

④ 过滤　原料要完全溶解至原料液澄清透明为止。若有浑浊，可采用200目绢网过滤。

⑤ 杀菌　原料液要在85℃保温30min，或在100℃保温20min，以进行杀菌。这一步可在过滤前后进行。

⑥ 调配　加入柠檬酸、甜蜜素、香精、色素，温度控制在70℃左右，搅拌均匀。

⑦ 灌装、封口　采用机器自动灌装封口。这是在整个生产过程中唯一必须采用设备的工序。

⑧ 杀菌　在70℃左右灭菌10min（或参照第5步的杀菌参数），冷却即为成品。整个生产过程中的杀菌工序的设置和生产过程中的卫生控制程度有关，主要是防止微生物污染，属于关键控制环节。

2. 果冻配方设计要素

（1）食品胶与用量　主要采用卡拉胶、魔芋胶、槐豆胶等为主，进行复配。

一般果冻的配方中都含有多种胶体，协同增效，从而形成完美的产品配方。κ-型卡拉胶与槐豆胶、魔芋胶之间存在明显的协同增效作用，它们在果冻生产中的应用十分广泛。单独使用卡拉胶只能获得脆性果冻，槐豆胶与卡拉胶复配后形成弹性果冻，魔芋胶可使析水量明显减少，凝胶强度增强。κ-型卡拉胶仅在钾离子存在时，才能形成凝胶，因此钾盐通常跟随κ-型卡拉胶同时出现在配方中。

复配胶的用量约为0.4%～0.8%，不宜超过1%。用量越大越不经济，需要重新进行设计。

（2）其他原料与用量　白砂糖的添加量通常为15%～18%，

因为果冻的可溶性固形物含量要求在 15％以上。然后调节甜酸比，根据口味调节酸味剂（柠檬酸，以及苹果酸）的添加量。

果汁型果冻，果汁的添加量不低于 15％。

果肉型果冻，天然水果碎块或天然果粒的添加量不低于 15％。

含乳型果冻，蛋白质要求为 1.0％以上。

(3) 香味　可选择果汁、果味、奶味、草莓、哈密瓜、芒果、水蜜桃、柠檬、椰香、香芋、香蕉等。

(4) 色泽　与香味协调，色彩绚丽。

大部分水果在果冻中都存在有不同程度的褪色和褐变现象，影响外观和货架期。尤其是颜色较深的品种，如草莓、葡萄等。

主要有三方面的因素：

① 加工时客观存在热褪色；

② 产品贮存过程中光照引起的光化学反应导致褪色；

③ 氧化褪色或褐变。

目前可以考虑的解决途径有：

① 尽量缩短加工时间；

② 利用透光性较差的乳白杯（或瓶）包装；

③ 利用高阻隔性材料制成杯和封口膜，减少杯体和封口膜的透气性。最近开发的 PP/EVA/EVOH/EVA/PP 或 PS/EVA/EVaH/EVA/PE 五层共挤高阻隔片材能显著减少氧气和二氧化碳的透过率，从而延缓果肉的氧化褪色和褐变中。

选用适当的护色剂，如某些螯合剂与微量金属离子螯合，从而延缓导致褐变、褪色发生的酶促反应；选用某些抗氧化剂能减弱氧化过程；选用某些寡糖类物质能有效地稳定水果中的色素，如草莓中的花青素，从而防止其脱色和变色。

(5) 营养价值　在配方设计中，不宜过分强调果冻的营养价值。作为休闲食品，果冻是在人类基本需求层级（当然包括对营养的需求）得到满足之后出现的辅助性产物。也就是说果冻的主要目标消费群的基本营养需求已经通过消费牛奶、水果等营养食品得到满足，在他们的心理认知中果冻被排除出营养食品之列。

3. 评价

主要按照国家标准 GB 19883—2005《果冻》来进行评价。

评价果冻质量的好坏，需要考虑果冻成品的弹性、脆性、持水性、透明度、口感等指标。采用感官检测和仪器检测相结合。要求透明度好；弹性好，凝冻强度适中，韧性好，抗收缩，析水少；口感清新滑爽，风味释放能力强。可吸果冻组织细腻、均匀，无明显絮状物；果冻中添加的果肉或其他食用固体原料应有正常的组织形态。

4. 相关配方设计举例

（1）低热量果冻　赵凯等以异麦芽低聚糖为主要原料进行低热量果冻的开发，用异麦芽低聚糖替代传统果冻中的砂糖，从而降低整个体系的能量。通过混料实验和正交实验确定最佳加工配方为：复配胶体（卡拉胶、魔芋胶和黄原胶的最佳成胶配比为 15：9：1）0.7%、氯化钾 0.08%、异麦芽低聚糖 7%、柠檬酸 0.1%。

（2）甜玉米营养果冻　缪铭利用黄原胶、卡拉胶、魔芋胶混溶后具有的协同增效作用，通过混料实验来确定最佳的复配胶比例为魔芋胶：黄原胶：卡拉胶＝20：13：1。同时，由一系列单因素和正交实验确定甜玉米果冻的最佳配方为复配胶 1.1%、甜玉米汁 16%、蔗糖 11%、柠檬酸 0.23%、氯化钾 0.08%、天然香精和柠檬酸钠适量。

（3）复合魔芋胶果冻　刘树兴等在测定了魔芋胶等多种单一胶的黏度及凝胶特性的基础上，探索了双胶、三胶及四胶复合后的凝胶性能，并通过正交试验，确定了复合胶的配方。研究结果表明：黄原胶及卡拉胶对魔芋胶有强烈的增效作用；魔芋胶及卡拉胶对产品的凝胶性能影响最大；最佳复合胶比例为：魔芋胶：黄原胶：卡拉胶：琼脂＝4：2：2：1。

（4）魔芋-卡拉胶果胶果冻　刘佩瑛等研制的配方（以 100kg 产品计）：魔芋精粉 0.3kg、κ-卡拉胶 0.3kg、白砂糖 10～12kg、原果汁 5kg、柠檬酸 15～30g、氯化钾 20～60g、香精和色素适量，加净水至 100kg。

(5) 蜂蜜果冻　周先汉等对以蜂蜜、柠檬酸和复合胶粉为原料制作果冻的工艺配方进行了研究。结果表明，当蜂蜜 30%、柠檬酸 0.25%、复合胶粉（黄原胶∶魔芋胶＝9∶1）1%～1.2% 时生产出的果冻具有天然蜂蜜的风味，口感良好。

(6) 银杏果冻　于新等研究了银杏果肉果冻的加工过程中，复合凝胶剂魔芋粉-琼脂-明胶的配比、凝胶剂的用量、柠檬酸与白砂糖的添加量、煮胶温度和时间对果冻产品品质的影响。结果表明：魔芋粉、琼脂、明胶的配比为 2∶3∶2，总用胶量为 0.7%，混合溶解后的胶溶液，在 75℃ 煮 10min，添加 12% 的白砂糖，调至 pH5，加入整粒绿色银杏种仁。灌装杀菌后倒置、强制水冷却至 28℃ 左右，翻转。银杏种仁悬在胶体中间，凝固后获得浅白色，透明，口感爽滑，酸甜可口的果冻。具有浓郁的银杏风味。

(7) 木耳蜂蜜果冻　邵敏等以木耳和蜂蜜为原料研制保健果冻，正交试验结果表明，产品的最佳配方为：蜂蜜 30%，凝胶剂总含量 1.2%（其中卡拉胶 0.6%、海藻酸钠 0.3%、黄原胶 0.3%），三聚磷酸钠 0.05%，柠檬酸 0.2%，山梨酸钾 0.05%，pH3.2 左右。

(8) 杜仲茶果冻　宗留香等以杜仲茶为原料并配以辅料，研究杜仲茶果冻制作，最佳配方为：杜仲茶 10%、卡拉胶 0.6%、CMC-Na 0.1%、蔗糖 8%、甜叶菊溶液 1.5%、柠檬酸 0.2%、柠檬酸钠 0.02%、草莓香精适量，其余为水。果冻呈天然色泽，产品感官性状良好。

(9) 绿茶果冻　程道梅对绿茶果冻加工中茶汁的添加量，胶凝剂和凝固剂的浓度及种类，糖酸比等工艺条件进行了研究，得到最佳配方为：果胶 0.4%、卡拉胶 0.325%、海藻酸钠 0.075%、蔗糖 11.5%、柠檬酸 0.325%、柠檬酸钾 0.05%、磷酸氢钙 0.02%、茶汁 30%。

(10) 山药保健果冻　宋照军等以山药为原料并配以辅料，研制出山药保健果冻。山药果冻的最佳配方为：蔗糖8%、山药糊35%、卡拉胶0.8%、柠檬酸0.17%、香精0.1%、山梨酸钾0.05%、乳酸钙0.1%。该产品营养价值高，感官性状良好，还具有一定的保健功能。

(11) 藕粉果冻　李向红等以藕粉为原料，研制藕粉果冻，最佳配方是：蔗糖15%，卡拉胶0.8%，柠檬酸0.20%，藕粉6%。

二、冰淇淋配方设计

冰淇淋是以牛奶或乳制品、蔗糖为主要原料，并加入蛋或蛋制品、乳化剂、稳定剂、香料等原料，经混合、杀菌、均质、老化、凝冻、成型、硬化等加工过程制成的松软可口的冷冻食品。天然的甜、冰凉的触感、美妙的外观，冰淇淋的诱惑是一种近似于原始的味觉享受。

冰淇淋的营养价值高，脂肪含量在6%~12%（有的品种可达16%以上），蛋白质含量为3%~4%，蔗糖含量为14%~18%（水果冰淇淋的含糖量高达27%），且含有维生素A、B、D等，其发热值可达8J/g。因此，冰淇淋是一类营养丰富的消暑冷饮食品。

冰淇淋是一种冻结的乳制品，其物理结构是一个复杂的物理化学系统，空气泡分散于连续的带有冰晶的液态中，这个液态包含有脂肪微粒、乳蛋白质、不溶性盐、乳糖晶体、胶体态稳定剂和蔗糖、乳糖、可溶性的盐，如此有气相、液相和固相组成的三相系统，可视为含有40%~50%（体积）空气的部分凝冻的泡沫。这种泡沫结构的稳定性以及溶化特性、冰晶的大小与分布对冰淇淋的品质很重要。

1. 配方设计的主要依据

(1) 产品档次　冰淇淋的品种繁多，按组成分类有：①高级奶油冰淇淋，脂肪含量在14%~16%，总干物质含量在38%~42%；②奶油冰淇淋，脂肪在10%~12%，总干物质在34%~38%；

③牛奶冰淇淋,脂肪在5%~8%,总干物质在32%~34%。

以上每一种冰淇淋中又可分为奶油的、香草的、各种水果的、鸡蛋的以及夹心的等。按所用原料和辅料,又可分为香料、水果、果仁、浓羹、布丁、酸味以及外涂巧克力冰淇淋等。此外,也可按形状分类,如蛋卷、砖状冰淇淋等。

(2) 产品标准 冰淇淋的国家行业标准SB/T 10013—99中对总固形物、脂肪蛋白质、膨胀率的规定见表6-9。

表6-9 SB/T 10013—99《冰淇淋》的规定

项目	指标							
	清型			混合型			组合型		
	全乳脂	半乳脂	植脂	全乳脂	半乳脂	植脂	全乳脂	半乳脂	植脂
总固形物/% ≥	30			30			30		
脂肪/% ≥	8	6		8	5		8	6	
蛋白质/% ≥	2.5			2.2			2.5	2.2	
膨胀率/%	80~120	60~140	≤140	≥50			—		

(3) 消费者嗜好

2. 原料选择与用量设计

冰淇淋的成分可通过下列各种原料进行调配,并且掌握好各种原料的成分和性能,按照产品的质量标准,计算好原料的数量和比例,进行合理地使用。

(1) 乳脂肪 乳脂肪的来源有纯奶油、奶油、精炼植物油等。

乳脂肪能赋予冰淇淋特有的芳香风味、组织润滑、良好的质构及保型性,给冰淇淋以可口滋味,同时也是提供热量的来源。如果脂肪含量少,冰淇淋的口感不丰厚。冰淇淋混合料中的乳脂肪要进行均质处理,这样可以提高乳化效果,增加料液的黏度,也有利于凝冻搅拌时增加膨胀率。冰淇淋中的脂肪数量和质量与成品的品质有很大的关系。通常乳脂肪愈多品质亦愈佳。但在冰淇淋原料中乳脂肪为最贵的成分,其使用量受限制。单纯减少冰淇淋配料中的脂肪含量会给产品风味、质构和口感特性等带来一系列的变化。随着人们健康意识的增强,低脂或无脂食品应运而生,脂肪替代品正是顺应这一要求而发展起来的。在我国和世界上许多国家使用了相当量的植物脂肪来取代乳脂肪,主要有人造奶油、氢化油、棕榈油、椰子油等,其熔点性质应类似于乳脂肪,在 28～32℃ 之间。用量参考表 6-9。

(2) 非脂固体　非脂乳固体可以由液奶、炼乳、脱脂乳、乳清粉提供。

非脂乳固体是牛乳总固形物除去脂肪而所剩余的蛋白质、乳糖及矿物质的总称,其中蛋白质具有水合作用性质,在均质过程中它与乳化剂一同在生成的小脂肪球表面形成稳定的薄膜,确保油脂在水中的乳化稳定性,同时在凝冻过程中促使空气很好地混入。并能防止制品中冰结晶的扩大,使质地润滑,体现乳糖的柔和甜味及矿物质的隐约盐味,将赋予制品显著风味特征。非脂肪乳固形物含量愈高,其膨胀率也愈高。

非脂乳固体也不可过高或太低,一般含量在 8%～10% 为宜。含量过高时,会影响乳脂肪的风味而产生轻微的咸味,长时间储藏后会出现砂砾状的组织结构的缺陷;含量过少时,产品的组织松懈,易收缩,形态缺乏稳定性。所以,要合理地控制混合配料中非脂乳固体的含量。

(3) 糖类　糖类可使用蔗糖、果葡糖浆、淀粉糖浆、葡萄糖等。

最常用的为蔗糖,蔗糖不仅给予制品以甜味,而且能使制品组织细腻,是优质价廉的甜味料。蔗糖的用量可以使冰淇淋混合料的冻结点下降,使混合料不至于在冷冻机内结成固体。鉴于淀粉糖浆的抗结晶作用、甜味柔和,国外常以淀粉糖浆部分代替蔗糖,目前国内冰淇淋生产厂家也广为使用,由于多用淀粉糖浆,其冻结点将比蔗糖低,因此不宜用量太多,一般以代替蔗糖的 1/4 为好。蔗糖与淀粉糖浆两者并用时,冰淇淋的组织将更佳,且有防止贮运过程中品质降低的优点。

制作冰淇淋的糖主要是蔗糖，或采用由玉米糖浆制得的右旋糖，或是右旋糖和果糖的混合糖。为了改进风味，增加品种或降低成本，很多甜味料如蜂蜜、糖精、甜蜜素、蛋白糖、甜菊糖、阿期巴甜等被配合使用。

配料的冰点是影响冰淇淋抗融性最重要的因素之一。一般情况下配料冰点在 -1～-1.2℃时，冰淇淋是比较抗化的，且柔软度也比较适中。含 15％白砂糖的冰淇淋配料其冰点是 -1℃。蔗糖的用量一般为 12％～16％，若低于 12％则制品的甜味不足；糖的含量过高，凝冻时膨胀率低，容易产生冰晶、发黏，产品缺乏清凉感。大多数含果汁的或果实冰淇淋因含有酸味而减弱甜味，因此有酌情增加甜味料的必要，对于添有可可或甜汁等含苦味强的制品则宜比一般冰淇淋增加 2％～3％的蔗糖。

(4) 乳化剂　蛋黄是良好的天然乳化剂，因它含有卵磷脂。乳化剂是一种分子中具有亲水基和亲油基的物质，它可介于油和水的中间，使一方很好地分散于另一方的中间而形成稳定的乳化液，冰淇淋的成分复杂，其混合料中加入乳化剂除了有乳化作用外，还有其他作用，可归纳为：①使脂肪球呈微细乳浊状态，并使之稳定化；②分散脂肪球以外的粒子并使之稳定化；③增加室温下冰淇淋的耐热性；④减少储藏中制品的变化；⑤防止或控制粗大冰晶形成，使冰淇淋组织细腻。冰淇淋中常用的乳化剂有甘油酸酯（单甘酯）、蔗糖脂肪酯（蔗糖酯）、聚山梨酸酯（吐温）、山梨糖醇酐脂肪酸酯（斯潘）、丙二醇脂肪酸酯（PG 酯）、卵磷脂、大豆磷脂等。

乳化剂的添加量与冰淇淋混合料中脂肪含量有关，一般随脂肪含量增加而增加，其范围在 0.1％～0.5％之间，同样复合乳化剂的性能优于单一乳化剂。

(5) 稳定剂　采用食品胶，较为常用的有明胶、CMC、瓜尔胶、黄原胶、卡拉胶、海藻胶、魔芋胶、变性淀粉等，淀粉一般用于等级较低的冰淇淋中。

稳定剂具有亲水性，即能与水结合，因此能提高冰淇淋的黏度和膨胀率,防止冰结晶的产生,减少粗糙的感觉,而使产品组织轻滑。且其吸水力强,可以形成网络骨架,具有保型功效,因此对产品融化的抵抗力亦强,使冰淇淋不易融化,是影响冰淇淋抗融性最重要的因素之一,在冰淇淋生产中能起到改善组织状态的作用。

选用稳定剂时应考虑下列几点:①易溶于水或混合料;②能赋予混合料良好的黏性及起泡性;③能赋予冰淇淋良好的组织及质地;④能改善冰淇淋的保型性;⑤具有防止结晶扩大的效力。

稳定剂的添加量是依冰淇淋的成分组成而变化,尤其是依总固形物含量而异,一般在 0.1%~0.5%左右。

(6) 总固形物 总固形物即为上述原料的合计,系影响冰淇淋品质、膨胀率等的主要因素。固形物高者,一般能增大膨胀率,增加收量,组织将变润滑,品质亦将提高,且有减少凝冻及硬化所需热量的优点。但固形物过高,混合料黏性增大而使质地劣化,同时亦增加成本,一般固形物以 25%~40%为宜。

(7) 香料和色素 香料使用较多的是香兰素、草莓、巧克力、咖啡、各种果汁等。添加色素可使冰淇淋的外观鲜艳,增进食欲。但是色素的使用必须和冰淇淋的名称、香味相吻合。如柠檬冰淇淋应加柠檬黄色。

3. 生产工艺条件的影响

要达到规定的冰淇淋质量标准及物理结构,不仅需要对冰淇淋混合料的组成(配方与原辅料质量)进行分析研究,还需要对生产工艺条件进行分析研究。

冰淇淋的制造过程可分为前、后两个工序,在前一部分主要是配料、均质、杀菌、冷却与成熟。后一部分主要是冰冻凝结、成型和硬化。其加工工艺流程如下:

原料混合→过滤→杀菌→均质→冷却→添加香料→老化→凝冻→充填→硬化→包装→储藏

(1) 混合基料的配制 混合料的配制首先应根据配方比例将各种原料称量好,然后在配料缸内进行配制。混合顺序是从浓度、黏度低的原料开始，依次加入配料缸里，首先是水、牛乳等原始料，其次是脱脂乳、炼乳等液体原料，再次是砂糖、乳粉、乳化剂、稳定剂等固体原料。最后以水、牛乳等作容量调整。混合溶解时的温度通常为 40～50℃。

白砂糖先加水、加热溶解、制成 65%～70% 的糖浆、过滤。乳粉先加水溶解，均质一次。奶油或氢化油可先加热融化。乳化稳定剂可与其 5 倍以上的砂糖拌匀后，在不断搅拌的情况下加入到混合缸中，使其充分溶解和分散。待各种配料加好后，充分搅拌均匀。

香料在混合料杀菌、均质、冷却后或凝冻前加入为宜。

(2) 杀菌　混合料的杀菌可采用 75～78℃、保温 15min。在不影响冰淇淋质量的条件下，也可用 75～76℃、保温 20～30min。连续杀菌（高温瞬时杀菌）温度是 83～85℃，时间 15～25s。除了温度高一些，所有低温杀菌设备大多与用于牛奶的低温杀菌设备相同。杀菌要达到杀死病原菌、细菌、霉菌和酵母等作用，以保证混合料中的杂菌每毫升低于 50 个。

混合料的酸度及所采用的杀菌方法，对产品的风味有直接影响。混合料的酸度应在 0.18%～0.2%，不得超过 0.25%，否则杀菌时会出现凝固。酸度过高时可用小苏打或碱中和，但中和过度会有涩味。

(3) 均质　杀菌之后料温在 63～65℃ 间，采用均质机以 15～18MPa 压力均质。

目前较多使用的是双级高压均质机即由两级均质阀和三柱塞往复泵组成。冰淇淋混合料通过第一级均质阀（高压阀）使脂肪球粉碎达到 1～2μm，再通过第二级均质阀（低压阀）以达到分散的作用，从而保证冰淇淋物理结构中脂肪球达到规定的尺寸，使组织细腻润滑。均质后混合料冷却到 4.4℃。

(4) 老化　老化是将混合料在 2～4℃ 的低温下冷藏一定时间，称为"成熟"或"熟化"。老化目的是使蛋白质、脂肪凝结物、稳定剂等物料充分地水合溶胀，提高黏度，使混合料的起泡性良好，有利于提高凝冻搅拌时膨胀率和缩短凝冻时间,改善冰淇淋的组织结构状态。在老化过程中主要发生了如下的变化:①干物料的完全水合作用;②脂肪的结晶;③脂肪球表面蛋白质的解吸。这一系列的变化可使搅拌加快,以期在冷冻机内获得所希望的增量,使冰淇淋的组织更丰润,溶化速度更慢一些。

老化时间一般需要 4～24h,近年来由于乳化剂、稳定剂性能的提高,老化时间大为缩短,一般仅用 3～5h 即可完成。研究发现,随着温度的降低,老化时间可以缩短。在 0～1℃ 时老化时间只要 2h,在 2～4℃ 时为 4h,当温度高于 6℃ 时,则老化时间再长也不能有满意的效果。老化时容器要加盖防尘,防止细菌和异味的进入。

(5) 凝冻　凝冻是将老化后的混合基料通过冰淇淋机的强烈搅拌,混入空气和凝冻,使产品凝固成半固体状态,并获得组织细腻滑润、形体良好、膨胀率高的冰淇淋产品。

凝冻过程是将混合料在强制搅拌下进行冰冻,结果发生两方面的变化:①使空气以极微小的气泡状态均匀分布于全部混合料中,冰淇淋一般含有 50%(体积)的空气,由于转动的搅拌器的机械作用,空气被分散成小的空气泡,其典型的直径为 $50\mu m$。②使水分中有一部分(20%～40%)呈微细的冰结晶,这取决于产品的类型。

凝冻过程中一边压入一定的空气,一边强烈搅拌,使空气以及微小的气泡状态均匀地分布于全部混料中,不仅增加了冰淇淋的容积,而且可改善制品的组织状态。没有混入空气的冰淇淋,其制品坚硬而没有味道。空气混入过多,虽然会增大冰淇淋的容积,但制品的口感和组织状态会变得不好。像这种将混合基料凝冻、搅拌、混入空气而使冰淇淋的体积增加的现象称为增容。冰淇淋增容膨胀的大小用膨胀率来表示。冰淇淋的膨胀率是指冰淇淋体积增加的百分率:

膨胀率(%)=100×(冰淇淋的容积-混合料的容积)/混合料的容积

奶油冰淇淋的适宜膨胀率为 90%～100%，果味冰淇淋为 60%～70%，一般膨胀率以混合原料干物质的 2～2.5 倍为宜。影响膨胀率的因素有：乳脂肪含量、非脂乳固体含量、糖分、稳定剂、乳化剂、混合原料的处理、混合原料的凝冻。脂肪在 10% 以下时，制品随脂肪含量的增加而膨胀率增大。无脂固体物在 8%～10% 时冰淇淋的膨胀率较好。砂糖含量在 13%～14% 时较合适。明胶等稳定剂过多会使黏度增大而降低膨胀率。

冰淇淋的组织状态和所含冰结晶的大小有关，只有迅速冻结，冰结晶才会变得细小。连续式冰淇淋机可使混合料中的水分形成 5～10μm 的结晶，使产品质地滑润，无颗粒感。这要求冰淇淋机的出口温度应以 -6～-3℃ 为宜。细小冰结晶的形成还和搅拌强度、混合基料本身的温度与黏度有关。成熟后送入冰淇淋机的混合料温度应在 2～3℃ 较好。

如果在凝冻过程中出现凝冻时间过短的现象，这主要是由冰淇淋机的冷冻温度或混合基料的温度过低所至。这会造成冰淇淋中混入的空气量过少，气泡不均匀，产品组织坚硬、厚重，保形不好。反之，如果凝冻时间过长，是由于冰淇淋机的冰冻温度和混合料的温度过高，以及非脂固体物含量过高引起的。其结果致使混入的气泡消失，乳脂肪凝结成小颗粒，产品的组织不良，口感差。

通常凝冻温度是 -2～-4℃，间歇式凝冻机凝冻时间为 15～20min，冰淇淋的出料温度一般在 -3～-5℃，连续凝冻机进出料是连续的，冰淇淋出料温度为 -5～-6℃ 左右，连续凝冻必须经常检查膨胀率，从而控制恰当的进出量以及混入之空气。

冰淇淋混合原料的凝冻温度与含糖量有关，而与其他成分关系不大。在降低冰淇淋温度时，每降低 1℃，其硬化所需的持续时间就可缩短 10%～20%。但凝冻温度不得低于 -6℃，因为温度太低会造成冰淇淋不易从凝冻机内放出。

（6）成型和硬化　凝冻后的冰淇淋（-3～-5℃）经充填、包装后，必须进行一定时间的低温（-23℃）冷冻过程，以固定冰淇淋的组织状态，并使制品中的水分形成极细小冰结晶，保持产品具有一定的松软和硬度,以便保证冰淇淋的质量,便于销售与储藏运输,这一过程称为冰淇淋的硬化。

凝冻后的冰淇淋不经硬化者为软质冰淇淋,若灌入容器后再经硬化,则成为硬质冰淇淋。前者多由商店现制现售,后者产量较大。

速冻、硬化可采用速冻库(-23~-25℃)或速冻隧道(-35~-40℃)。一般硬化时间在速冻库内为10~12h,若是采用速冻隧道时间将短得多,只需30~50min。硬化迅速,则冰淇淋融化少,组织中冰结晶细,成品细腻润滑;若硬化迟缓,则部分冰淇淋融化,冰的结晶粗而多,成品组织粗糙,品质低劣。影响硬化的条件有包装容器的形状与大小、速冻室的温度与空气的循环状态、室内制品的位置以及冰淇淋的组成成分和膨胀率等因素。储藏硬化后的冰淇淋产品,在销售前应保存在低温冷藏库中,库温为-20℃。

4. 配方举例

(1) 奶味冰淇淋 全脂奶粉20kg、白砂糖12kg、蛋黄1.8kg、水65kg、淀粉(生粉)1.4kg,共计100kg(其中:脂肪10.9%、稳定剂0.2%、非脂肪固体14.2%、乳化剂0.3%、甜味调料12%、总固体物质33.6%)。

(2) 奶味冰淇淋 鲜牛奶27kg、鸡蛋3kg、全脂奶粉3kg、水10kg、白砂糖7kg、香兰素微量、生粉或明胶0.2~0.3kg,共计50kg。

(3) 巧克力冰淇淋 可可粉0.8kg、鸡蛋0.6kg、白砂糖4kg、香兰素微量、奶油2.4kg、水12kg、生粉或明胶0.8kg,共计约20kg。

5. 相关配方设计举例

(1) 冰淇淋复合乳化稳定剂 李宏梁等通过对不同溶液表观黏度的测定,研究了冰淇淋用原辅料的流变特性,表明了混合料黏度是控制冰淇淋质量的重要参考指标，并通过对不同复合乳化稳定剂配方所生产的冰淇淋样品的品质检验，发现在主要成分保持一致（含脂量10%，非脂乳固体含量10%，糖含量15%）的情况下，改变乳化稳定剂的配方，可得到不同的产品特点，其中最佳复合乳化稳定剂的配方为：瓜尔胶0.2%、CMC 0.1%、蒸馏单甘酯0.1%、蔗糖酯0.1%。

(2) 活性乳酸菌的酸奶软冰淇淋　刘梅森等对酸奶软冰淇淋粉的酸味物质和甜味物质、酸甜比例、复合乳化剂稳定剂以及粉水比例进行了选择，确定了酸奶软冰淇淋粉的基本配方：糖45%、酸奶粉30%、奶粉15%、植脂末10%、黄原胶0.4%、瓜儿豆胶0.2%、PGA 0.6%，在此基础上来选择酸奶软冰淇淋粉的乳化剂。

(3) 酸奶软冰淇淋粉　刘梅森等通过正交试验对酸奶软冰淇淋粉中的各主要原料以及基础配方进行了筛选。基础配方以奶粉、酸奶粉、植脂末、乳酸粉的质量分数为因素进行正交试验，结果表明这四因素最佳组合的质量分数是奶粉42%，砂糖48%，植脂末4%，乳酸粉3%。稳定剂的正交试验表明，瓜尔胶的作用明显强于CMC，优选组合为CMC添加量0.6%，瓜尔胶的添加量0.8%。复合乳化剂的最佳用量是1.2%。

(4) 酸奶冰淇淋　侯振建等对酸奶冰淇淋的配方和具体工艺条件进行了研究，着重探讨了酸奶的生产工艺、酸奶的加入量、添加顺序、稳定剂等对冰淇淋质量的影响。即酸奶加入20%，于均质前加入，在40℃均质，稳定剂选用黄原胶0.025%、刺槐豆胶0.025%、耐酸CMC 0.035%、瓜尔豆胶0.12%、蔗糖酯0.15%、单甘酯0.1%。

(5) 低脂低糖酸奶冰淇淋　杨劲松等研究了以酸奶、脱脂奶粉为主要原料，配以多种辅料，添加适量甘油代替一部分蔗糖制作低脂低糖酸奶冰淇淋的生产工艺。选出最佳工艺配方为脱脂奶粉10%、酸奶20%、奶油4%、蔗糖7.5%、蛋黄7.5%、CMC 0.25%、单甘酯0.25%、甘油5%。

(6) 低能量保健冰淇淋　段善海等研究低热量保健冰淇淋的开

发,采用低聚乳果糖与山梨醇配比替代蔗糖,葡聚糖替代脂肪,并通过一系列正交实验确定冰淇淋复合稳定剂的最佳配比和低能量保健冰淇淋的最佳配方:复合乳化稳定剂最佳配比为瓜尔豆胶:卡拉胶:CMC:单甘酯=5:1:2:4;低聚乳果糖与山梨醇配比为10%:1%,葡聚糖为4%,复合稳定剂为0.35%,磷酸化酪朊酸钠为0.4%。

(7) 发酵黑小麦冰淇淋　赵玉巧等以黑小麦为原料,对发酵黑小麦冰淇淋加工中的麦汁糖化、乳酸菌驯化、发酵、稳定剂配方和生产工艺进行了探讨,经实验确定黑小麦酸奶在发酵温度为37℃时,发酵所需时间为6h。发酵黑小麦冰淇淋稳定剂的组成为0.4%耐酸CMC、0.8%的黄原胶、0.8%的瓜尔豆胶,该产品乳酸菌数为5.2×10^6 CFU/mL,具有良好的膨化率和抗融性。

(8) 杏仁冰淇淋　鄂卫峰以杏仁为主要原料之一,研究了制作冰淇淋的生产工艺及技术要点。通过正交试验最终确定了杏仁冰淇淋的最佳配方:杏仁乳10%,蔗糖14%,淀粉糖浆8%,人造奶油6%,瓜尔豆胶0.15%,黄原胶0.05%,CMC 0.1%,单甘酯0.15%,以此得到营养价值高、风味独特的冰淇淋。

(9) 银杏冰淇淋　徐群英通过正交实验和极差分析,确定银杏冰淇淋的配方为:人造奶油8%,脱脂奶粉8%,白砂糖12%,银杏10%,明胶0.35%,CMC 0.15%,单甘酯0.2%,水分61.3%。

(10) 营养型甜玉米冰淇淋　张海华等对营养型甜玉米冰淇淋的配方设计进行研究,用低热量甜味剂低聚果糖代替蔗糖,用葡聚糖代替脂肪,用甜玉米强化营养,研制出低糖低脂新型保健冰淇淋,并通过一系列正交试验,确定冰淇淋复合稳定剂的最佳配比和甜玉米冰淇淋的最佳配方为瓜尔豆胶:黄原胶:CMC:单甘酯=4:3:2:4、低聚果糖11%、葡聚糖5%、甜玉米液14%、复合稳定剂0.4%。

(11) 凝胶珠冰淇淋　汪建明等研究了以海藻酸钠和明胶为主要原料,制作凝胶彩珠颗粒的工艺及其在冰淇淋中的应用。实验确定的珠形凝胶粒的最佳制作配方为：原料海藻酸钠 1.5%，明胶 1.0%，固化液氯化钙浓度 7.5%。最佳造粒条件为：固化时间 6min，溶胶温度 50℃，油层厚度 15mm，实验制得的彩珠凝胶颗粒可应用于冰淇淋制造。

（12）葛根淀粉冰淇淋　周先汉等以葛根淀粉为主要辅料，开发冰淇淋产品，结果表明：主配方奶油为 8%、奶粉为 4%、葛根淀粉为 3%，复合乳化稳定剂配方 CMC 为 0.2%、明胶为 0.3%、单甘酯为 0.2% 时，可生产出色泽乳白、组织细腻、口感柔和清爽的冰淇淋产品。

（13）营养麦胚胡萝卜冰淇淋　梁敏通过正交实验和极差分析得知，影响冰淇淋膨胀率因子的主次顺序为明胶＞CMC＞单甘酯，影响冰淇淋融化率因子的主次顺序为明胶＞单甘酯＞CMC。以小麦胚芽和胡萝卜为原料，先制取麦胚乳和胡萝卜汁，再按麦胚乳∶胡萝卜汁∶人造奶油∶脱脂奶粉∶白砂糖∶复合乳化稳定剂∶水＝6∶12∶8∶8∶12∶0.50∶53.55 的比例进行调配，得到营养丰富、风味独特、并有一定营养保健功能的麦胚胡萝卜冰淇淋新产品。

三、植物蛋白饮料配方设计

植物蛋白饮料是以大豆、花生、核桃、山杏仁、绿豆、椰子、芝麻等植物性原料，经磨浆、浸提、过滤、均质等工序，调配制成的蛋白饮品。

植物蛋白饮料的品种较多，按原料来分主要有豆奶类饮料、核桃奶、花生奶、椰奶（汁）、杏仁露等。

1. 产品特点

植物蛋白饮料的特点是客观不稳定的分散体系。其中存在：①蛋白质及果肉、纤维素等微粒形成的悬浮液；②"脂肪＋水＋乳化剂"的乳状液；③以糖类、盐类形成的真溶液。

易出现的质量问题：①油层上浮（环斑现象）——油水分离；

②絮凝——蛋白质部分聚集，可逆；③凝结——蛋白质沉淀，油滴聚集，不可逆。

解决方法：添加适量乳化剂、增稠剂保持稳定。

2. 生产工艺条件的影响

植物蛋白饮料的配方设计必须结合生产工艺进行。下面以豆奶为例进行介绍。

豆奶是一种含有易被人体吸收的优质植物蛋白质、植物脂肪、维生素和无机盐的植物蛋白饮料，其价格低廉、饮用方便、营养价值可与牛奶相媲美。人们经常饮用豆奶，具有防止血管硬化、减少褐斑和预防老年病的作用，可以把豆奶视为一种保健饮料。生产豆奶饮料具有广阔的发展前景。其生产工艺如下：

挑选原料（大豆去杂）→脱皮→浸泡→热烫漂洗→热磨提取→分离→热处理与脱臭→高压均质→包装→杀菌→成品

工艺要点及其影响：

① 去杂质　要求大豆颗粒饱满，大小均匀，无冻干瘪米，无霉烂、变质和虫蛀现象，色泽、气味正常，除去大豆中的霉烂豆粒以及石块杂质等。

② 脱皮　脱皮大豆制作的豆奶色泽和风味均佳。如果企业条件有限，也可以不进行脱皮，直接进行浸泡处理，一样可以生产豆奶。准备脱皮的大豆含水量要低于12%，以保证脱皮率在90%以上。当大豆含水量超过12%时，应将大豆置于105~110℃干燥机中进行干燥处理，待冷却后再进行脱皮。大豆脱皮可采用齿轮磨，调节间距以使大多数大豆可分成两瓣而不会将大豆子叶粉碎为度，然后以鼓风装置将豆皮吹出。

③ 浸泡　将脱皮后的大豆进行清洗，然后加入3倍重量的水浸泡（水豆比例为3∶1）。浸泡时间视水温而定，水温10℃以下，浸泡10~12h；水温10~25℃，一般浸泡6~10h；也可采用对浸泡水加热的办法来缩短浸泡时间，但水温不可超过60℃。浸泡水中可加入适量的碳酸氢钠（比例0.5%），也以缩短浸泡时间，并

能较好地脱除大豆中的色素，增加豆奶的乳白度，提高均质效果，还有助于除去低聚糖和加速蛋白酶抑制因子钝化，改善豆奶风味。经浸泡软化后的大豆易于碾碎，有利于可溶性营养物质的溶出。浸泡后大豆的重量约为原重 2.2 倍。

④ 热烫漂洗　将浸泡后的大豆用沸水或蒸气进行热烫，以便钝化脂肪氧化酶，减少豆腥味，热烫温度 95～110℃，2～5min，以保证蛋白质不变性，提高提取率。据研究，豆腥味是因大豆中含有脂肪氧化酶，致使脂肪氧化而产生，只要采用高温钝化脂肪氧化酶就可避免。在钝化处理过程中应注意钝化的温度和处理的时间，防止蛋白质热变性。另外去除豆腥味也可用热磨法，在磨豆浆时保持浆料在 80℃以上 10min，即可去除豆腥味。

⑤ 热磨提取、分离　采用 80℃以上热水，其中添加 0.25％的碳酸氢钠，按大豆∶水为 1∶7 比例进行磨浆（分离网筛为 120 目，使浆液和豆渣分离），控制水温 100℃左右。豆浆再经胶体磨精磨，使微粒在 4μm 左右即可。

⑥ 调配　精磨后的豆浆按配方加入其他辅料。

⑦ 热处理与脱臭　豆浆经高温杀菌脱臭机，采用 100～110℃的瞬时杀菌可杀灭致病菌和腐败菌，破坏不良因子，钝化脂肪氧化酶和脲酶等成分，达到除去豆奶腥异味的效果。

⑧ 高压均质　在 70～80℃、15～25MPa 的压力下，对物料进行均质，可使豆浆均匀一致不分层、口感细腻、光滑，提高产品的稳定性。

⑨ 包装　将豆浆在 80～100℃的条件下进行煮浆，然后装瓶，压盖，加热杀菌。加热杀菌的目的是为了杀灭致病菌和腐败菌，以及破坏不良因子特别是胰蛋白的抑制物等。灌装好的花生豆奶必须及时进行杀菌处理。杀菌方法：先在常压下预热 10min，再将杀菌温度保持在 121℃左右，维持 20～30min，然后缓慢放气，直到杀菌锅中温度低于 100℃时方能打开杀菌锅盖。刚出杀菌锅的花生豆奶必须尽快冷却至室温，即为成品。

3. 配方的确定

(1) 蛋白质、脂肪含量　根据国家有关标准或行业、地方、企业标准进行确定。如普通豆奶的主要指标：蛋白质≥2.0%，脂肪≥1.0%。如学生豆奶的主要指标：蛋白质≥2.5%，脂肪≥2.0%。

原料用量按以下公式计算：

$$G = 100 \times a/(b \times N)$$

式中，G 为配方中原料的用量，%；a 为成品中蛋白质含量，%；b 为原料中蛋白质含量，%；N 为原料蛋白质提取率，%。

例如，已知大豆原料蛋白质含量为 40.5%，现有技术大豆蛋白质提取率为 70%~80%，考虑生产过程可能有损失，故取 70%。设定成品中蛋白质含量为 2.0%，脂肪含量为 1.0%。以蛋白质含量计算，设配料误差为 10%，因此实际蛋白质含量应为 2.2%。将上述数据代入公式，经计算可得：$G = 7.76\%$。考虑实际配料方便，大豆用量取 8.0%。此时脂肪含量为 1.6%，高于设定值。

(2) 甜度　一般植物蛋白饮料的甜度参照普通饮料的添加量，可设为 6%~10%。

(3) 强化剂　可进行营养强化，也可不进行。例如强化维生素和微量元素，可参照国家有关营养标准进行添加，但要考虑损失量。

(4) 乳化剂　参见本章第三节中豆奶中乳化剂配比的确定。

(5) 增稠剂　增稠剂以黄原胶、羧甲基纤维素 (CMC)、海藻酸钠等使用最多，用量 0.05%~0.1% 为宜。生产用量需进行实际探索。可采用复合增稠剂。

(6) 其他成分确定　通常产品配方中有上述 5 项已经可以了，也可以添加乙基麦芽酚 0.002%、香兰素 0.02%，以增加产品风味。

4. 配方举例

(1) 豆奶

① 豆奶　赵培城、倪裕强测定了不同 HLB 值的混合乳化剂和

几种稳定增稠剂对豆奶的稳定效果,并通过正交实验得到了最适工艺条件。结果表明:当 HLB=11~13 时乳化剂的效果较好。黄原胶的效果优于其他增稠剂,使用量约为 0.05%。豆奶的黏度与稳定性无正比关系。添加 0.04%黄原胶和 0.05%海藻酸钠的豆奶,在 pH6.5、121℃灭菌 15min 条件下能满足 3 个月的货架期要求。

② 豆奶　赵谋明等研究多糖对大豆蛋白在水相介质中的乳化特性的影响,研究结果表明,黄原胶与 CMC 能显著提高大豆分离蛋白的乳化活性和乳化稳定性,果胶与海藻酸钠次之,阿拉伯胶与卡拉胶对乳化特性没有改善;大豆分离蛋白与黄原胶在广泛的 pH 范围内表现出良好的乳化活性和乳化稳定性,氯化钠浓度在 0~1.0mol/L 的范围内,也表现出良好的乳化特性;在豆奶模拟体系中,在总胶用量为 0.05%,黄原胶与 CMC 的配比为 3:2 时,能使豆奶中的蛋白质稳定下来。

③ 豆奶　白卫东等从工艺条件、乳化剂和增稠剂的选择入手,研究豆奶的稳定性。结果表明:不同配方的乳化剂、增稠剂对豆奶稳定性有不同的影响,配方以蛋白质含量 1.2%、复合乳化剂为 0.1%、复合增稠剂为 0.125%的豆奶,在 30MPa、80℃均质两次,高温瞬时杀菌加反压冷却,其稳定性最好,保存期可达 3 个月以上。

④ 红豆奶　容元平等以红豆为主要原料并配以辅料研制红豆奶饮料,对加工工艺和配方进行了研究,结果表明,蔗糖酯 0.12%、单甘酯 0.01%、CMC-FH6 0.1%、琼脂 0.03%复配组成乳化稳定剂对红豆奶的稳定性有良好的效果,体系均匀稳定。

(2) 花生奶

① 花生奶　陈根洪等以花生、大豆为主要原料,对花生奶生产工艺进行了研究,着重研究了花生的脱皮、花生乳的稳定性、花生乳的调配等。研究结果表明,采用微波炉小火处理花生 20min,最终所得花生乳的花生味较浓郁,而且色泽为乳白色。花生奶的最佳配方为花生与黄豆的比例为 8:1,料液比为 1:20,稳定剂的用量为 0.25%(黄原胶与瓜尔豆胶的比例为 4:1),奶粉为 1.0%。

② 营养花生乳　侯彦喜通过感官评价和正交试验对营养型花生乳的工艺和配方进行研究，营养型花生乳的最佳配方为牛奶20%、花生乳35%、蔗糖6%、乳化稳定剂0.3%。该产品为乳白色，蛋白质含量为1.3%，pH7.2。

③ 花生乳　任亚梅等对提高花生乳稳定性的相关预处理及加工工艺条件进行了研究。结果表明，当花生仁用60℃、$NaHCO_3$浓度为10g/kg的水溶液浸泡6h时，花生乳中的蛋白质含量最高；花生乳中最佳白砂糖添加量为80g/kg。乳化稳定剂的最优配方为：蔗糖脂肪酸酯（SE）1.0g/kg，单硬脂酸甘油酯（GMS）2.0g/kg，羧甲基纤维素钠（CMC-Na）1.0g/kg，黄原胶（XG）0.5g/kg，料水比（质量比）控制为1:15时，生产出的饮料稳定性较好；最优杀菌条件为121℃高温杀菌。

④ 花生奶茶　张钟等以花生和红茶为原料，采用特殊的加工工艺开发出花生奶茶。并运用正交试验对影响工艺的主要因素进行了设计，当花生乳70%、红茶汁5%、糖3%和稳定剂0.2%时结果最佳。采用黄原胶：海藻酸钠=1:2作为饮料的稳定剂。

(3) 核桃奶

① 核桃乳　李彬、张向东以核桃仁辅以牛奶为主要原料制成的核桃乳饮料，研究了添加剂对核桃乳稳定性的效果，结果表明：复合稳定剂具有最佳的稳定效果，其最佳配方为0.3%的CMC-Na、0.1%的PGA、0.1%的卡拉胶、0.2%的黄原胶，且加入0.2%的螯合剂柠檬酸三钠和0.1%的乳化剂SE对产品的稳定具有促进作用。

② 核桃乳饮料　周玉宇、吕兵对核桃乳饮料的加工工艺进行研究，试验得出最佳乳化稳定剂配方为：PV（0.1%）、SE-15（0.2%）、酪蛋白酸钠（0.3%）、阿拉伯胶或卡拉胶（0.1%）（均为质量分数）。

③ 加酸核桃红枣复合饮料　张京芳、陈思思以红枣、核桃为原料，探讨加酸核桃红枣复合饮料的加工工艺，研究该复合蛋白料的稳定技术和最佳配方。结果表明，核桃仁去皮的适宜条件是在

100℃下用 10g/L NaOH 浸泡 3min,藻酸丙二醇酯(PGA)与单甘酯是该酸性复合饮料较理想的稳定剂,该复合饮料最佳配方是:枣汁与核桃浆体积比为 2:1,每升复合饮料加入蔗糖 40g、蛋白糖 3g、单甘酯 1g、柠檬酸 3g、磷酸二氢钠 1.5g 及 PGA 4g,其适宜的杀菌条件是 100℃下煮沸杀菌 15min。

④ 核桃红果乳　马利华等以核桃、红果为主要原料,添加 0.45% 的复合稳定剂、15% 的红果浆、25% 的核桃乳、15% 的白砂糖和 pH 值 3.0 为最佳配方,产品色泽、风味俱佳,组织状态稳定。

⑤ 金针菇核桃乳饮料　杨胜敖等研究了以金针菇、核桃仁为原料生产植物蛋白饮料的工艺过程,通过正交和配合对比实验,确定了原料汁和乳化稳定剂的合理配比用量,结果表明,原汁含量为 8%,金针菇与核桃乳液配比为 1:1,可溶性固形物含量为 11%,pH 为 6.5~7.0,乳化稳定剂以 SE 0.2%、GMS 0.05%、XG 0.05%、CMC-Na 0.2% 复合,可得到风味良好和稳定性高的饮料。

(4) 其他

① 松籽汁饮料　叶暾昊通过实验对松籽汁饮料的稳定性进行了研究,选出了饮料稳定剂的最佳配方:酪蛋白钠 0.05%、蔗糖酯 0.075%、CMC 0.02%、黄原胶 0.04%。

② 南瓜籽饮料　林媚等分析认为:以 80℃热水浸泡 8h 蛋白质提取率最高,以 0.05% 单甘酯、0.05% 蔗糖酯、0.07% 黄原胶、0.03% 葡甘聚糖、0.15% 三聚磷酸钠组成的复合稳定剂,及 35~40MPa 的均质压力、70℃左右的均质温度和 118℃、15min 的杀菌条件,制得的南瓜籽饮料稳定性最高,口味也佳。

③ 南瓜籽饮料　任亚梅等以甘肃庆阳产的南瓜籽为试材,研究了制作南瓜籽饮料的主要工艺参数。结果表明:在籽水比为 1:20 时,用 0.2% 的羧甲基纤维素、0.10% 的黄原胶、0.10% 的蔗糖脂肪酸酯、0.10% 的单甘酯组合成复合稳定剂,在 30~40MPa 的均质压力、60℃下均质,同时添加 7% 的白砂糖和 0.04‰ 的乙基麦

芽酚改善风味，250g 的瓶装饮料使用 10′-15′-10′/120℃ 的杀菌公式杀菌。

④ 南瓜籽乳饮料　杨富民以南瓜籽仁和牛奶为主要原料，采用二次调酸工艺，研制成功了一种新型南瓜籽乳饮料。结果表明，以 0.04％的单甘酯和 0.06％的蔗糖酯为乳化剂，以 0.03％的黄原胶、0.08％的 CMC-Na 和 0.03％明胶为复合稳定剂所制成的南瓜籽乳饮料稳定性较好。

⑤ 葛仙米饮料　程超等采用正交实验设计得出葛仙米饮料的最佳配方为：生产 50kg 葛仙米饮料的最佳配方为：葛仙米原液的添加量为 20％、白砂糖 10％、柠檬酸 0.15％、复合稳定剂（果胶 0.15％ CMC-Na0.2％），其他用软化水补充。生产的饮料呈绿色，清澈透明。

⑥ 芝麻奶　张佳程等以芝麻酱为原料，研制出了一种风味型乳饮料芝麻奶。通过试验确定了产品的工艺流程及最佳配方，并从产品不稳定现象出发，研究了芝麻奶的稳定性问题。结果表明，质量分数为 0.12％的分子蒸馏单甘酯和 0.16％蔗糖酯 S-13 与质量分数为 0.24％的 CMC-Na 和 0.02％的黄原胶为芝麻奶稳定剂的最佳组合。

⑦ 可可奶　张佳程采用对照试验及正交试验对可可奶稳定剂进行筛选，试验表明：CMC-Na、卡拉胶组合对可可奶中存在的沉淀、分层现象有良好改观。最佳配比为：CMC-Na0.3％、卡拉胶 0.05％、乳化剂 0.1％。

⑧ 甘薯乳饮料　樊黎生采用正交试验法对甘薯乳饮料的最佳工艺条件进行了研究。结果表明：采用由 0.1％琼脂、0.1％黄原胶和 0.1％CMC-Na 构成的复合稳定剂的稳定效果较好；采用甘薯：水＝1∶5，脱脂乳粉的添加量为 2％，复合稳定剂的用量为 0.45％和均质压力为 30MPa 的条件生产时，甘薯乳饮料的风味和产品稳定性较好。

⑨ 马铃薯奶饮料　邓放明等采用正交试验对马铃薯奶饮料的生产工艺及最佳工艺条件进行了研究。结果表明：马铃薯经去皮、

预煮、破碎后，加5倍水，在90℃下糊化48min，再加入0.3%的混合稳定剂（0.1%琼脂、0.1%黄原胶、0.1%CMC-Na），5%的脱脂牛奶，8%的白砂糖调配，然后装灌、密封，在121℃下杀菌20min，便可获得营养价值高、口感好、价格低廉的马铃薯奶饮料。

⑩ 红薯奶　曹凯光研究了几种乳化稳定剂及其用量对红薯奶稳定性的影响，通过正交试验得到了影响稳定性四个因素的大小顺序：乳化剂种类＞稳定剂用量＞乳化剂用量＞稳定剂种类。结果表明：当红薯汁稀释倍数为5，蔗糖、全脂奶粉、三聚磷酸钠、复合乳化剂（分子蒸馏单硬脂酸甘油酯）∶（聚甘油脂肪酸酯）＝3∶7 和复合稳定剂（藻朊酸丙二酯）∶（黄原胶）＝1∶3的用量分别为红薯奶总投料量的8%、6%、0.05%、0.3%和0.2%时，所制得的红薯奶稳定性最佳。

⑪ 红薯原汁饮料　刘福林等对红薯原汁饮料的生产通过正交试验，确定了饮料最适稳定剂用量：黄原胶0.12%、CMC-Na0.2%、海藻酸钠0.15%。

⑫ 野巴旦杏蛋白饮料　刘福林等以新疆野巴旦杏为主要原料，初步探讨了野巴旦杏蛋白饮料的主要生产工艺过程。通过正交实验确定了饮料最佳的配方为：乳液浓度4%，蔗糖6%，风味剂0.06%、单甘酯0.3%、CMC-Na0.1%、琼脂0.02%、黄原胶0.06%。

⑬ 巴旦木乳饮料　张淑平等经分析测定，巴旦木果仁的主要成分如下：脂肪54.06%、蛋白质10.49%、水分6.36%、氨基酸总含量10.05%、脂肪碘价110.2g 碘/100g 油样，其维生素E含量为8.26mg/100g 油样。果仁经一系列处理后，可按下列配比制得风味独特的乳饮料：巴旦木果仁4.57%、蔗糖脂（HLB7～15）0.34%、褐藻酸钠0.5%、明胶0.5%、蔗糖适量。

5. 产品质量问题分析

植物蛋白饮料如花生奶、核桃奶、杏仁露、椰奶等奶饮品的营养价值早已被世人所知，但许多厂家在生产中存在这样或那样的问题，如絮凝、沉淀、浮油、水析、色泽较深、香味不够或带生青味或豆腥味等。

(1) 产生絮凝、沉淀

① 生产用水的硬度过高，会使蛋白质饮料絮凝沉淀，可以通过对水进行软化处理解决。

② pH 值过低，靠近植物蛋白的等电点。多数蛋白质等电点的 pH 值在 4~6 之间，有的到 pH6.5 左右，甚至接近 pH7。为提高蛋白质的水化能力，保证饮料的稳定性，在不影响风味和口感的前提下，乳状液的 pH 值应远离植物蛋白的等电点。一般中性乳饮料的 pH 值选 6.8~7.0；酸性乳 pH 值选 3.7~3.9 为宜。如果不了解和重视这一点，可能永远做不好稳定的植物蛋白饮料。蛋白饮料的最终 pH 最好调整到 7.0 左右。pH 的测定方法应选用准确、快捷、方便的方法，可用 pH 计测定。pH 过低，应在灌装前用 NaOH 溶液或 $NaHCO_3$ 溶液调整，但 pH 过高也不行，否则产品带不好闻的碱味，并使产品的颜色过深。

(2) 产品带有生青味或豆腥味　产生生青味或豆腥味一般是因为灭酶强度不够或操作不当而引起的。

对于花生，采用烘烤灭酶，烘烤的温度为 130~140℃，时间 30~40min（时间长短与花生的干燥程度有关），但不能烘烤过度，否则花生颜色偏深；也不能烤得不够。一般烤到花生皮转色较好。花生奶中添加花生香精可以很好地掩盖花生味，并增强炒花生味。

对于大豆，则采用热烫灭酶，快速使大豆中的脂肪氧化酶失活，以免产生豆腥味；采用热水磨浆，同时选用好的香精增强奶的香味。

(3) 油圈严重　产生油圈的原因，是乳化剂适用不当，乳化剂不足或过头。

(4) 水析　水析是指产品中的蛋白质从水中析出并呈皱折状凝聚，悬浮于瓶中上部，瓶的下层为淡黄色的清水层。产生的原因有：稳定剂使用不当；灭菌操作不当；封口不良；瓶盖质量问题等。

（5）微生物引起的腐败　腐败了的奶也会出现上述几种现象，解决办法是：改进工艺流程，缩短生产时间，增强灭菌强度，加强管道设备清洗工作等。

关键是杀菌。它不仅仅指饮料的后杀菌，而且应包括设备的杀菌、原料的杀菌、包装物的杀菌，甚至也包括生产场地、人员等的清洁卫生工作。人们往往不重视设备、容器、管道的严格消毒灭菌工作，在使用后、停产前仅用热水甚至冷水冲洗，这样容易造成细菌大量滋生繁殖。蛋白饮料最好连续生产。如要中断生产，在24h以内，可分别在停机后和开机前用沸水将所有接触料液部分浸没冲洗10min以上；超过24h，必须用65℃、2%烧碱水冲洗5min以上（如有结垢，应在洗净碱水后，再用2%硝酸液清洗5min以上），再用开水冲洗10min后备用。

第七章
防腐保鲜设计

食品配方设计在经过主体骨架设计、色香味设计、品质改良设计之后，整个产品就形成了，色、香、味、形都有了。但是，这样的产品可能保质期短，不能实现经济效益最大化，因此，还需要进行保质设计——防腐保鲜设计。

- 设计原理：复配增效原理、栅栏理论。
- 效果评价：通过油脂氧化、水分活度、微生物、感官等指标的检测进行评价。
- 设计举例：肉制品的防腐保鲜。

第一节
食品的腐败机理

无论是植物性食品、动物性食品或人造食品，它们都会在原料、配料、加工、包装、储存、销售、消费的过程中以一定的速度和方式丧失其原有品质，造成食品丧失固有品质的原因，包括物理、化学、酶及微生物四个方面。前三个方面造成的品质丧失一般是较小的，最重要的是由微生物引起的食品腐烂变质。它不仅丧失食品的营养价值，而且人食用后还可能引起食物中毒，通常将能造成食品腐烂变质和导致食物中毒的微生物称为有害微生物。有害微生物的作用是导致食品腐烂变质的主要因素。

从食品的三大营养成分来讲，通常将蛋白质的变质称为腐败，由于生成低级的硫化物或氮化物，所以特征表现是发臭；碳水化合物的变质称为发酵，由于产生低级醇、羧酸，所以特征表现是有醇或酸味；脂肪的变质称为酸败，由于产生低级的醛、酮类物质所以特征表现是有哈败味。

有害微生物包括细菌、霉菌、酵母，各种菌又有各自的特性。各种菌又有共同点：水、氧气、营养物质是它们生活的必需条件；它们的存活状态取决于所处的外界环境，因此我们可以利用这些共同点来控制有害微生物。以霉菌为例，在生活条件不利的条件下，它们的孢子可以维持存活，不发育，不繁殖；条件稍好一些，它们可以缓慢地繁殖，维持死亡数与繁殖数的基本平衡；只有在各方面条件都适合的条件下，它们才能迅速繁殖，造成危害；由微生物在不同条件下的存活状态就不难理解，食品防腐并不要求在无菌状态下保存，只是要求在保质期内不出现有害微生物迅速繁殖而出现不可控制的状态就可以，也就是说只要保持一个不利于有害微生物的环境条件，从而降低或抑制食品中有害微生物的繁殖就可以。

防腐和保鲜是两个有区别而又互相关联的概念。防腐是针对有害微生物的，一是防止微生物造成食品的腐烂，二是防止产毒微生物(如黄曲霉等)的危害;保鲜是针对食品本身品质。要达到这两个目的,应采用不同的药剂和方法。防腐可以用物理方法或化学方法来防止有害微生物的破坏。物理方法是通过低温冷藏、加热、辐射等物理方法来杀菌或抑菌,化学方法就是利用杀菌或抑菌的化学药剂(即通常称的防腐剂)。抗氧化剂主要用于防止油脂或油基食品的氧化变质。

食品的防腐保鲜是一门综合技术,也可以说是一项系统工程,防腐保鲜的效果是一个综合效果,不是哪一种手段能单独达到的。要想生产出在保质期内合格的产品,要从原料的质量控制、加工过程的卫生条件和质量控制入手,合理地使用防腐剂、抗氧保鲜剂以及改善包装条件,只有综合治理才能达到防腐保鲜效果。

前面已经提到了食品加入防腐剂的保质期的概念,现在有些人不是根据食品的品质,而只是根据自己的需要,希望通过添加防腐剂来延长保质期,而且越长越好,这是欠妥的。食品的保质期并不是只有腐烂与否这一个指标,它是有色、香、味、形、营养成分多种指标决定的,防腐剂的作用就是要在保持这些指标在一定范围内来防腐,而要把这些指标保持在一定范围内的时间越长,所投入的技术措施就要越多,代价也就越高。另外还需看到,一种食品保存的时间太长是否有意义,消费者是否认可。比如按现在的技术将水果保存一年没有问题,但也是没有意义的。

第二节 防腐剂的增效设计

一、防腐剂的防腐原理

防腐剂(preservatives)是能抑制微生物生长、防止食品腐败变质,延长保存期的一类添加剂。食品尤其是果蔬含有丰富的营养成分和大量的水分,很适合各种微生物的生长,而微生物的生长是最终导致食品腐败变质的根本原因。为了防止食品腐败变质，延长保存时间，人们创造了各种方法，添加防腐剂是现代食品工业不可缺少的方法。

防腐剂的防腐原理大致有如下3种：

(1) 干扰微生物的酶系，破坏其正常的新陈代谢，抑制酶的活性。

(2) 使微生物的蛋白质凝固和变性，干扰其生存和繁殖。

(3) 改变细胞浆膜的渗透性，使其体内的酶类和代谢产物逸出导致其失活。

二、常用的防腐剂

全世界使用的食品防腐剂约60种，美国50种，日本43种，我国允许使用的食品防腐剂有28种，以苯甲酸（钠）为主。

目前食品防腐剂的种类很多，主要分为合成防腐剂和天然防腐剂。天然防腐剂又可划分为植物防腐剂和生物防腐剂两类。

1. 合成防腐剂

常用的合成防腐剂以山梨酸及其盐、苯甲酸及其盐和尼泊金酯类等为代表，它们的特性特点简介如下。

(1) 山梨酸类　有山梨酸、山梨酸钾和山梨酸钙三类品种。山梨酸不溶于水外，使用时须先将其溶于乙醇或硫酸氢钾中，使用时不方便且有刺激性，故一般不常用；山梨酸钙FAO/WHO规定其使用范围小，所以也不常使用；山梨酸钾则没有它们的缺点。

山梨酸钾为酸性防腐剂，对光、热稳定，有很强的抑制腐败菌和霉菌的作用，其毒性远低于其他防腐剂；其主要是通过抑制微生物体内的脱氢酶系统，从而达到抑制微生物的生长起到防腐作用，对细菌、霉菌、酵母菌均有抑制作用；其效果随pH的升高而减弱，pH达到3时抑菌达到顶峰，pH达到6时仍有抑菌能力，但最低浓度（MIC）不能低于0.2%，实验证明pH3.2比pH2.4的山梨酸钾溶液浸渍，未经杀菌处理的食品的保存期短2~4倍。使用范围广，我们经常可以在一些饮料、果脯、罐头等食品看到它的身影。

山梨酸、山梨酸钾和山梨酸钙它们三种的作用机理相同，毒性比苯甲酸类和尼泊金酯要小，日允许量为25mg/kg，是苯甲酸的5倍，尼泊金酯的2.5倍，是一种相对安全的食品防腐剂，在我国可用于酱油、醋、面酱类、果酱类、酱菜类、罐头类和一些酒类等食品。

(2) 苯甲酸类　有苯甲酸和苯甲酸钠二类。

苯甲酸又称为安息香酸，因此苯甲酸钠又称安息香酸钠。苯甲酸在常温下难溶于水，在空气（特别是热空气）中微挥发，有吸湿性，大约常温下0.34g/100mL；但溶于热水；也溶于乙醇、氯仿和非挥发性油。苯甲酸为一元芳香羧酸，酸性弱，其25%饱和水溶液的pH值为2.8，其杀菌、抑菌效力随介质的酸度增高而增强。

苯甲酸钠大多为白色颗粒，无臭或微带安息香气味，味微甜，有收敛性；易溶于水（常温）53.0g/100mL左右，pH在8左右；苯甲酸钠也是酸性防腐剂，在碱性介质中无杀菌、抑菌作用；其防腐最佳pH是2.5~4.0，在pH5.0时5%的溶液杀菌效果也不是很好，pH值为6.5时，溶液的浓度需提高至2.5%方能有效果，即由于苯甲酸钠只有在游离出苯甲酸的条件下才能发挥防腐作用，在较强的酸性食品中，苯甲酸钠的防腐效果好。

苯甲酸类在我国可以使用在面酱类、果酱类、酱菜类、罐头类和一些酒类等食品中，现在国家明确规定苯甲酸类不能使用在果冻类食品中；苯甲酸类毒性较大，国家限制了苯甲酸及其盐的使用范围，许多国家已用山梨酸钾取代。

(3) 尼泊金酯类（即对羟基苯甲酸酯类）　有对羟基苯甲酸甲酯、对羟基苯甲酸乙酯、对羟基苯甲酸丙酯、对羟基苯甲酸丁酯等。其中对羟基苯甲酸丁酯防腐作用最好，我国主要使用对羟基苯甲酸乙酯和丙酯，在日本使用最多的是对羟基苯甲酸丁酯。

尼泊金酯类最大的特点是系列产品多，抑菌谱广；防腐机理是破坏微生物的细胞膜，使细胞内的蛋白质变性，并能抑制细胞的呼吸酶系和电子传递酶系的活性。尼泊金酯的抗菌活性成分主要是分子态起作用。由于其分子内的羟基已被酯化，不再电离，而对位的酚基的电离常数很小，在溶液pH为8时，仍有60%以上呈分子状态存在，因此尼泊金酯类的抑菌作用不像酸性防腐剂那样易受pH值变化的影响，在pH4～8较宽的范围内均有良好的效果，由于尼泊金酯类都难溶于水，所以通常是它们先溶于氢氧化钠溶液、乙酸、乙醇中，然后使用。

对羟基甲酸丙酯的防腐能力优于对羟基苯甲酸乙酯，对苹果表霉、黑根霉、啤酒酵母、耐渗压酵母等有良好的抑杀能力。对羟基苯酸丁酯的抗菌能力大于对羟基苯甲酸丙酯和对羟基苯甲酸乙酯，对酵母和霉菌有强抑制作用，在中性条件下能充分发挥防腐能力。

为更好发挥防腐作用，最好是将两种或两种以上的该酯类混合使用。对羟基苯甲酸乙酯一般用于酱油和醋中，而对羟基苯甲酸丙酯一般使用在一些水果饮料和果蔬保鲜。使用时可以添加、浸渍、涂布、喷雾使用，将其涂于表面或使其吸附在内部。有无芽孢子和孢子等情况对防腐剂的防腐效果都有很大的影响。

（4）硝盐族防腐剂　有硝酸钠、硝酸钾（火硝）和亚硝酸钠（快硝）等。常用于肉类食品的抗氧化和防腐，可以防止鲜肉在空气中被逐步氧化成灰褐色的变性肌红蛋白，以确保肉类食品的新鲜度。硝盐还是剧毒的肉毒杆菌的抑制剂。因此，硝盐便成为腌肉和腊肠等肉制品的必备品。但是，加入肉中的硝盐，易被细菌还原成活性致癌物质亚硝酸盐，在一定酸度作用下，亚硝酸盐中的亚硝基还可与肌红蛋白合成亚硝基肌红蛋白，经加热合成稳定的红色亚硝基的肌色原。肌色原亦同样具有致癌性质。另外，肉类蛋白质的氨基酸、磷脂等有机物质，在一定环境和条件下都可产生胺类，并与硝盐所产生的亚硝酸盐反应生成亚硝胺。

亚硝酸钠有毒。人如果食用含有亚硝酸钠的食物，亚硝酸钠进入血液后，把亚铁血红蛋白氧化为高铁血红蛋白，使血液失去携氧功能，而造成组织缺氧。表现症状为口唇、指甲、皮肤发紫，头晕、呕吐、腹泻等，严重的可以使人因缺氧而死亡。由于亚硝酸钠外观类似食盐，因此要严防把它误当食盐食用。腐烂的蔬菜等也含有亚硝酸钠等亚硝酸盐类，不能食用。除上述的急性中毒以外，亚硝酸盐类还对人有致癌作用，应加以注意。

2. 植物源天然防腐剂

国内外对植物源食品天然防腐剂的研究异常活跃，究其原因是自然界的天然植物中存在许多生理活性物质具有抗菌作用。20世纪初，Rippetor 等研究证明，从芥菜籽、丁香和桂皮等中提取的精油有一定的防腐作用，从而激起了人们对其中活性成分的提取、抗菌效果的评价、作用机制及应用的研究。特别是近年来，我国众多学者也进行了植物源天然食品防腐剂的研究，他们研究了大蒜、生姜、丁香等 50 多种香辛料植物及大黄、甘草、银杏叶等 200 多种中草药及其他植物如竹叶等提取物的抗菌试验，发现有 150 多种具有广谱的抑菌活性，各提取物之间也存在抗菌性的协同增效作用，并作为天然防腐剂在某些类食品中作了一些简单应用。

（1）茶多酚　茶多酚即维多酚，又名茶单宁、茶鞣质，为一类多酚化合物的总称。主要包括：儿茶素、黄酮、花青素、酚酸 4 类化合物，其中以儿茶素的数量最多，约占茶多酚的 60%～80%。大量实验表明，茶多酚对人体有很好的生理效应，它能清除人体内多余的自由基，改进血管的渗透性能，增强血管壁弹性，降低血压，防止血糖升高，促进维生素的吸收与同化。还有抗癌防龋、抗机体脂质氧化和抗辐射等作用。茶多酚还具有很好的防腐保鲜作用，对枯草杆菌、金黄色葡萄球菌、大肠杆菌、龋齿链球菌以及毛霉菌、青霉菌、赤霉菌、炭疽病菌、啤酒酵母菌等均有抑制作用。

（2）香精油　香精油是生长在热带的芳香植物的根、树皮、种子或果实的提取物，一直是人们较感兴趣的天然防腐剂之一，近些年来有关香精油作为食品防腐剂的报道很多。芥菜籽、丁香和桂皮等精油以及像小豆范、完美、枯茗、豆蔻衣、众香子、甘牛至、百里香等精油都有一定的防腐作用。对于食用香料植物的抑菌防腐作用来说，真正起作用的活性物质是精油。丁香花蕾中含有15%~20%的精油，其中85%~92%为丁香酚，主要是它发挥了抑制细菌生长的作用。

（3）大蒜素　大蒜所含有的大蒜辣素对痢疾杆菌等一些致病性肠道细菌和常见食品腐败真菌都有较强的抑制和杀灭作用。大蒜提取物的杀菌机理在于其特异性抑制细菌细胞内巯基酶活性，或作用于其他巯基蛋白，并能直接与半胱氨酸反应生成沉淀，从而破坏微生物正常的蛋白质代谢过程。

（4）蒽醌中草药　蒽醌类中草药，其存在形式主要是葡萄糖或非葡萄糖苷，同时也含有一定量的游离态蒽醌，如大黄、虎杖、决明子、何首乌和茜草等，具有两个相互共轭的不饱和羰基结构。熊卫东等对蒽醌类中草药进行了抑菌试验。结果表明，其综合的抑菌活性应介于苯甲酸钠和肉桂醛之间。因此具有作为天然防腐剂的可行性。

（5）生姜　很多香辛料有抗菌防腐作用，同时还有特殊生理药理作用。有些香辛料还有相当数量的防止氧化的物质。生姜含有丰富的精油、淀粉、蛋白质和多种微量元素，成分中的植物杀菌素和油树脂，有较强的杀菌作用，并可抑制人体对胆固醇的吸收。关洪全等做了生姜与食盐协同对食品防腐作用的基础研究，探讨生姜以及生姜与食盐协同对空中落下杂菌和引起食品发霉腐烂的主要真菌的抗菌作用及其对黄瓜的防腐效果。结果表明：①10%生姜对空中杂菌和供试的纯培养真菌仅有较弱的抗菌作用，食盐对上述微生物发挥抗菌作用也需要相当的浓度，但生姜与低浓度食盐适量组合后，对上述微生物有较强的协同抗菌活性；②在已有协同抗菌活性的"食盐加醋酸"、"食盐加乳酸"、"食盐加乙醇"中再分别加入生姜，能进一步增加其协同抗菌效果；③在黄瓜片中加入适量食盐和生姜，二者对其有协同防腐效果。

由我国植物源天然提取物制备的防腐剂，自然资源丰富，比起欧美国家来具有明显优势，在一片回归自然的呼声中，中国的天然植物源防腐剂、天然植物提取物产品定会受到国际市场的青睐。在食品安全日益得到重视的现代社会里，植物源天然防腐剂也会做出自己的贡献。

3. 生物天然防腐剂

（1）乳酸链球菌素　乳酸链球菌素是由多种氨基酸组成的多肽类化合物，可作为营养物质被人体吸收利用。它能有效抑制引起食品腐败的许多革兰阳性细菌，如肉毒梭菌、金黄色葡萄球菌、溶血链球菌、利斯特菌、嗜热脂肪芽孢杆菌的生长和繁殖，尤其对产生孢子的革兰阳性细菌有特效。乳酸链球菌素的抗菌作用是通过干扰细胞膜的正常功能，造成细胞膜的渗透，养分流失和膜电位下降，从而导致致病菌和腐败菌细胞的死亡。它是一种无毒的天然防腐剂，对食品的色、香、味、口感等无不良影响。现已广泛应用于乳制品、罐头制品、鱼类制品和酒精饮料中。缺点是成本太高。

（2）溶菌酶　溶菌酶是一种无毒蛋白质，能选择性地分解微生物的细胞壁，在细胞内对吞噬后的病原菌起破坏作用从而抑制微生物的繁殖。特别对革兰阳性细菌有较强的溶菌作用，可作为清酒、干酪、香肠、奶油、生面条、水产品和冰淇淋等食品的防腐保鲜剂。缺点是对革兰阴性细菌作用很弱，成本高。

（3）鱼精蛋白　鱼精蛋白是在鱼类精子细胞中发现的一种细小而简单的含高精氨酸的强碱性蛋白质，它对枯草杆菌、巨大芽孢杆菌、地衣型芽孢杆菌、凝固芽孢杆菌、胚芽乳杆菌、干酪乳杆菌、粪链球菌等均有较强抑制作用，但对革兰阴性细菌抑制效果不明显。研究发现，鱼精蛋白可与细胞膜中某些涉及营养运输或生物合成系统的蛋白质作用，使这些蛋白质的功能受损，进而抑制细胞的新陈代谢而使细胞死亡。鱼精蛋白在中性和碱性介质中的抗菌效果更为显著。广泛应用于面包、蛋糕、菜肴制品（调理菜）、水产品、豆沙馅、调味料等的防腐中。鱼精蛋白与其他添加剂如甘氨酸等复配，其抗菌效果更好，适用的食品防腐范围也更广。

（4）蜂胶　蜂胶是蜜蜂赖以生存、繁衍和发展的物质基础。各国科学家经过研究证实，蜂胶是免疫因子的激活剂，它含有的黄酮类化合物和多种活性成分，能显著提高人体的免疫力，对糖尿病、癌症、高血脂、白血病等多种顽症有较好预防和治疗效果。同时，蜂胶对病毒、病菌、霉菌有较强的抑制、杀灭作用，对正常细胞没有毒副作用。因此在食品中添加蜂胶不仅是一种天然的高级营养品，而且可以作为天然的食品添加剂。近年来研究还发现，蜂胶经过特殊工艺加工处理后可制成天然口香糖。其中的有效成分具有洁齿、护牙作用，可防止龋齿的形成，同时还可以逐渐消除牙垢。

（5）壳聚糖　壳聚糖又叫甲壳素，是由蟹虾、昆虫等甲壳质脱乙酰后的多糖类物质。白色或灰白色、半透明固体。具有广泛的抗菌作用，对大肠杆菌、普通变形杆菌、枯草杆菌、金黄色葡萄球菌均有较强的抑制作用而不影响食品风味，但对霉菌和酵母的抑制效果较为局限。稳定性较好，将它添加到食品中，进行汤煮和一定程度的煎炸、焙烤等加热处理，结构没有发生变化。广泛应用于腌渍食品、生面条、米饭、豆沙馅、调味液、草莓等的保鲜中，特别适用于水果的防腐保鲜。

三、防腐剂增效复配的方式与作用

复配型防腐剂是由几种有协同效应的防腐剂复配而成，有增效和协同作用，可以克服单一防腐剂在防腐效力上的局限性以扩大抑菌范围和效力，改善物理性能。如山梨酸和脂肪酸及DL-苹果酸复配可获得水中易溶性的山梨酸，克服了山梨酸在水中溶解度小的缺点。以山梨酸为主的复配型防腐剂可替代亚硝酸钠以防止梭状芽孢杆菌的繁殖。

通常来讲，某一种防腐剂只是对某一特定菌落才有杀灭或是抑制效果的，一种万能的防腐剂是不存在的，所以有必要进行防腐剂的复配。

复配的主要方式：一般是同类防腐剂配合使用，如酸性防腐剂与其盐，同种酸的几种酯。不同类型的防腐剂并用的成功实例不多。

有机酸，如异丁酸、葡萄糖酸、抗坏血酸对防腐剂有增效效应。金属盐类中重金属盐往往对防腐剂具有增效作用，而轻金属则相反。如 $CaCl_2$ 能轻微地减弱山梨酸、苯甲酸的抗菌效果。将具有长效作用的防腐剂（如山梨酸等）和具有作用迅速而耐久性较差的防腐剂（如过氧化氢等）混合使用，也能增强防腐效果。

多数的革兰阳性菌能引起食品腐败，并导致人们食物中毒。乳酸链球菌素对革兰阳性菌具有抑制作用，但对革兰阴性菌、酵母及霉菌没有作用。山梨酸主要对霉菌、酵母和好气性腐败菌有效，而对厌气性乳酸菌几乎不起作用。脱氢乙酸钠对各种细菌、霉菌、酵母菌有着广泛的抑制作用，但对厌氧性乳酸菌及梭菌属菌类无效。双乙酸钠的抗菌作用来源于乙酸，乙酸可以降低产品的 pH 值，乙酸分子与类脂化合物的溶性较好，它可透过细胞壁，使得细胞内蛋白质变性，从而起到抗菌作用。山梨酸钾与乳酸链球菌素组合、甘氨酸与溶菌酶组合、聚赖氨酸系列组合，都有很好的协同增效作用。由此可见，把不同种类的防腐剂复配使用，既可协同抑制不同类型的微生物，增强抗菌效果，又可降低生产成本。

多种防腐剂的相互配合，优缺点的互补，至少有如下作用：

（1）拓宽抗菌谱　某种防腐剂对一些微生物效果好而对另一些微生物效果差，而另一种防腐剂刚好相反。两者合用，就能达到广谱抗菌的防治目的。

（2）提高药效　两种杀菌作用机制不同的防腐剂共用，其效果往往不是简单的叠加作用，而是相乘作用，这种所谓增效作用，通常在降低使用量的情况下，仍保持足够的杀菌效力。

（3）抗二次污染　有些防腐剂对霉腐微生物的杀灭效果较好，但残效期有限，而另一类防腐剂的杀灭效果不大，但抑制作用显著，两者混用，既能保证储存和货架质量，又可防止使用过程中的重要污染。

(4) 提高安全性　单一使用防腐剂，有时要达到防腐效果，用量需超过规定的防治目的，又可保证产品的安全性。

(5) 预防抗药性的产生　如果某种微生物对一种防腐剂容易产生抗药性的话，它对两种以上的防腐剂都同时产生抗药性的机会自然就困难得多。

复配食品防腐剂是多种防腐剂同时起作用，对环境的适应性大大增强，拓展了抑菌谱，提高了防腐效能；复配食品防腐剂的使用保证了各种单体成分远低于国家使用卫生标准，大大提高了产品安全性；复配食品防腐剂是利用单体防腐剂各自的优点，一次使用，多种效能，同时发挥不同防腐剂之间的协同增效作用，使产品在尽可能低用量的情况下发挥最大的效能，因此复配食品防腐剂更加经济、使用方便。

四、防腐剂的增效配方设计

周辉等对复合防腐剂及其在三文治火腿中的应用研究，通过对 6 种防腐剂的筛选，选出 4 种进行正交实验，发现最佳组合：鱼腥草 1.5%、乳酸钠 2%、山梨酸钾 0.1%、双乙酸钠 0.1%。实验显示，该复配防腐剂能有效抑制三文治火腿中的微生物，在 0～4℃ 条件下，能够储藏 60d 以上，在 20～25℃ 条件下，能够储藏 40d 左右，产品的细菌总数不超过标准。

郑立红等对腊肉复合保鲜剂进行筛选研究，将山梨酸钾、Nisin、乳酸钠通过正交组合应用于腊肉制作，以腊肉在室温下储藏三个月过程中细菌总数变化作为评定指标，确定了腊肉复合防腐剂的最佳配方是：乳酸链球菌素 0.3g/kg、山梨酸钾 0.1g/kg 和乳酸钠 10g/kg。所制的腊肉经真空包装后于室温放置三个月无腐败变质。

林琳等进行了用复合防腐剂延长红肠货架期的研究，采用山梨酸钾、乳酸钠、Nisin、溶菌酶 4 种食品防腐剂，采取正交试验设计，确定了 4 种防腐剂的最佳配比。试验结果表明在红肠中加入 0.20％的山梨酸钾、4％的乳酸钠、0.04％的溶菌醇和 0.05％的 nisin 效果最好。

李爱江等对低温灌肠肉制品中复合防腐剂进行研究，结果表明，山梨酸钾、双乙酸钠、乳酸钠、乳酸链球菌素 4 种防腐剂单独使用时在提高低温肉制品保质期方面的效果并不明显，如 4 种防腐剂复合后使用则效果最佳，最佳组合是乳酸链球菌素 0.5g/kg，山梨酸钾 0.6g/kg，双乙酸钠 0.6g/kg，乳酸钠 5.0g/kg，应用于低温灌肠肉制品中可使其常温下的保质期达三个多月。

俞龙波对参杞糖浆最佳复合防腐剂处方的正交试验：选用苯甲酸、尼泊金乙酯、山梨酸为防腐剂，对由党参、枸杞、麦冬等中药组成的参杞糖浆进行防腐试验。通过 270d 实验观察，拟订参杞糖浆的最佳复合防腐剂处方为：苯甲酸 0.05％、尼泊金乙酯 0.05％、山梨酸 0.03％。

朱俊晨等进行了挥发型面包复合防腐剂的研究，通过测定山梨酸在面包中的吸附量来确定复合保鲜剂最大使用量，就新鲜面包用挥发型复合防腐剂的成分、载体、配比等方面进行了研究。复合保鲜剂组成最佳成分比为：苯甲酸 1.25％、尼泊金乙酯 2.00％、双乙酸钠 3.75％、山梨酸 3.5％。保鲜剂与载体最佳组成成分为：50％乙醇＋活性炭。面包与保鲜剂的比例为 5∶1 时，面包保藏效果最佳。

第三节 抗氧化剂的增效设计

一、抗氧化剂的作用机理

抗氧化剂（antioxidants）是防止或延缓食品氧化，提高食品稳定性和延长储存期的物质。食品在生产，加工和储藏的过程中，与氧作用出现的褪色、变色、产生异味异臭的现象就是食品的氧化变质。如肉类食品的变色，蔬菜、水果的褐变，啤酒的异臭味和变色等。抗氧化剂能阻止或延迟空气中氧气对食品中油脂和脂肪成分（如维生素、类胡萝卜素等）的氧化作用，从而提高食品的稳定性和延长食品的保质期。主要用于防止油脂或油基食品的氧化变质。

脂肪和油存在于几乎所有的食品中，是重要的营养物质，其化学结构是甘油和长链脂肪酸的酯。脂肪及油的变质主要由于水解及氧化两个化学过程。水解不但会产生苦味或类似肥皂的口感，还会产生水解性酸败。

在许多食物制成品中的油脂类常因氧化导致酸败而影响了食品的货架期。不饱和脂肪和油的氧化是由于暴露于光、热和金属离子的激发和氧反应而形成游离基，游离基和氧反应生成过氧化合物游离基，过氧化合物游离基从另一个脂肪分子中吸取一个氢离子形成另一个脂肪游离基，这种游离基氧化反应的传播形成链状反应。脂肪的氢化过氧化合物分解成醛、酮或酸，这些分解产物具有酸味的气味和口感，这正是脂肪及油酸败的特征。

抗氧化剂特性和功能：①低浓度有效；②与食品可以安全共存；③对感官无影响；④无毒无害。抗氧化剂的功能主要是抑制引发氧化作用的游离基，如抗氧化剂可以迅速地和脂肪游离基或过氧化合物游离基反应，形成稳定、低能量的抗氧化剂游离基产物，使脂肪的氧化链式反应不再进行，因此在应用中抗氧化剂的添加越早越好。

以油脂或富脂食品中的脂肪氧化酸败为例，除与脂肪本身的性质有关外，与储藏条件中的温度、湿度、空气及具催化氧化作用的光、酶及铜、铁等金属离子直接相关。

欲防止脂肪的氧化就必须针对这些因素采取相应对策，抗氧化剂的作用原理正是这些对策的依据，如：阻断氧化反应链，自身抢先氧化；抑制氧化酶类的活性；络合铜、铁等金属离子，以消除共催化活性等。

二、常用的抗氧化剂

抗氧化剂可按溶解性与来源而分为油溶性与水溶性两类：油溶性的有丁基羟基茴香醚（BHA）、二丁基羟基甲苯（BHT）、特丁基对苯二酚（TBHQ）、没食子酸丙酯（PG）等；水溶性的有抗坏血酸及其盐类、异抗坏血酸及其盐等。按来源可分为天然的与人工合成的两类：天然的有生育酚、茶多酚等；人工合成的有没食子酸丙酯（PC）、抗坏血酸酯类、丁羟基茴香醚（BHA）、二丁基羟基甲苯（BHT）等。目前使用的抗氧化剂大多数是合成的。

1. 化学合成抗氧化剂

（1）丁基羟基茴香醚（BHA） BHA 是国内外广泛使用的油溶性抗氧化剂。3-BHA 的抗氧化能力是 2-BHA 的 1.5～2 倍，两者混合有一定的协同作用。用作油脂及含油食品的抗氧化剂；BHA 的热稳定性优于没食子酸丙酯（PG），所以在用于煎、炸和烘烤的油脂中常应用 BHA。我国规定用于油炸食品、饼干、方便面、最大使用量为 0.2g/kg（即 0.02%）。

（2）二丁基羟基甲苯（BHT） BHT 也是国内外广泛使用的油溶性抗氧化剂。白色结晶或结晶性粉末，基本无臭，无味，熔点 69.7℃，沸点 265℃，对热相当稳定。接触金属离子，特别是铁离子不显色，抗氧化效果良好。具有单酚型特征的升华性，加热时与水蒸气一起挥发。不溶于水、甘油和丙二醇，而易溶于乙醇和油脂。因其抗氧化能力较强，耐热及稳定性好，无特异臭，遇金属无呈色反应，且价格低廉，所以在我国为主要的抗氧化剂。我国规定可用于食用油脂、油炸食品、饼干，最大使用量为 0.2g/kg。

BHT 与 BHA 混合使用，其效果超过单独使用。可使用柠檬酸及其酯作增效剂，如在植物油中可使用 BHT：BHA：柠檬酸=2：2：1 的混合物。

（3）没食子酸丙酯（PG） 为白至淡褐色结晶性粉末或乳白色

针状结晶，无臭，稍有苦味，水溶液无味。0.25%水溶液 pH 为 5.5 左右。易与铜、铁离子反应呈紫色或暗绿色。有吸湿性，光照可促进其分解。在水溶液中结晶可得一水合物，在 105℃ 即可失水变成无水物。熔点 146～150℃，对热较敏感，在熔点时即分解，因此应用于食品中稳定性较差。对金属离子（如铜、铁）可生成有色的复合物。难溶于水，易溶于二醇、丙二醇、甘油等。

PG 对猪油的抗氧化能力较 BHA 或 BHT 强些，通常与 BHA 和 BHT 混合使用，抗氧化作用更强。我国规定可用于食用油脂、油炸食品、饼干等制品中，最大使用量 0.1g/kg。

为了达到更好的抗氧化效果，往往几种抗氧化剂复合使用，《食品添加剂使用卫生标准》（GB 2760）中规定，BHA 与 BHT 混合使用时，总量不得超过 0.2g/kg，BHA、BHT 和 PG 混合使用时，BHA、BHT 总量不得超过 0.1g/kg，PG 不得超过 0.05g/kg，最大使用量以脂肪计。

(4) 抗坏血酸 别名维生素C，白色至浅黄色结晶性粉末，无臭，有酸味，熔点约 190℃。受光照后逐渐变成褐色。干燥状态时在空气中相当稳定，在水溶液中则含量迅速降低，pH3.5～4.5 时较稳定。1g 约溶于 3mL 水、30mL 乙醇，不溶于氯仿、乙醚等有机溶剂。有还原性。除了用作抗氧化剂外，还用作营养强化剂。

(5) 异抗坏血酸钠 可作抗氧化剂和防腐保鲜剂。异抗坏血酸钠是国内外广泛使用的水溶性抗氧化剂。我国规定可用于烘焙用果酱中，最大使用量 1.0g/kg。

(6) 叔丁基对苯二酚（TBHQ） TBHQ 是现在提倡比较广泛的一种抗氧化剂，抗氧化效果好，油溶性良好，沸点 300℃，熔点 126.5～128.5℃。熔点和沸点较高而特别适用于煎炸食品。同时 TBHQ 还具有良好的抗细菌、霉菌的作用，可增强高油水食品的防腐保鲜效果。可用于食用油脂、油炸食品、饼干、方便面等，最大使用量为 0.2g/kg。在应用上 TBHQ 与 BHA、BHT、维生素 E 复配使用可达到最佳效果，抗氧化性能比单独使用高出数倍。同时 TBHQ 可与防腐保鲜剂复配使用可明显提高某些食品的防腐保鲜效果。但 TBHQ 不能与没食子酸丙酯（PG）混合使用。

2. 具有功能性的抗氧化剂

在崇尚吃出健康的现代社会，人们对食品的要求与评价是：安全、天然、功能多样性和营养性。其中的功能多样性是指既能够达到人们所需要的添加效果，又能够预防各种疾病。因此，人们致力于开发研究各种植物提取成分潜在的优良性能，以期得到更广泛的应用，不仅满足生产中抗氧化的需要，还期望达到食品功能性的目标。

（1）甘草抗氧化物　别名甘草抗氧灵、绝氧灵。甘草是我国具有悠久历史的传统中药材，其味甘平，能补脾益气，止咳祛痰，缓急止痛，解毒降火等。甘草抗氧化剂是从提取甘草浸膏或甘草酸之后的甘草渣中提取的一组脂溶性混合物，是一种既可增甜调味、抗氧化，又具有生理活性，能抑菌、消炎、解毒、除臭的功能性食品添加剂。

甘草抗氧化物具有较强的清除自由基，尤其是氧自由基的作用，可抑制油脂的酸败，并对生成油脂过氧化终产物丙二醛有明显的抑制作用。作为抗氧化剂使用的甘草抗氧化物为为棕色或棕褐色粉末，略有甘草的特殊气味，不溶于水，可溶于乙酸乙酯，在乙醇中的溶解度为 11.7％。主要用于食用油脂，油炸食品、饼干、方便面、含油脂食品中，最大使用量为 0.2g/kg（以甘草酸计）。

（2）大豆磷脂（卵磷脂）　卵磷脂是一种在动、植物中广为分布的磷脂，是天然的乳化剂和营养补品。卵磷脂有降血脂、抗衰老、益智健脑的功效。用作抗氧化剂的卵磷脂为淡黄色至褐色粉末或半透明黏稠状液体，可用于糖果、糕点和氢化植物油中，使用时可根据生产需要适量使用。

（3）茶多酚（TP）　茶多酚又称为维多酚。茶多酚中的儿茶素组分对体外油脂、体内脂质体、蛋白质、DNA 等具有比其他天然抗氧化剂如维生素 C、维生素 E 和化学合成抗氧化剂更强的保护作用。茶多酚在作为食用油脂的抗氧化剂时，有在高温下不析出、不变化、不破乳等优点。用作抗氧化剂的茶多酚为白色无定形粉末，具有抗氧化作用、抗衰老、降血脂等一系列很好的药理功能。抗氧化作用强于 BHA、维生素 E、BHT 等，是它们的 3~9 倍，毒性比它们低 2~3 倍。茶多酚与维生素 E、维生素 C、卵磷脂等抗氧化剂配合使用，具有明显的增效作用。可与其他抗氧化剂如 BHA、BHT、异维生素 C 以及增效剂柠檬酸等配合作用。我国规定用于油脂、糕点及其馅料，最大使用量为 0.4g/kg；用于油炸食品和方便面，最大使用量为 0.2g/kg。

(4) 植酸（PA） 植酸为淡黄色或褐色黏稠液体，易溶于水，96％乙醇、甘油和丙酮，难溶于无水乙醇和甲醇，不溶于苯、氯仿和乙醚等。水溶液为强酸性 0.7％溶液的 pH 为 1.7。易受热分解。若在 120℃以下短时间加热，或浓度较高时，则较稳定。植酸对金属离子有螯合作用，在低 pH 下可定量沉淀 Fe^{3+}。中等 pH 下可与所有的其他多价阳离子形成可溶性络合物。它能显著地抑制维生素 C 的氧化。与维生素 E 混合使用，具有相乘的抗氧化效果。用作抗氧化剂和螯合剂。在食品中的最大使用量为 0.2g/kg。

(5) 番茄红素 番茄红素是一种具有抗癌抑癌作用的类胡萝卜素，它可以防止多种癌症的发病率。番茄红素已被证实是非常有效的单线态氧猝灭剂，同时对氧氮自由基（NO）、磺酰基（RSO_2）、超氧阴离子、羟基自由基和脂类过氧化反应等具有清除作用。因此番茄红素也有望开发研制成为一种新型的天然食用抗氧化剂而应用于食品工业中。

(6) 萝卜红色素 萝卜红色素可以强烈地抑制亚油酸在 40℃时的过氧化反应，可以抑制氢过氧化物的形成，从而终止自动氧化反应，保护必需脂肪酸不受破坏。另一方面，萝卜红色素可以显著地抑制在 93℃高温下芥菜籽油对氧的吸收，具有抑制高温下油脂自动氧化形成环状过氧化物的作用，可以减少油脂分子中双键的破坏，防止油脂的酸败。其抗氧化能力与相同浓度的 BHT 相近，是一种具有广阔应用前景和市场潜力的天然抗氧化剂，同时又是一种天然食用色素。

从应用的角度来说，不论是合成的或天然的抗氧化剂都不会是十全十美的，各种食品的性质，加工方法千差万别，单个的抗氧化剂不可能合适所有的这些要求，因此发展复配型的抗氧化剂是一个很好的方法。此外，抗氧化剂也可与具有其他功能的食品添加剂复配，制成具有多功能的复配制剂与剂型，如，将适合的防腐剂、抗氧化剂等加到各种包装材料中，通过控制释放达到抗氧、保鲜等多种目的。

三、酸性增效剂

有些物质，其本身虽没有抗氧化作用，但与抗氧化剂混合使用，却能增强抗氧化剂的效果，如柠檬酸，磷酸，苹果酸，酒石酸及其衍生物，被称为增效剂。

酸性增效剂常和抗氧化剂复配加于油中以增进抗氧化功能，有的增效剂就列于抗氧化剂种类之中。比较重要的增效剂有柠檬酸及其酯类（如柠檬酸单甘油酯）、抗坏血酸及其酯类（如抗血酸棕榈酸酯）。柠檬酸及其酯常用于复配化学合成的抗氧化剂，而抗坏血酸及其酯则用于复配天然的抗氧化剂。

增效剂能改进抗氧化剂的功能主要由于下列原因：
① 提供一个酸性介质以增进抗氧化剂及油和脂肪的稳定；
② 能使抗氧化剂活性再生；
③ 能螯合促使氧化反应发生的铜及铁等金属离子，使这些金属杂质失去活性；
④ 除氧（如抗坏血酸）。

四、抗氧化剂的增效复配方式

复配型抗氧化剂由两种以上的抗氧化剂混合或抗氧化剂与增效剂混合，以提高抗氧功能的混合物称为复配型抗氧化剂。复配型抗氧化剂一般含有一个或几个主要抗氧化剂，复配以酸性增效剂，溶解于食品级溶剂中,如植物油、丙二醇、油酸单甘油酯、乙醇、乙酰化单甘油酯等。

由此可见,抗氧化剂的复配方式有两种:两种以上的抗氧化剂复配以及抗氧化剂与增效剂复配。

1. 两种以上的抗氧化剂复配

抗氧化剂在相互配合的情况下联合使用,有时不但能获得相加的效果,甚至是更好的抗氧化效果。这是因为不同的抗氧化剂在油脂氧化的不同阶段,可分别中止油脂氧化过程中连锁反应的某个环节。

由于食品成分的复杂和油脂种类的不同,抗氧化剂能发挥作用的能力也不一样,尤其是天然抗氧化剂。充分利用天然抗氧化剂的性能进行复配是最好的一条途径,几种天然抗氧化剂的复配能达到原来抗氧化剂数倍甚至数十倍的抗氧化能力。

PG与BHA、BHT复配使用时,抗氧化效果尤佳。

以茶多酚、大豆磷脂、抗坏血酸和大蒜提取物为基本组成复配成复合天然抗氧化剂。在等量添加的情况下复合天然抗氧化剂对鱼油的抗氧化作用明显优于茶多酚、天然混合生育酚、BHT、PG、BHA,但不及TBHQ的抗氧化作用;鱼油添加复合天然抗氧化剂出现过氧化值(POV)低落期,随添加量的增加,复合天然抗氧化剂的POV低落期及诱导期随之延长,表明其抗氧化作用随着增强;随存放温度的降低,复合天然抗氧化剂的抗氧化作用增强,如为达到0.02%TBHQ的抗氧化效果,复合天然抗氧化剂所需的用量60℃为0.1%以上、25℃为0.04%、-10℃为0.02%。

复合天然抗氧化剂在发挥抗氧化作用时,各组分间可能发生一系列复杂的反应,表现协同增效的作用,从而大大提高其抗氧化能力。复合天然抗氧化剂不仅能有效延缓多不饱和脂肪酸的氧化,而且能在一定程度上使已氧化为过氧化物的多不饱和脂肪酸还原。可见,复合天然抗氧化剂是多不饱和脂肪酸的一种高效天然抗氧化剂。

2. 抗氧化剂与增效剂复配

为了提高抗氧化的性能,可将增效剂与抗氧化剂复配使用。增效剂是配合抗氧化剂一起使用、能增强抗氧化剂作用的物质。各种金属离子的螯合剂(如柠檬酸、植酸、EDTA 等)是一类间接的抗氧化剂或抗氧化增效剂。因为这些酸性物质对金属离子有螯合作用,能促进微量金属离子钝化,从而降低了氧化作用。柠檬酸是实际中最常用的一种增效剂。对各种酚型抗氧化剂而言,柠檬酸、磷酸、及它们的酯类都具有较好的氧化增效作用。因此在一般情况下,柠檬酸及其酯类往往与合成的抗氧化剂合用,而抗坏血酸及其酯类与生育酚合用。

综上所述,复配型抗氧化剂主要有以下优点:
① 复配几个抗氧化剂的抗氧化功能,可以发挥协同作用;
② 便于使用;
③ 改善应用时针对性;
④ 抗氧化剂和增效剂复配于一个成品中可发挥协同作用;
⑤ 增强抗氧化剂的溶解度及分散性,减少抗氧化剂的失效倾向。

五、抗氧化剂的增效配方设计

陈俊标等研究食用抗氧化剂对花生油抗氧化活性的影响,将丁基羟基茴香醚等 6 种食用抗氧化剂及其复配剂共 15 种抗氧化材料添加到花生油中,以不添加任何抗氧化剂的花生油为对照,每个处理取 100g 置于恒温摇床振荡 (50℃,110r/min),113h 后检测其过氧化物的含量,并进行加热 (280℃) 试验。结果表明:不同的抗氧化剂对花生油的抗氧化活性不同;复配型抗氧化剂的抗氧化活性优于单一剂型;15 个处理中有 10 个处理的花生油过氧化值约 1mmol/kg,其中添加 TBHQ、BHA 处理的效果最好。

李书国等对油脂复合抗氧化剂抗氧化协同增效作用进行研究,

以易氧化酸败的核桃油为试验原料，取等量的9组样品，将抗氧化剂 TBHQ、PG、BHT、维生素 E 及增效剂柠檬酸、抗坏血酸（维生素 C）分别以不同的组合方式和配比添加到上述 9 组样品中，然后与空白样一起利用 Schall 烘箱法每隔 24h 测一次 POV，比较它们的氧化稳定性。试验结果表明：添加 0.02％TBHQ、0.01％PG 和 0.015％维生素 C 复合抗氧化剂的油样（在 60℃通风条件下储藏 17d）的过氧化值最低。

松子油富含不饱和脂肪酸，营养价值很高，但易氧化，难保藏。影响油脂氧化的因素很多，主要为温度、光线。王毕妮等对松子油的抗氧化稳定性进行研究，以 POV 作为油脂稳定性的评价指标，采用 Schaal 烘箱法研究了抗氧化剂 TBHQ、PG 及复合抗氧化剂的抗氧化性能。实验结果表明，复合抗氧化剂比单一抗氧化剂单独使用时对松子油有更显著的抗氧化作用，其抗氧化性能依次为 TBHQ＋柠檬酸＞TBHQ＞PG＋柠檬酸＞PG。

梁艳等开发一种含有竹叶黄酮的复配型肉类食品添加剂，通过竹叶黄酮和异维生素 C 钠的系列复配应用试验，得到了一种性能优越的肉类食品添加剂。实验选用中式香肠体系，通过测定 POV、AV 和亚硝酸盐含量，辅以感官评定等手段，评价此复合抗氧化剂的抗氧性能以及对产品风味和质量的整体影响。结果表明，在原配方的基础上，硝酸盐或亚硝酸盐减半使用，同时添加 0.01％的竹叶黄酮和 0.05％的异维生素 C 钠，能显著抑制香肠的脂质过氧化，延长产品保质期，降低产品中亚硝酸盐的含量，同时维持并改善中式香肠应有的感官。

六、抗氧化剂的效果评价

检测用抗氧化剂处理过的油脂的氧化稳定性，采用的传统方法所需要的时间很长，而且一般要设立未用抗氧化剂处理过的空白对照。下面介绍的两种试验方法以抗氧化剂有效的时间为基础，可以定量控制样品的变化过程。

1. 活性氧法（AOM）

AOM 法广泛用在实验温度下为液体的油脂，不能用于固体样品。在 AOM 试验中，为了加速氧化，缩短实验时间，要加热样品并鼓入空气，然后定期分析，检测何时过氧化物的含量达到"哈变"（酸败）点。

2. 高温贮藏试验

较高的温度可加速氧化过程。高温贮藏试验是提高反应温度以加速氧化进程的试验。试验温度一般是 62.8℃（145°F）。定期检查气味和味道的变化，而且也必须使用化学分析方法（如测定过氧化物含量）来测定"哈变"的过程。

七、使用注意事项

（1）抗氧化剂的作用原理在于防止或延缓食品氧化反应的进行，但不能在氧化反应发生后而使之复原，因此，抗氧化剂必须在氧化变质前添加，最理想的状况是在未生产过氧化物时添加。因为在已经严重酸败的油脂中，抗氧化剂会被已经形成的氧化产物所吸附，难以达到预期的效果。

（2）抗氧化剂的用量很小，必须与食品充分混匀才能很好地发挥作用。

（3）要使抗氧化剂确实完全溶解并均匀地分布到加工后的食品中。这是最容易出问题的一个环节。

（4）抗氧化剂一般是通过直接加入到油脂中而进入食品的，这是添加的最有效和最简便的方法，抗氧化剂加入的时间越早越好。因此，油脂供应商添加抗氧化剂比食品制造商添加抗氧化剂效果更佳。

（5）喷雾添加也是一种适宜的方式。将抗氧化剂溶解在食用溶剂中，如丙二醇、乙醇和植物油等，然后喷到食物上，如花生和谷物。

（6）日光的紫外线和加热，不仅可促使食品氧化，同时对抗氧化剂也易造成分解和挥发，这在使用中应加以注意。

（7）使用抗氧化剂的同时采取充氮或真空密封措施，使食品与氧的接触减少，抗氧化作用更好。

第四节
常见问题与栅栏技术

一、常见问题

1. 把防腐剂当杀菌剂

降低初始带菌量是防腐效果的关键。原料经加工制成产品最后的带菌量，就是储藏开始的带菌量，这个带菌量对防腐剂来讲称为初始带菌量。防腐剂的作用在于"防"，不在"杀"。防腐剂的作用是对加工食品在储藏期间的防腐，它只能在产品带菌量很小的情况下来保护食品，而不能在带菌量很高的情况下来防腐。从食品防腐的角度来讲，整个加工过程，包括原料的选择、加工条件、包装等，都要注意到对产品带菌量的影响，使初始带菌量尽量降低，就是提高防腐剂防腐效果的关键。

2. 防腐剂用量超标

常见的是苯甲酸钠的用量超标，甚至能尝出它的味。茶多酚作为防腐剂使用时，浓度过高会使人感到苦涩味，还会由于氧化而使食品变色。

3. 超范围使用防腐剂

例如，在蜜饯中使用山梨酸防腐剂，在酱腌菜中使用苯甲酸钠等。

4. 对限制范围的误解

例如,"罐头里面是不加防腐剂的",其实应该弄清是"不加防腐剂",还是"不能加某种防腐剂",现在有些防腐剂本身就是天然成分,完全可以添加。现在很多人一说防腐剂就是"山梨酸钾"或者"苯甲酸钠",其实这是一个误解。

5. 没有进行配合防腐

把防腐问题全部寄托在防腐剂的身上,没有进行配合处理。结果容易造成防腐剂超量使用,异味太重,严重损害产品风味,还没有起到防腐效果。

6. 使用违禁用品

例如,在肉制品中使用硼砂。硼砂的学名是硼酸钠,是一种用途广泛的化工原料。一些不良商贩将其用到食品加工中作为防腐用。人体若摄入过多的硼,会产生恶心、呕吐、血痢和腹痛等中毒症状,严重的会导致死亡。这是我国《食品安全法》和《食品添加剂卫生管理办法》所禁止的行为。

二、栅栏技术

食品的防腐保鲜是一个系统工程。随着人们对食品防腐保鲜研究的深入,对于防腐保鲜理论也有了更新的认识,研究人员一致认为,没有任何一种单一的防腐保鲜措施是完美无缺的,必须采用综合防腐保鲜技术。目前防腐保鲜研究的主要理论依据是栅栏因子理论。食品的栅栏技术实际上是一种复合的应用技术,应用最佳的组合,达到要求的效果,避免不必要的浪费。

栅栏因子理论是德国肉类食品专家 Leistner 博士在第二届亚太地区肉类科技大会宣读了"应用'屏障效应理论'和 HACCP 系统进行食品设计"的论文,提出的一套系统科学地控制食品保质期的理论。

该理论认为,食品要达到可贮性与卫生安全性,其内部必须存在能够阻止食品所含腐败菌和病原菌生长繁殖的因子,这些因子通过临时和永久性地打破微生物的内平衡(微生物处于正常状态下内部环境的稳定和统一),从而抑制微生物的致腐与产毒,保持食品品质。

他把食品防腐的方法或原理归结为高温处理(F)、低温冷藏(t)、降低水分活度(A_w)、酸化(pH 值)、降低氧化还原电势(E_h)、添加防腐剂(Pres)、竞争性菌群及辐照等因子的作用,将这些因子称为栅栏因子(hurdle factor)。这些因子及其协同作用决定了食品的微生物稳定性,这就是栅栏效应。

在实际生产中,运用不同的栅栏因子,科学合理地组合起来,发挥其协同作用,从不同的侧面抑制引起食品腐败的微生物,形成对微生物的多靶攻击,从而改善食品品质,保证食品的卫生安全性,这一技术即为栅栏技术。国内也有将栅栏技术和栅栏因子相应译为障碍技术和障碍因子。

这些栅栏因子都可以在一定范围内影响有害微生物的生长、繁殖,因此它们是有害微生物存活的栅栏,通过调节这些栅栏就可以控制有害微生物的存活状态。

(1)温度(t) 每种微生物都有一个最适生存温度,一般为 28~37℃之间,过高或过低的温度都会影响其生长、繁殖。我们可以用高温来杀死微生物,也可用低温来控制微生物,一般微生物的生长、繁殖随温度的下降而减慢,并且随温度的下降,可繁殖的微生物的种类也在减少。

(2)水分活度(A_w) 水分活度可以广泛地用来说明食物的稳定性和微生物繁殖的可能性,以及能引起食品品质变化的化学酶及物理变化的情况。将纯水的活度定为 1,水的活度随水溶液中溶质量的增加而降低。在真空包装的食品中,A_w 值可以低于 0.91。当较低的 A_w 值和较低的温度联合使用时,对各种微生物可有明显的抑制效果。

(3) pH　一般来讲，酸性具有很强的抑菌作用，所以酸性是影响有害微生物存活的重要因素。在 pH＜2 时各种有害微生物都不能生长；在 pH 低于 4.2 时，多数有害微生物可被有效抑制。

(4) 防腐剂　顾名思义，防腐剂作为栅栏突出的是"防"，"防"字有两层意思：一是防腐剂的效果虽然不是完全取决于微生物存在的数量，但它绝不能用在已经含有大量有害微生物的食品中去制止腐烂或治疗腐烂。只有在有害微生物比较少的时候，或者说不是在有害微生物处于迅速繁殖的时候使用才是有效的；第二层意思是说要区分开对有害微生物的"杀灭"与"抑制"这两个概念，防腐剂在通常使用浓度下，首先是抑制，它不但抑制微生物的新陈代谢，而且抑制生长，需要经过几天或几周的时间才能使被抑制的菌死亡。如果要使微生物在短时间内被杀灭，那要用消毒剂。没有一种防腐剂能够在食品中抑制可能出现的所有有害微生物，也没有一种防腐剂在食品中只抑制一种有害微生物。

(5) 防腐初始的带菌量　我们将食品防腐初始的带菌量作为一个栅栏，目的在于突出强调它在食品防腐中的重要作用。因为任何栅栏在食品防腐中的效果，都与食品初始的带菌量相关，初始的带菌量越低，防腐效果就越满意。

随着保藏技术的发展，出现了许多新型栅栏因子，如：
① pH 类　微胶囊酸化剂；
② 压力类　超高压生产设备；
③ 射线类　微波、辐射、紫外线；
④ 生化类　菌种、酶；
⑤ 防腐类　次氯酸盐、美拉德反应产物、液氯、螯合物、酒精；
⑥ 其他类　磁振动场、高频无线电、荧光、超声波等。

到目前为止已有三十多种栅栏被应用在食品防腐保鲜中。在实际生产中，可以根据具体情况，设计不同栅栏，产生不同协同效应，以达到延长产品货架期的目的。如果只有一个栅栏，必然要求这个栅栏很高，但这些强烈的条件是食品所不能接受的，不能靠强化某一个栅栏来达到防腐目的。如果连续几个栅栏,尽管每个栅栏比较低,但各个栅栏的重要性不在于它们的强烈程度,而在于各个栅栏之间的相互配合,虽然它们中的任何一个都不能有效地抑制有害微生物,但是它们的总和效果是可以有效抑制有害微生物的,更有益于食品的保质。这一"多靶保藏"技术将会成为一个大有前途的研究领域。

长期以来,栅栏技术在食品加工和保藏中就已被广泛地应用,人们只是没有从栅栏技术的概念上来认识问题,而是将多个栅栏因子自觉或不自觉地融汇于经验式的食品加工与保藏中。自从 20 世纪 70 年代栅栏理论提出后,相继有许多研究与实践表明,栅栏技术不但可用于食品加工和保藏中的微生物控制,还可用于食品加工、保藏中的工艺改造以及新产品开发。例如肉制品在储存过程中要降低能耗,可以考虑用耗能少的因子(如 A_w 和 pH 值等)替代耗能大的因子 t,因为抑制食品微生物的栅栏因子在一定程度上可以相互替换。再例如果蔬罐头加工中,可通过降低 pH 值,达到降低杀菌温度(F)和缩短杀菌时间的目的。栅栏因子的合理组合应是既能抑制微生物活动,又尽可能地改进产品的感官质量、营养性和经济效益。

栅栏技术在国内外被广泛、成功地应用于肉类加工,而且在果蔬加工、果蔬储藏保鲜、粮食及其半成品储藏、食品包装等领域已有一定的研究与实践。可以预见,随着人们对栅栏理论研究的深化和栅栏技术在生产中的成功应用,栅栏理论与技术将成为食品加工与保藏的重要指导依据。

栅栏技术可以和 HACCP 质量管理规程联系起来使用以便探求每个产品的最适关键控制点。

目前,工业化国家有人正运用栅栏技术进行计算机处理以便进行食品设计。也就是说,只要将食品有关参数(如水分活性、pH 值等)输入计算机,就可推断出食品的货架期。也可根据需要,适当改变各种参数,以使食品达到理想的货架期。因此,有人断言:栅栏技术将对二十一世纪食品工业发展产生重要影响。

第五节
防腐保鲜的效果评价

食品的防腐保鲜效果决定食品的使用寿命,即食品从生产到失去食用价值的时间间隔。一般消费者判断食品质量的好坏通常通过感官的可接受程度,而在实验室研究中,一般选择对感官质量影响较大的某些物理、化学、生物反应来精确地量化为评价指标。

一、油脂氧化

食品中油脂自动氧化是导致食品货架期缩短的一个很重要的因素。酸价和过氧化值是衡量含油脂食品氧化酸败程度的重要卫生指标,引起油脂酸败的原因可分为两个方面:一是由于微生物产生的酶引起的酶解作用而产生;二是在空气、阳光、水等外界条件作用下发生的水解过程和脂肪酸的自身氧化而产生。这些变化使油脂分解产生脂肪酸、醛类和酮类等化合物,这不仅使产品的色、香、味发生改变,而且酸败的氧化产物如醛、酮等具有毒性,能影响人体正常新陈代谢,从而危害身体健康。因此,超标产品已不适宜销售,更不适宜食用。

测试仪器:油脂氧化分析仪。

测试作用:研究抗氧化剂及其复配的抗氧化性能,评估食品的抗氧化稳定性及其影响因素,分析食品的货架期。

二、水分活度

食品中的水是以自由态、水合态、胶体吸润态、表面吸附态等状态存在。不同状态的水可分为两类:由氢键等结合力联系着的水分称为结合水;以毛细管力联系着的水称为自由水。自由水能被微生物所利用，结合水则不能。用一般食品水分测定方法测量的水分即含水量，不能说明这些水是否能被微生物所利用，对食品生产和保藏缺乏科学的指导作用；而水分活度则反映食品与水的亲和能力大小，表示食品中所含的水分作为生物化学反应和微生物生长的可用价值。它影响物质物理、机械、化学、微生物特性，这些包括流淌性、凝聚、内聚力和静态现象。

水分活度对食品保藏具有重要的意义。含有水分的食物等由于其水分活度之不同，其储藏期的稳定性也不同；总的趋势是，水分活度越小的食物越稳定，较少出现腐败变质现象；水分活度越高，越有更多的细菌可能繁殖。目前水分活度已成为关于食品防霉和防止霉菌产毒的一个安全指标，它可以影响食品中微生物的繁殖、代谢、抗性和生存。

测试仪器：水分活度测试仪。

测试作用：利用水分活度的测试，反映食品的保质期；通过调节水分活度，可以延长食品的保质期。

三、微生物

菌落总数和霉菌都是反映食品受微生物污染程度大小的重要指标。细菌总数超标将会破坏食品的营养成分，加速食品腐败变质，使食品失去食用价值，人体食用后会引起呕吐、腹泻和胃肠炎等消化道疾病危害。

测试作用：通过对不同储存时间的食品中菌落总数的测定，研究防腐剂及复配性能，分析食品的货架期。

四、感官

这一指标是对产品进行综合的感官评定的结果。一组经过特定训练的成员定期对产品质量的外观、质地、风味、口感、可接受程度等各方面进行评价。

整体说来，感官指标是对复杂的质量变化过程直观的反应，消费者可接受程度较高，但结果主要由评定小组各个成员的直觉判断，主观性强，个体差异大，受环境影响大；另外其结果是一终点评价，不能动态反映质量变化情况。

当然，针对不同的产品与不同的目的，评价指标会有所不同。例如，德国多乐公司进行的一项聚酯瓶包装对果汁饮料货架寿命的试验，试验是在 21℃ 下不间断的光照条件下，用了 6 个月时间。这是"最恶劣条件"下的试验，测试的中心是对 4~6 个月的样品进行检测，主要检测两方面：技术数据和外观及味道。评价指标有：颜色和味道、维生素流失（抗坏血酸）及碳化水平。

对于罐头而言，评价罐头是否腐败变质还有简单、直观的办法。当罐头内部压力大于空气压力时，罐头的两底端就膨胀凸出，这种现象叫胖听，可用敲打、按压、穿孔的方法来检验。细菌性和化学性胖听的，敲打有空虚感，按压时不易压下，有时按压下去也会膨胀起来，穿孔后有气体跑出来。

目前应用最广泛的是加速寿命试验（ASLT）来测定食品货架寿命，即在复杂的环境下储藏产品，测试产品周期性的变化直到货架期结束，然后用这些数据分析在实际销售情况下的货架期。虽然很多研究加速试验与延伸试验结果的吻合性还有待提高，但是从发展前景来说值得期待。

第六节　设 计 举 例

下面以肉制品的防腐保鲜来说明防腐保鲜设计的各种方法。肉制品防腐保鲜的基本原理，主要是在尽可能减少肉品中微生物的残留量的前提下，抑制肉品中微生物的生长代谢和酶的活性。可将广为采用的各种防腐方法归结为基本而实用的几种，即控制初始菌量、低温抑菌、高温灭菌、降低 A_w 值、调节 pH 值、阻氧、避光及添加防腐剂等。

一、控制初始菌量

防腐保鲜的基本原理主要是在尽可能减少肉制品中微生物的残留量前提下,抑制肉制品中微生物的生长代谢和酶的活性,也就是说防腐工艺,就是只有控制产品的初始菌数和严格控制肉制品的加工工艺选用合格的原辅材料,加上经科学配比的防腐剂,才能有效地抑制细菌繁殖,达到产品保质期的目的。

活体畜禽肉基于自身防御体系,基本上是不带菌的,只有在病态或屠宰时处于应激状态,可产生肉原性微生物对肉的污染,但原料肉卫生质量(污染菌量)主要取决于屠宰、分割、运输以及深加工之前的清洗整理等方面的卫生条件和控制手段。因此,严格原料获取及产品加工的各个环节的卫生条件,特别是现场收购的肉品的卫生质量状况以及收购现场的卫生条件,是保证肉与肉制品可储存性的先决条件。研究表明,初始菌含量低的肉制品保存期可比初始菌含量高的产品长 1~2 倍,肉品中污染的微生物越多,其生长繁殖活力以及对加工中采用的各种杀菌抑菌方法的抵抗力就越强,肉制品也就容易腐败变质。在肉制品加工管理中,原料质量和加工卫生条件对产品的影响更为重要。因此,要对原料肉可否用于加工要实行严格的管制,新鲜的原料肉可用于加工;次新鲜肉用于加工需要做特别处理或限定加工某些产品;变质肉不得用于加工。

在西方发达国家的肉制品生产过程中,如果需要使用香辛料,生产企业通常会选用香辛料的提取液,这样做,可以减少芽孢菌对产品的污染程度。由于我国的精细化工工业还比较落后,生产香辛料提取物或精油的成本较高,且使用提取物的效果并不十分理想;因此,在我国肉制品的生产过程中,主要还是以使用香辛料原粉为主。

胡椒粉、花椒粉、姜粉等香辛料,是肉制品生产中常用的辅料。为了保证肉制品的卫生质量,针对我国的实际情况,在使用辅料时，一方面，要选用卫生质量良好、杂菌污染数少的物料；另一方面，要对包括香辛料在内的辅料进行降菌处理，这是生产耐储藏肉制品的一个关键控制点。

杀灭食品原辅料中微生物的主要方法有：普通加热灭菌、高温高压灭菌、微波灭菌、电磁波灭菌、辐照灭菌等。

二、低温抑菌

微生物存活不但有最低、最高温度界限，而且均有最适宜生长繁殖的温度范围。研究表明：家禽肉腐败速度10℃是5℃的两倍，15℃是5℃的三倍。

半成品在各个加工过程中的温度控制，首先是原料肉解冻的控制，肉类制品加工中解冻后原料肉温度高低，直接决定着后道工序中半成品的控制及微生物数量的控制，是影响产品质量的一个关键控制点，其次要通过调整适应的冰水比例来控制各环节加工半成品的温度，如在高速斩拌，乳化工序中肉馅温度在0～4℃左右，注射工序中肉块温度应在0～4℃，滚揉后物料温度应控制在2～6℃。

宜采取低温生产，各车间要求的环境温度如下。

原料储藏间：－18℃

解冻间：15℃　　原料解冻至中心－2～2℃

分割间：10℃　　滚揉间：0～4℃，注射料水：0～6℃

生产间：10℃　　散热间：15℃

包装间：10℃　　低温成品库：0～4℃。

对于熟制的肉制品，在熟制之前，必须严格控制原辅料及肉馅的温度，最佳温度是0～4℃；熟制后应用冷水冷却或置于0～4℃库中存放，没有条件的厂家可采用中央空调的办法将温度控制在10℃以下。熟制后不立即进行快速冷却，产品一直处于30～40℃的危险温度区域，包括成品库也是常温，由于产品不是高温灭菌，其中残存的微生物必然急速繁殖，造成产品报废。

三、高温灭菌

我国目前仍以高温加热的肉制品为主，因灭菌效果好、在常温下有较长的货架期而较为适合当前食品行业卫生条件差、冷藏链不完善的状况，尤其适合广大的农村和中小城市。高温灭菌要求灭菌温度达121℃以上。高温灭菌对肉制品的影响不仅取决于温度，也取决于温度作用的时间。一般西式火腿热处理杀灭致病菌温度和时间参数设定为85℃/120min，散装酱卤制品参数为100℃/60min，而作为包装（软罐头）酱卤产品，因其货架期要求在180d以上，热加工就必须保证中心温度在121℃下维持20min，这样的条件就可以保证杀灭包括芽孢在内的所有微生物（除极少数高温微生物），产品在室温条件下保质期可长达180d以上。

肉制品经过高温灭菌后，其本身携带的微生物绝大部分都被杀死，残存的极少部分在自然条件下难以生长繁殖造成腐败，故其保质期较长。但普遍以为肉制品在高温后风味会发生改变，产生过熟味，营养成分易受热破坏，具有地方特色的产品为保持其固有的风味不宜采用这种方法。

而低温肉制品其加热温度一般在巴氏消毒温度范围内，肉品原营养成分能得到很好保留，风味口感较好，欧美各国肉制品几乎都属于中、低温加热肉制品。我国已经开始研究和生产低温肉制品。从高温肉制品到低温肉制品、从热鲜肉向冷鲜肉、从大块买肉向精细分割是目前肉制品市场存在的三种消费趋向。

四、降低水分活度

在肉类微生物学中，水分活度（Aw）实际上是指肉制品中所含的可供微生物生长的水量。肉制品的可贮性与肉品中的游离水有密切的关系。游离水自由进行分子热运动并具有溶剂机能，减少游离水含量有助于提高肉制品的可贮性。肉制品中的游离水状况可从

A_W值反映出来,游离水含量越多,A_W值越高,而微生物只有在较高的A_W值情况下才能迅速生长,当A_W值低于0.95时,大多数导致肉制品腐败变质的微生物生长均受抑制,A_W值大于0.96的肉制品容易腐败,储存必要的条件是低温。酱卤肉制品水分活度大,A_W值均在0.96左右,对其散装产品的储存条件应是0~4℃,在销售中,才能保证其三天的货架期。

由此可见,水分活度值越高,肉制品中可供微生物生长的水量就越大,产品就越容易腐败。反之,水分活度值越低,肉制品的质量就越稳定,保质期就越长。因此,控制水分活度是保证肉制品具有稳定货架期的关键要素之一。

降低A_W值是延长肉制品保质期常用的方法,通常的方法有如下两种。

(1) 干燥法　日晒、风干、烘干、冷冻干燥、干燥脱水等。

(2) 添加一些助剂来吸附肉品中的水　肉制品中添加的许多辅料,如食盐、磷酸盐、糖、脂肪、甘油、淀粉、大豆蛋白、胶体等,都具有降低肉制品的水分活度的作用。

其中食盐的作用最强,但若用以降低A_W值并抑制金黄色葡萄球菌的生长,甘油的作用优于食盐,由于食盐含量在一定程度上可以提高金黄色葡萄球菌的产毒速度和产毒量,但在酱卤制品中,食盐的添加量受咸味所限,一般不超过3%,因此,应用于降低A_W值的添加剂也就不能随心所欲地使用。酱卤制品在热加工之前实施腌制,通过提高肉坯的渗透压,排出肉坯中的游离水分,降低水分活度,能达到抑制微生物繁殖的目的,使肉品在加工前的初始含菌量降低。

另外,包装材料的透湿性能就直接影响肉品的A_W。透湿度指的是一定面积的材料在一定时间内透过的水蒸气的质量,是测定包装材料防潮性能的重要指标。

五、调节 pH 值

肉制品的 pH 值可直接影响产品的货架期,一般的防腐剂只能在酸性条件下才能发挥其作用,但有的产品不受产品酸碱度的影响,即使在中性的环境下仍然能较好地发挥抑菌效果。适宜微生物生长较适宜的 pH 值在 6.5 左右,一般情况下,当肉制品的 pH 值降低到一定程度,可更为有效的抑制微生物生长繁殖,大多数致病菌在 pH 值 4.5~9.0 的范围内都能生存。

几种常用的调节 pH 值的酸按其抑菌强度大小依次为:苯甲酸、山梨酸、乳酸、GB 2760 中规定肉制品中禁止使用苯甲酸,而山梨酸的使用限定于 0.075g/kg 之内,这个量在酱卤肉制品中必须要严格控制。另外,还可用乳酸和抗坏血酸在腌制过程中对 pH 值进行调节。

肉制品的 pH 值通常为中性左右,pH 值的可调度很有限,一般可将 pH 值调整到 4.0~4.5,达到酸性环境,通过微调 pH 值有效地抑制微生物。而 pH 值直接涉及产品的口味,一般人能感觉出酸味的 pH 值为 5~6,因此可根据口味的需要适当选择产品的 pH 值。如果在降低 pH 值的同时又辅以调节 A_w 值,则可发挥较佳的共效(协同)作用。

六、降低氧化-还原电势

肉制品中的腐败菌大多数均属于喜氧菌或兼性菌,其生长代谢需要氧。肉制品中含氧的多少也就同样影响残存微生物的生长代谢。对此可通过反映其氧化还原能力的氧化-还原电势(Eh)值来判定肉制品中氧存在量的多少。好氧性微生物需要正的 Eh(被氧化);厌氧性微生物需要负的 Eh(被还原)。Eh 大小取决于物质 pH 值,pH 值的关系取决于 Rh。肉制品中氧的残存量越多,Eh 值就越高,对肉制品的保存越不利,Eh 值越低,微生物越难繁殖,肉品保质期就相对越长。

肉制品生产中降低 Eh 值的方法主要有以下 3 种。

(1)真空法 如真空绞制、真空斩拌、真空滚揉、真空填充等,还有真空快速冷却、真空包装等。

(2) 气调包装 对控制兼性喜氧（或兼性厌氧）微生物的包装有气调包装（N_2、CO_2 等混合气体），还有在包装内投入脱氧剂，这些方法均可起到脱氧或阻氧的作用，是肉制品加工中简易而有效的防腐措施。

(3) 添加抗氧化剂 在肉制品添加抗坏血酸、维生素 E、硝酸盐或亚硝酸盐以及其他抗氧化剂，也在一定程度上有助于降低 Eh 值和增强肉制品的抗氧化能力。

肉制品的 Eh 一般在 $-0.2 \sim 0.3V$ 之间。氧、避光保存或添加还原剂（抗坏血酸、蔗糖）、防腐剂以及 pH 均可改变 Eh。Eh 不仅决定了肉制品中的好氧微生物、厌氧微生物的生长，也影响到其风味和色泽。一般好氧性微生物在 Eh 大于 0.1V 时生长，最适 Eh 为 $0.3 \sim 0.4V$；厌氧菌在 Eh 小于 0.1V 时生长，兼性厌氧菌在 Eh 高时进行氧呼吸，Eh 低时进行厌氧呼吸。当肉制品中的 pH 值较低时，Eh 值高；pH 值高时，Eh 低。通常所说的 Eh 是针对 pH=7 时而言的。Eh 不能单独作为栅栏使用，常与腌制、冷却、包装等栅栏联用。

七、添加防腐剂

目前我国肉类工业中具有一定使用量的防腐剂主要是有机酸及其盐类，如：丙酸及其盐类、山梨酸及其盐类、乳酸和乳酸钠、双乙酸钠，单辛酸甘油酯等。近年来，随着人们生活和消费水平的提高，对食品加工的需求也越来越向"绿色"和"天然"等理念转变，因此，天然、安全、高效的食品防腐剂的研发和应用成为主要趋势。

目前，从香辛料和传统中草药中提取有效抑菌成分是天然植物型防腐剂研发的热点之一。研究发现，桂醛、茴香脑、毛桃、杏核油、丁香树油、大蒜、生姜、花椒、丁香、黑胡椒、甘草、黄连、防风等都具有防腐保鲜作用。

一些从天然动物中提取的活性物质如蜂胶、柞蚕抗菌肽、鱼精蛋白等具有一定的防腐保鲜作用。此外，乳酸链球菌素（nisin）和聚赖氨酸（poly-L-lysine）的应用也日益广泛。

肉制品的防腐有内防腐和外防腐之分，内防腐是在滚揉、注射、斩拌、静腌等工序时将防腐剂加入到肉制品内部；外防腐，通常称为表面防腐，针对中低温肉制品（如烧鸡、盐水鸭）。如涂膜保鲜，将具有表面抑菌、杀菌活性的防腐剂或抗氧化剂与成膜物质形成一定浓度的溶液，对需要保鲜的肉制品进行浸泡和喷淋，使肉制品表面形成一层均匀的薄膜。这层薄膜具有隔离微生物和氧气、抑制或杀死表面污染的微生物的作用，从而延长肉制品的货架期。如果成膜物质本身既有防腐又有抗氧化的功能，效果则更加理想，如壳聚糖溶液（浓度为1%～2%）、植酸溶液（浓度为0.3%）就有这种功能。其他常用的成膜剂有海藻酸钙溶液（浓度为1%～2%）、蜂蜡、明胶溶液（浓度为3%～4%）。用β-环糊精包埋防腐剂、抗氧化剂或酸化剂等，形成微胶囊后，添加或涂抹在肉制品中，也能够延长其货架寿命。

肉类的防腐保鲜自古以来都是人类研究的重要课题。国内外学者对肉的保鲜进行了广泛的研究，目前认为，任何一种保鲜措施都有缺点，必须采用综合保鲜技术，发挥各种保藏方法的优势，达到优势互补、效果相乘的目的。

在经济飞速发展的今天，随着西式肉制品加工技术的引进，我国的肉制品加工工艺的科技含量正在逐步提高，正在随着现代科学技术的发展而发生着历史性的飞跃。

第八章
功能性设计

功能性设计是在一般食品共性的基础上的进行的特定功能设计，成为功能性食品。

按其科技含量分类，第一代产品主要是强化食品，第二代、第三代产品称为保健食品。

第一节 功能性简述

一、趋势

我国自古就有"药食同源","药补不如食补"之说,功能性食品可能起源于我国的"药食同源"说和养生理论的"食养、食疗、食补"学说。我国古代"食品与药品相通"的思想与古希腊医学家希波克拉底"让食品成为药品,让药品成为食品"的说法不谋而合、相互印证。早在几千年前,我国就提出了食品保健的构想,如唐代孙思邈提出"为医者,当晓病源,如其所犯,以食治之,食疗不愈,然后命药。"以后历代本草中都有大量食物养生、健体、去邪、扶正固本的记载。其中就有不少保健食品,如枸杞酒、桑蜜膏等。而民间利用食物进行营养保健、康复调理的情况更是极其普遍。药膳食品是以中医辨证施治理论为指导,将中药与食物相配伍,通过加工制成色、香、味、形俱佳的具有保健和治疗作用的食品。它在我国具有源远流长的历史,是中华民族宝贵的文化遗产。

食品是人类赖以生存的物质基础,人们对食品的要求随着生活水平的提高而越来越高。人类对食品的要求,首先是吃饱,其次是吃好。当这两个要求都得以满足以后,就希望所摄入的食品对自身健康有促进作用,于是出现了功能性食品。居民食品消费总体上将从满足生理需要向重视营养品质转变。就全球来看,人类注重生活品质提升和营养健康将是21世纪的时代潮流。这不仅仅是一种时尚,更重要的是体现了人们消费知识与价值观念的更新。如今食品的功能已不再被认为只是提供给我们生化能量,它还可以帮助我们减少诸如糖尿病、心脏病、动脉硬化、高血压、骨质疏松症、关节炎和癌症、食物过敏等综合性疾病。随着我们对"食品裨益健康"

这一观点理解的加深,我们开始对食品及其主要营养成分的防病价值进行重新认识。在这一大背景下,"功能性食品"这一概念在20世纪80年代产生并在全球迅速传播。

二、功能性食品分类

功能性食品根据科技含量可分为第一代产品、第二代产品和第三代产品。

(1) 第一代产品(强化食品) 第一代产品主要是强化食品。这是最原始的功能食品。它是根据各类人群的营养需要,有针对地将营养素添加到食品中去。这类食品是根据食品中的各类营养素成分或强化的营养素来推知该类食品的功能,没有经过任何试验予以验证。目前欧美各国已将这类产品列为一般食品。

(2) 第二代产品(初级产品) 第二代产品要求经过人体及动物试验,证实产品具有某种生理调节功能。它比第一代产品有了较大的进步,其特定的功能有了科学实验基础。

(3) 第三代产品(高级产品) 第三代产品不仅需要经过人体及动物试验,证明该产品具有某种生理功能,而且需要确知有该功能的功效成分的化学结构及其含量。它应具有功效成分明确、含量可以测定、作用机理清楚、研究资料充实、效果肯定等特点。

第二代和第三代功能性食品,称为保健食品。

三、功能性食品与药品的区别

功能性食品以保健康复为目的,基本无毒,剂量按机体的正常需要自由摄取,对人体不产生任何急性、亚急性或慢性危害,经口腔食用。

药品以治病为目的,允许一定程度的毒副作用,剂量按医生的处方,不能长期服用,采用肌肉注射、静脉注射、皮肤、口服等。

四、功能因子

功能性食品功能性评价立足于功能因子。所谓功能因子,是指在功能性食品中含有许多不可忽视的生理活性成分——功能性食品中真正起生理作用的成分。在这些成分中,有的参与生理功能,有的具有防病治病等功能。富含这些成分的物质则称为功能性食品基料或生理活性物质。显然,这些生理活性物质或功能性食品基料是生产功能性食品的关键。

目前涉及功能因子的化合物数以百计,大致可以分为以下 10 类,代表了 21 世纪功能因子的开发方向。

(1) 氨基酸 如色氨酸、赖氨酸、蛋氨酸、苏氨酸等。

(2) 维生素 包括维生素 A、维生素 E 和维生素 C。

(3) 矿物质 包括硒、锗、铬、铁、铜和锌等。

(4) 活性蛋白质 免疫球蛋白、乳铁蛋白、溶菌酶、金属硫蛋白、大豆蛋白等。

(5) 活性肽类 谷胱甘肽、CPP 等。

(6) 活性多糖 如膳食纤维、抗肿瘤多糖、降血糖多糖等。

(7) 功能性甜味剂(料) 如功能性单糖、低聚糖、多元糖醇等。

(8) 自由基清除剂 如超氧化物歧化酶(SOD)、谷胱甘肽过氧化酶等。

(9) 功能性油脂(脂肪酸) 如多不饱和脂肪酸、油脂替代品、磷脂、胆碱等。

(10) 活性菌类 如乳酸菌、双歧杆菌等。

还包括其他活性物质,例如二十八烷醇、植物甾醇、皂苷等。

在研究中运用现代分离、提取、培植、稳定、评价及制造技术,如膜分离技术、CO_2 超临界萃取技术、生物工程和基因工程(酶应用、重组 DNA、细胞融合、组织培养等)技术、微胶囊技术、高压无菌技术、冷冻升华干燥技术及包装和保鲜技术等,可逐步实现从原料中提取有效成分，剔除有害成分的加工过程。再以各种生理活性物质为原料，根据科学配方，确定合理的加工工艺，进行科学的配制、重组和调味，生产出名副其实的功能食品。

第二节
营养强化食品设计

每一种食品都是有营养的。但是，除母乳以外，自然界中没有一种天然食品能满足人体的各种营养素需要。而且在储存、运输、加工、烹调等过程中，食品中的营养素往往会发生流失。另一方面，全国城乡居民营养摄入不足和营养摄入失衡，特别是微量营养素如维生素A、碘、铁以及钙等缺乏尤其严重，营养性相关疾病呈高发状态，这就在客观上给食品工业"营养均衡食品"的发展"预留"了巨大的空间。

所谓"营养均衡食品"，是指以营养科学为指导，依据人们膳食和营养状况，通过营养素的"增加"、"减少"、"有增有减"，以及"高质量替换低质量"等不同手段，开发生产的一大类食品。

根据不同人群的营养需要，向食物中添加一种或多种营养素或某些天然食物成分的食品添加剂，用以提高食品营养价值的过程称为食品营养强化，简称食品强化。这种经过强化处理的食品称为营养强化食品。所添加的营养素（包括天然的和合成的）称为营养强化剂。

食物强化有这样几种形式：①复原，一种在食物制造原料以后，会损失一些营养，把损失的营养补充回去，达到它原来有的营养素，就是复原；②强化，就是对当中的某一种或者是几种营养素进行添加，或者是这种食物没有这种营养素把它加进去，就是强化；③增补，就是对一种食物完全没有这种营养素，但是把它补充进去；④增强，完全是一种设计出来的配方食品，完全根据人群营养需求来进行营养素加入，再制成食品。

一、营养强化食品的管理

为改善我国居民营养状况,提高居民健康水平,经国务院批准,有关部门决定实施"国家公众营养改善项目"。根据《国家公众营养改善项目营养强化食品管理办法》,公众营养与发展中心对申报营养强化食品证明标识使用权的产品及其生产企业实行资格认定制度,根据优中选优的原则,对申报营养强化食品试点生产单位的企业进行分批认定,逐步扩大规模。

申报营养强化食品证明标识使用权的产品及其生产企业,必须具备以下基本条件:①具有当地卫生管理部门颁发的生产卫生许可证;②有符合相应规范要求的生产工艺和设备条件;③具有良好的质量管理体系(GMP、HACCP 和其他质量体系)和生产卫生规范,并通过营养强化食品的认定(营养素添加组方及添加量);④产品符合国家标准和卫生标准;⑤有必备的检验仪器设备和素质良好的专职检验人员,能够系统地进行营养强化食品的常规理化检测,做到检测与生产同步完成;⑥具有完善、严格的检验室管理和档案管理制度。检验数据应当保存 3 年以上,对保存的数据应当进行统计分析,定期提供分析报告以指导生产,防止出现产品重大问题;⑦产品年产量有一定规模(不同产品基准有所不同);⑧有完善的、高效的配送和服务系统,产品市场占有率高,属全国知名品牌或区域性知名品牌;⑨有稳定的产品质量,未发生过重大产品质量事故,在近两年的全国质量监督抽查中无不合格记录;⑩申报产品必须全部使用有"营养强化食品"证明标识的强化营养素原料(申报预混料产品必须全部使用有"营养强化食品"证明标识的单体营养素)。

申请企业需经过初级审查、资格验证和最终审查等审核程序。初级审核由相关行业协会负责(当没有相关行业协会或者申报单位提出异议时,可组成专家审查组代行初级审核职责);资格验证由公众营养与发展中心委托有关咨询机构,组织专家组并联合认证机构共同完成;最终审查由公众营养与发展中心负责。

营养强化食品证明标识是经国家发展和改革委员会批准,由公众营养与发展中心负责审定使用,用以认定营养强化食品安全、营养和质量保障的专用标识。营养强化食品的质量及标识的印刷使用应执行国家《营养强化剂使用卫生标准》(GB 14880—94)、《食品添加剂使用卫生标准》(GB 2760)和《食品标签通用标准》(GB 7718—1994)等法律法规的规定,且净含量负偏差符合国家规定。产品标签、标识(含营养强化食品证明标识)应在包装盒(袋)上统一印制。

图 8-1 营养强化食品标志

营养强化食品标识(图 8-1)由一个盾形图案组成:盾形象征着国家权威性;图案的上部是黑体字"营养强化食品";图案中心的地球代表了营养强化是一项全球性解决营养不良的有效途径;图案中的"Food Fortification"是"强化食品"的英文名称;两个变形的 FF 是"强化食品"的缩写形式,同时代表了营养平衡人们的健康和活力;图下方,丝带上书"国家公众营养改善项目"说明了标识的出处,表达了"营养强化食品"是国家公众营养改善项目推出的一项公共产品。

二、营养强化剂的分类

1986 年 11 月 14 日,我国卫生部首次公布了《食品营养强化剂使用卫生标准(试行)》和《食品营养强化剂卫生管理办法》,可作强化营养素仅 11 种。1993 年卫生部对原有的《营养强化剂使用卫生标准(试行)》进行修改,1994 年 6 月 8 日发布实施《食品营养强化剂使用卫生标准》(GB 14880—94),后经修改、增补,在 1996 年又进行了补充(GB 2760—1996)。至此,我国许可使用的食品营养强化剂品种,与当前发达国家的情况基本一致。目前实行的是 GB 14880—2009 版,见表 8-1。

表 8-1　食品营养强化剂使用卫生标准 GB 14880—2009（节选）

L-盐酸赖氨酸	加工面包、饼干、面条的面粉	1～2	1. 谷类及其制品也可按量添加
	饮液	0.3～0.8	2. 如用 L-赖氨酸天门冬氨酸盐,须经折算
	配制酒	0.3～0.8	1997
牛磺酸(氨基乙基磺酸)	乳制品、婴幼儿食品及谷类制品	0.3～0.5	1. 谷类及其制品也可按量添加
	饮液、乳饮料	0.1～0.5	2. 如用 L-赖氨酸天门冬氨酸盐,须经折算
	儿童口服液	4.0～8.0	1996
	配制酒	0.1～0.5	1997
	豆奶粉、豆粉	0.3～0.5	2000
	豆浆、豆奶	0.06～0.1	
	果冻	0.3～0.5	
	果汁(果味)型饮料	0.4～0.6	
	可可粉及其他口味营养型固体饮料（相应营养型乳饮料按稀释倍数降低使用量）	110～140mg/100g	2002
	儿童配方粉	0.3～0.5	2007 年 4 号公告
	运动营养食品	1～6g	2008 年 18 号公告(运动员每天摄入量计)
	食品	用于配制香精的各香料成分不得超过在 GB 2760 中的最大允许使用量和最大允许残留量	
维生素 A（视黄醇或醋酸视黄醇或棕榈酸视黄醇）	芝麻油、色拉油、人造奶油	4000～8000μg	1. 维生素 A 添加量均以视黄醇当量计算 2. 1μg 视黄醇当量＝1μg,视黄醇＝3.33IU 维生素 A 3. 如用 β-胡萝卜素强化,可折成维生素 A 来表示 4. 1μg β-胡萝卜素＝0.167μg 视黄醇
	婴幼儿食品、乳制品	3000～9000μg	
	乳及乳饮料	600～1000μg	

续表

维生素A （视黄醇或醋酸视黄醇或棕榈酸视黄醇）	固体饮料	4～8mg/kg	1996
	冰淇淋	0.6～1.2mg/kg	
	豆奶粉、豆粉	3000～70000μg/kg	2000
	豆浆、豆奶	600～1400μg/kg	
	果冻	600～1000μg/kg	
	即食早餐谷类食品	2000～6000μg/kg	2001
	膨化夹心食品	600～1500μg/kg	
	可可粉及其他口味营养型固体饮料（相应营养型乳饮料按稀释倍数降低使用量）	800～1700μg/100g	2002
	花生油、调和油	4000～8000μg/kg	2004年6号公告
	学龄前儿童配方粉	200～400μgRE/d	2006年7号公告
	孕产妇配方粉	300～600μgRE/d	
	饼干	233～400μgRE/100g	2007年3号公告
	食用植物油	4000～8000μg/kg	2007年4号公告
	面粉、大米	600μgRE～1200μgRE/kg	2008年17号公告
	运动营养食品	120～1000μgRE	2008年18号公告（运动员每天摄入量计）
	西式糕点	233～400μgRE/100g	2008年26号公告
β-胡萝卜素	强化β-胡萝卜素饮料	20～40mg/kg	1996
	着色剂	按生产需要适量使用	
	固体饮料	3～6mg/kg	2008年6号公告

续表

维生素D	固体饮料,冰淇淋	10~20μg/kg	1996
	藕粉	2000~4000IUμg/kg	2000
		10~60μg/kg	
	豆奶粉、豆粉	15~60μg/kg	
	豆浆、豆奶	3~15μg/kg	
	果冻	10~40μg/kg	
	即食早餐谷类食品	12.5~37.5μg/kg	2001
	膨化夹心食品	10~60μg/kg	
	强化钙的果汁及果汁饮料类、果味饮料类	2~10μg/L	2004年6号公告
	学龄前儿童配方粉	3.33~6.67μg/d	2006年7号公告
	孕产妇配方粉	3.33~6.67μg/d	
	饼干	1.67~3.33μg/100g	2007年3号公告
	运动营养食品	1.5~12.5μg	2008年18号公告(运动员每天摄入量计)
柠檬酸钙	谷类及其制品	8~16g/kg	1. 以元素钙计强化量:饮料及乳饮料0.6~0.8g/kg,谷类及其制品1.6~3.2g/kg,婴幼儿食品3.0~6.0g/kg 2. 各种钙盐中钙元素含量:葡萄糖酸钙9%,碳酸钙40%,磷酸氢钙(含2结晶水)23%,磷酸氢钙(含5结晶水)17.7%,柠檬酸钙(含4结晶水)21%,乳酸钙13%,乙酸钙22.2% 3. 钙源亦可采用牦牛等符合卫生标准的骨粉、蛋壳粉、活性离子钙等;其他钙盐,如氯化钙、甘油磷酸钙、氧化钙、磷酸钙等均可用,强化时均以元素钙计
	饮液及乳饮料	1.8~3.6g/kg	

续表

柠檬酸钙	软饮料	0.76～2.30	1998
	软饮料	0.76～6.5（以钙元素计160～1350mg/kg）	2000
	婴幼儿食品	按 GB 14880 规定执行	2009 年 11 号公告
葡萄糖酸钙	谷类及其制品	18～36g/kg	1. 以元素钙计强化量：饮料及乳饮料 0.6～0.8g/kg,谷类及其制品 1.6～3.2g/kg,婴幼儿食品 3.0～6.0g/kg 2. 各种钙盐中钙元素含量：葡萄糖酸钙 9%,碳酸钙 40%,磷酸氢钙(含 2 结晶水)23%,磷酸氢钙(含 5 结晶水)17.7%,柠檬酸钙(含 4 结晶水)21%,乳酸钙 13%,乙酸钙 22.2% 3. 钙源亦可采用牦牛等符合卫生标准的骨粉、蛋壳粉、活性离子钙等；其他钙盐，如氯化钙、甘油磷酸钙、氧化钙、磷酸钙等均可用，强化时均以元素钙计
	饮液及乳饮料	4.5～9.0g/kg	
	软饮料	1.78～5.30	1998
	软饮料	1.78～14.9（以钙元素计160～1350mg/kg）	2000

续表

碳酸钙或生物碳酸钙	谷类及其制品	4~8g/kg	1. 以元素钙计强化量：饮料及乳饮料 0.6~0.8g/kg，谷类及其制品 1.6~3.2g/kg，婴幼儿食品 3.0~6.0g/kg 2. 各种钙盐中钙元素含量：葡萄糖酸钙9%，碳酸钙40%，磷酸氢钙（含2结晶水）23%，磷酸氢钙（含5结晶水）17.7%，柠檬酸钙（含4结晶水）21%，乳酸钙13%，乙酸钙22.2% 3. 钙源亦可采用牦牛等符合卫生标准的骨粉、蛋壳粉、活性离子钙等；其他钙盐，如氯化钙、甘油磷酸钙、氧化钙、磷酸钙等均可用，强化时均以元素钙计
	饮液及乳饮料	1~2g/kg	
	婴幼儿食品	7.5~15g/kg	
乳酸钙	谷类及其制品	12~24g/kg	1. 以元素钙计强化量：饮料及乳饮料 0.6~0.8g/kg，谷类及其制品 1.6~3.2g/kg，婴幼儿食品 3.0~6.0g/kg 2. 各种钙盐中钙元素含量：葡萄糖酸钙9%，碳酸钙40%，磷酸氢钙（含2结晶水）23%，磷酸氢钙（含5结晶水）17.7%，柠檬酸钙（含4结晶水）21%，乳酸钙13%，乙酸钙22.2% 3. 钙源亦可采用牦牛等符合卫生标准的骨粉、蛋壳粉、活性离子钙等；其他钙盐，如氯化钙、甘油磷酸钙、氧化钙、磷酸钙等均可用，强化时均以元素钙计
	饮液及乳饮料	3~6g/kg	
	婴幼儿食品	23~46g/kg	

续表

乳酸钙	鸡蛋黄粉	3～5	1997
	鸡蛋白粉	1.5～2.5	
	鸡全蛋粉	2.25～3.75	
	软饮料	1.2～3.7	1998
	果冻	3～6(以钙元素计 390～800mg/kg)	2000
	软饮料	1.2～10.4	
硫酸锌	乳制品	130～250mg/kg	1. 以元素锌计强化量：饮液 5～10mg/kg,谷类及其制品 20～40mg/kg,乳制品 30～60mg/kg,婴幼儿食品 25～70mg/kg 2. 各种锌盐中锌元素含量：硫酸锌 22.7%,葡萄糖酸锌 14%,乳酸锌(含 3 结晶水)22.2% 3. 还可采用氯化锌 48%、氧化锌 80%、乙酸锌 29.8%,强化时均以元素锌计
	婴幼儿食品	113～318mg/kg	
	饮液及乳饮料	22.5～44mg/kg	
	谷类及其制品	80～160mg/kg	
	食盐	500mg/kg	
	软饮料	7.4～19.8mg/kg(以锌元素计 3～8mg/kg)	2000
	调制水	6mg/L(以锌计 2.4mg/L)	2001
	可可粉及其他口味营养型固体饮料（相应营养型乳饮料按稀释倍数降低使用量）	6～18 mg/100g(以锌计)	2002
	孕产妇配方奶粉	30～140mg/kg(以 Zn 元素计)	2004 年 6 号公告

续表

硫酸锌(含1结晶水)	软饮料	8.2～22.0mg/kg(以锌元素计3～8mg/kg)	2000
葡萄糖酸锌	乳制品	230～470mg/kg	1. 以元素锌计强化量：饮液5～10mg/kg,谷类及其制品20～40mg/kg,乳制品30～60mg/kg,婴幼儿食品25～70mg/kg 2. 各种锌盐中锌元素含量：硫酸锌22.7%,葡萄糖酸锌14%,乳酸锌(含3结晶水)22.2% 3. 还可采用氯化锌48%,氧化锌80%,乙酸锌29.8%,强化时均以元素锌计
	婴幼儿食品	195～545mg/kg	
	饮液及乳饮料	40～80mg/kg	
	谷类及其制品	160～320mg/kg	
	食盐	800～1000mg/kg	
	软饮料	21.0～56mg/kg(以锌元素计3～8mg/kg)	2000
碘化钾	食盐	30～70mg/kg	1. 碘化钾含量为76.4%以元素碘计；碘酸钾含量为59.63%以元素碘计 2. 食盐强化量为20～60mg/kg,婴幼儿食品强化量为250～480μg/kg
	婴幼儿食品	0.3～0.6mg/kg	
	婴儿配方食品较大婴儿和幼儿配方食品	0.025～0.09mg/100g	2007年9号公告

续表

碘酸钾	食盐	34～100mg/kg	1. 碘化钾含量为76.4%以元素碘计；碘酸钾含量为59.63%以元素碘计
	婴幼儿食品	0.4～0.7mg/kg	2. 食盐强化量为20～60mg/kg，婴幼儿食品强化量为250～480μg/kg
	固体饮料	0.26～0.4mg/kg	1997

注：GB 14880《食品营养强化剂使用卫生标准》完整的版本还有1994版、2007版、2008版，还需关注卫生部门的修改、增补公告。

营养强化剂主要有氨基酸、维生素和矿物质，既有单一营养强化也有复合营养强化。此外，蛋白质强化、脂强化、低聚果糖强化和膳食纤维强化正在逐步成为食品强化的重要内容。

1. 氨基酸

氨基酸是蛋白质的基本组成单位，构成人体蛋白质的氨基酸有22种，多数可以在人体内合成，但是色氨酸、赖氨酸、蛋氨酸、苏氨酸、亮氨酸、苯丙氨酸、异亮氨酸和缬氨酸8种必需氨基酸，不能由人体合成，必须由食物供给，即必需氨基酸（最近报告组氨酸也是必需氨基酸）。人体对必需氨基酸的吸收是按一定比例的，如果食物中某种氨基酸含量特别低，其他氨基酸的吸收利用就会受到限制，这种氨基酸称为限制氨基酸。大多数食物中的限制氨基酸为赖氨酸、蛋氨酸和色氨酸，也即氨基酸类营养强化剂的主要品种。

牛磺酸虽然不是构成蛋白质的氨基酸，但却是人体必需的氨基酸。它在人体内以游离状态存在，对儿童，特别是婴幼儿大脑等重要器官的生长、发育有很重要的作用。仅存在于人乳，畜乳中含量甚微，因此婴幼儿食品需要强化。

2. 维生素

维生素是调节人体各种新陈代谢、维持机体生命和健康必不可少的营养素。它们在人体内几乎不能合成，必须从食物中不断摄取。如果食物中长期缺乏某种维生素时，就会引起代谢失调、生长停滞，甚至出现各种缺乏症，进入病理状态。如，维生素 A 的缺乏会引起夜盲症，维生素 B_1 的缺乏会引起脚气病，维生素 B_2 的缺乏会引起口角炎，维生素 C 的缺乏会引起坏血病，维生素 D 的缺乏会引起小儿佝偻病等。因此，维生素在人体营养上有重大的功用，也是应用最早、最广泛的营养强化剂。

常用于食品强化的维生素 A 有粉末和油剂两类，一般以视黄醇、视黄脂、棕榈酸视黄醇的形式添加。β-胡萝卜素是在许多植物性食品中均含有的色素物质，既具有维生素 A 的功效，又可作为食用天然色素使用，是一比较理想的食品添加剂。

通常用于强化的 B 族维生素包括维生素 B_1、维生素 B_2、烟酸、叶酸等。硫胺素盐酸盐，通常多用于强化面粉（面包、饼干等制品）及牛乳和豆腐等。维生素 B_2，即核黄素，目前多用亲油性的核黄素丁酸酯。烟酸，亦称尼克酸、维生素 PP 或抗癞皮病因子，可用于面包、饼干、糕点及乳制品等的强化。

维生素 C 也是常用的强化剂。此外，维生素 C 及其衍生物在护色、抗氧化等方面也有广泛的应用，主要用于强化果汁、面包、饼干、糖果等。

3. 矿物质

矿物质也称无机盐，是构成人体组织和维持机体正常生理活动所必需的成分。它们还维持着体内的酸碱平衡、细胞渗透压，调节神经的兴奋、肌肉的运动，维持机体的某些特殊的生理功能。属于无热量食品成分，在人体内以离子形式存在。矿物质不能在人体内存在，也不会在机体的新陈代谢中消失，但人体每天都有一定量的排出，所以必须通过食物的摄取来补充。

按在体内的含量和对膳食的需要不同,可将其分为两类。一类是钙、磷、硫、钾、钠、氯和镁 7 种元素,体内含量在 0.01% 以上,需要量每天在 100mg 以上,称为大量元素或常量元素。另一类,需要量很少,现已知有铁、锌、铜、碘、锰、钴、硒、铬、镍、锡、硅、氟、钒等,其中后 5 种是在 1970 年后才确定是必需的;近年来有人认为砷、铷、溴、锂也可能是必需的。这类元素称为微量元素。它们中的大多数可以从天然食物中摄取,就能满足机体的需要;但如钙、铁、锌、碘、硒等容易缺乏,需要强化补充,常见的补充形式如下。

钙,常用葡萄糖酸钙、乳酸钙、碳酸钙、磷酸氢钙等。

碘,在碘盐中经常以碘酸钾的形式来强化。

铁,依铁来源的不同可分为血红素铁与非血红素铁两类。

锌,常用的锌强化剂有硫酸锌、乳酸锌和葡萄糖酸锌等可溶解的锌化合物。

我国现允许使用的矿物质类营养强化剂有 34 种。

三、营养素预混料

添加营养素有一个很实际的问题——当添加的营养素的种类比较多时(像婴幼儿配方奶粉所要添加的营养素达十几种、二十几种之多),食品企业如果自行逐一采购全部的营养素单体,将会遭遇一系列技术问题。这些困扰食品企业的棘手问题却在无意间催生了一个新行当,即提供所谓"营养素预混料",也叫"复配营养素"的行业。

营养素预混料是一种经过特别配制的含有多种营养素如氨基酸、维生素、微量元素以及其他功能物质的食品营养强化剂,可均匀混合到其他食品中,又称"复配营养强化剂"。种类很多,针对不同的人群、不同的生理特点、不同的劳动强度可设计不同的配方。按原料种类分类有:

(1) 由单一原料制成的预混料,如维生素 A 预混料、硒预混料、花生四烯酸（AA）预混料等；

（2）由同类原料组成的预混料，如复合维生素、复合微量元素、复合氨基酸、复合核苷酸等；

（3）由两类或多类强化剂组成的预混料，如由维生素、微量元素、氨基酸、不饱和脂肪酸等组成的预混料。

四、食品营养强化的基本原则

（1）强化的目的性　即针对什么特定的人群（或地区），解决哪些营养缺乏问题，产品要有明确的针对性。强化食品的附加值是广大食品加工企业所关注的，如果企业仅仅从追逐高附加值、产品高利润出发，其开发的强化食品意义不明，所生产的强化食品就缺乏明确的针对性。而要明确强化的目的性，这需要在生产之前，以科学的态度对特定的地区（或人群）的营养状态进行全面细致的调查研究和分析统计，从而对产品进行合理设计。强化食品不是"包医百病，益寿延年"、"老、少、妇、幼、中皆宜"的理想营养品，强化食品有其特定的食用人群和食用区域。

（2）载体的合理性　尽量选用消费面广、消费时间持久的食品作为载体食品，同时考虑载体食品是否有利于人体吸收其中的营养素。如糖果就不能当强化赖氨酸的载体，蔬菜汁就不宜进行钙、铁的强化。

（3）营养的吸收性　尽力选用易被机体吸收的强化剂形式。例如对铁的强化，铁强化剂种类很多，其生物有效性相差很大，在强化铁时要根据所强化的食品特点具体选用适当的铁强化剂，以保证其易被机体吸收利用。可作钙强化用的强化剂很多，有氯化钙、硫酸钙、磷酸钙、葡萄糖酸钙、乳酸钙等，其中人体对乳酸钙的吸收量最好。尽量避免使用那些难溶的、难吸收的物质，并考虑强化剂的颗粒大小对吸收、利用性能的影响。

（4）工艺的合理性　有些强化剂，尤其是维生素类强化剂和赖氨酸对热加工等工艺处理非常敏感，易导致结构破坏，起不到强化作用，甚至产生毒副作用（如赖氨酸分解产生的戊二胺）。因此，强化剂应尽量在食品加工的后期添加。对于必须加热杀菌的液态食品应尽量采用高温瞬时杀菌代替传统的热力杀菌。此外，应保证所添加的强化剂在食品中完全混合均匀。

（5）产品的稳定性　某些强化剂如维生素和氨基酸在食品加工储存中会因加热、光线照射和接触空气而破坏，因此，需要采取以下的方法来保持其稳定性。

① 改变强化剂的结构，如维生素 C 磷酸酯钙（AP-Ca）同样具有维生素 C 的生理功能，但热稳定性比维生素 C 高得多，特别适合饼干等烘烤食品的强化。

② 改进加工工艺。

③ 改善包装与储存条件。

④ 在强化食品中使用稳定剂也可提高强化剂的稳定性。常用的稳定剂主要包括抗氧化剂（如 BHA）和螯合剂（如 EDTA）。某些维生素（如维生素 A、维生素 C 等）对氧极为敏感，遇氧极易氧化损失。这时可采用抗氧剂、螯合剂等物质作为稳定剂来减少损失，如在维生素 A 溶液中添加生育酚浓缩物或树脂 0.5%，或柠檬酸 0.1%，或果糖 3% 等，产品经 4 个月贮藏后，维生素 A 仅损失 5% 左右，而未添加的损失率达 30%～40%。

（6）食品的感官性　食品的强化不应使食品产生杂色、异味，损害食品原有的感官品质而致使消费者不能接受。如用大豆粉强化面粉时易产生豆腥味，因此宜采用大豆浓缩蛋白或分离蛋白。此外，维生素 B_2 和 β-胡萝卜素色黄、钙剂味涩、铁剂色黑味铁腥、维生素 C 味酸、鱼肝油有腥臭味，也是强化时应注意的问题。对于强化食品的异味可采用真空脱臭，包埋掩盖等方法除去。

五、食品营养强化的方式与方法

食品的营养强化实际上是将营养强化剂与载体食物混合的过程。其目的是将添加的强化剂混合均匀，并要求对载体食物的特性没有太大的影响。营养强化剂在食品中的强化方式主要是混合过程,有以下几种。

(1) 固-固混合(干性混合)　用少量的微量营养素来强化干性食品最常用的方法是干性混合。

(2) 固-液混合　如果强化剂或预混料是液态的,可以将强化剂以喷洒方式加入到食物载体中去。

(3) 液-液混合　对液体和半湿性食物,微量营养素先被溶解或扩散到一个液体介质中(水或油),然后通过搅拌和均质的工艺添加到载体中去。

(4) 胶囊化　胶囊化是对干性、自由流动的颗粒进行包衣的过程。根据颗粒的大小,该技术被称为微胶囊化。胶囊化可以用来掩盖令人不悦的气味,以及与活性成分隔离来防止微量营养素的降解。

食品营养强化的方法有很多种,综合起来主要有以下几种。

(1) 在原料或必需食物中添加　凡国家法令强制规定强化的食物和具有公共卫生学意义的强化内容均属于这一类,如强化碘盐、维生素与矿物质强化的面粉和大米以及调味品。这种强化方法简单,但存在所强化的成分在生产过程中损失的缺点。

(2) 在加工过程中的某一工序添加　这是强化食品最普遍采用的方法。如维生素C强化的果汁、钙强化的豆奶。采用这种方法生产强化食品,易造成强化剂在加工过程中因加热造成损失,因此应注意改进工艺条件,使用稳定剂和选择适宜的添加工序。

(3) 在成品的最后一道工序中混入　这种方法一般只适用于含水分很低的固态食品,如调制奶粉、母乳化奶粉和军粮中的压缩食品。

六、营养强化配方设计

营养强化食品的配方设计需要遵循一些基本原则,需要高度专业化人士把关。由于营养强化补剂具有营养素高度集中的特点,设计中要特别注意既能够起到满足人体营养需求,产生预防某些慢性疾病的功效,又要防止过量摄入导致不适或中毒现象。简单地将各种强化剂凑合在一起加入食品中,对于消费者是极不负责任的行为,也是非常危险的。

1. 设计依据

主要是以下三方面的依据。

(1) 膳食营养供给量(RDA) 也称膳食营养供给量建议,在我国人们称作推荐的每日膳食中营养素供给量,也有人叫它营养素供给量标准。它是由各国行政当局或营养权威团体根据营养科学的发展,结合若干具体情况,向人们提出的、对社会各人群一日膳食中应含有的热能和各种营养素种类、数量的建议。1939年中华医学会提出了我国第一个RDA,现在执行的是中国营养学会2000年7月制定的"中国居民膳食营养素参考摄入量(Chinese DRIs)"。

(2) GB 14880—94《食品营养强化剂使用卫生标准》它作为规范食品营养强化剂使用的国家法规,规定了食品强化营养素的使用范围及使用量,使用食品营养强化剂必须符合本标准中规定的品种、范围和使用量。

(3) 相关营养素在强化载体中含量 对载体食品进行营养强化,首先必须通过检测或查食物营养成分表确定其中原有的含量(即本底含量),再依据膳食营养供给量和《食品营养强化剂使用卫生标准》确定的标准计算该添加量。

2. 主要计算方法

营养强化量的计算方法主要有营养质量指数法和直接计算法两种。

(1) 营养质量指数(INQ)法 利用食品中各种营养素的营养质量指数来进行计算添加量。INQ是指食品中某种营养素占供给量的百分数与该种食品中热能占供给量的百分数之比,即:

INQ=(某营养素含量/该营养素供应量×100%)/(热能含量/

热能供给量×100％)

理想的食品应该是各种营养素的 INQ 值都等于 1,这就是强化的依据。例如,在小麦粉中强化钙,见表 8-2,强化的倍数 1÷0.43 (钙强化前的 INQ)≈2.3 倍,原 100g 小麦粉中含钙 38mg,那么钙的强化量为 (2.3-1)×38mg＝49.4mg。

表 8-2 小麦粉营养质量指数表

营养素	含量	供给量(指轻体力劳动)	占供给量百分数/％	INQ
热量	1480kJ	10032kJ	14.75	1.00
蛋白质	9.9g	70g	14.14	0.96
钙	38mg	600mg	6.33	0.43
铁	4.2mg	12mg	35.00	2.37
维生素 A	0	2200IU	0	0
维生素 B_1	0.46mg	1.2mg	38.3	2.6
维生素 B_2	0.06mg	1.2mg	5.00	0.34
维生素 PP	2.5mg	12mg	20.80	1.41
维生素 C	0	60mg	0	0

(2) 直接计算法 膳食营养素供给量 (RDA),是制定营养强化政策、确定强化食品中营养素添加量水平以及产品质量标准的基本依据。例如,用多种复配营养素对面粉进行营养强化,营养素强化量的计算,其基本指导思想是根据我国膳食营养供应量标准和强化食品的种类及食用对象,各种营养素缺多少补多少,即膳食中的营养素含量等于或接近于供给量标准。同时考虑该强化营养素在食品加工过程中的保存率(或加工损失率与相应的补偿量)和人体对其消化吸收率等因素,尽量使营养强化量准确。

对于婴幼儿配方粉,国家相关婴幼儿配方粉的标准中规定营养素的标示量(又称营养素的有效保证值),这是制定营养素添加量的基础,但简单地按照这个标示量来制定配方是不够的。一般来说,生产配方奶粉应先确定产品的标签营养素标示量,根据食物成分表查出各原料中营养素的含量总和(即本底含量),再考虑加工过程中的一些工艺所造成营养素的损失(各因素需要的补偿量),掌握本底营养素含量和加工损失率是制定科学配方的基础,也是保证配方中营养素含量符合标准的科学基础。最后选定强化剂的品种，折算出强化剂有效含量和理论用量，然后确定复合营养素中营养强化剂的实际添加量。

3. 营养平衡

人体所需各种营养素在数量之间有一定的比例关系，应注意保持各营养素之间的平衡，避免造成某些新的不平衡。这些平衡关系主要有：必需氨基酸之间的平衡，脂肪酸之间的平衡，产能营养素之间的平衡，维生素 B_1、维生素 B_2、烟酸与能量之间的平衡，以及钙、磷平衡等。营养强化的最主要目的是改善天然食物中营养素的不平衡状况，添所缺乏的营养素，使之取得平衡，以满足人体正常生理功能的需要。

七、营养强化设计评价

食品营养强化设计的评价主要分为两类。

一是感官评价。即从色、香、味等感官性状进行评价，强化食品必须保持食品原有的感官性状，不能因为营养强化剂的添加而给食品感官品质带来不良影响。

二是所强化的营养素含量及其均匀性、稳定性评价。稳定性指在储藏期内保证最低含量。这需要对食品中强化的营养素按相关标准进行检测分析。例如，国家公众营养与发展中心推荐配方"7+1"营养强化面粉中营养素的检测方法可按照国家标准，见表8-3。

八、常见设计问题

1. 没有考虑加工过程中的营养素损失率

有些强化维生素在食品加工过程中损失较大，某些儿童食品中强化维生素 C 在加工后几乎损失殆尽，维生素 A 强化饼干经120℃、

表 8-3　"7+1"营养强化面粉中营养素的检测方法

项 目 名 称	国家标准号	检 测 方 法
维生素 A	GB/T 5413.9	高效液相色谱法(紫外检测器)
维生素 B_1	GB/T 5413.11	高效液相色谱法(荧光检测器)
维生素 B_2	GB/T 5413.12	高效液相色谱法(荧光检测器)
烟酸	GB/T 5413.15	高效液相色谱法(紫外检测器)
叶酸	GB/T 5413.16	微生物法
铁	GB/T 5413.21	原子吸收法(火焰法)
铁		
钙		

10min 焙烘后，维生素 A 损失率达 25%～40%。这需要从载体、营养素和加工工艺三方面进行考虑。

2. 营养素强化量超标

例如，奶粉中强化钙超标。奶粉是富钙食品，其本身不但钙含量高，且容易消化吸收。据测定每百克奶粉中含钙 1100mg 左右，因此现行的营养强化剂使用卫生标准中未规定奶粉强化钙。中国营养学会推荐的每日膳食中营养素供给量（RDA）钙成年人为 800mg，青少年为 1000～1200mg。奶粉只是膳食中钙的补充途径之一，若每日食用 25g 高钙奶粉，钙摄入量就可达 800mg。再加上其他膳食，钙的摄入量必然超过 RDA 的要求。

任何的营养素在人体内都需要保持一定的含量和比例，如超出正常的数值，则会出现副作用。如维生素 A、维生素 D 食用过量，可引起毒性反应；过量补钙，会影响锌、铁的吸收；氨基酸长期不平衡，会降低人的抵抗力；铁过量将损伤心脏等。

3. 超范围使用强化剂

我国现行的营养强化剂使用卫生标准 GB 14880 对强化剂种类、使用范围及使用量都有明确的规定，凡是超种类、超范围使用及超使用量者均应上报卫生部批准，未批准前不得使用。例如奶粉中强化钙、强化维生素 C，谷类营养粉中强化维生素 E、维生素 A 等均属超使用范围现象。

九、营养强化设计举例

1. 配方奶粉

配方奶粉又称母乳化奶粉，它是为了满足婴儿的营养需要，在普通奶粉的基础上加以调配的奶制品。婴儿配方奶粉对于非母乳喂养婴儿的生长发育具有重要的作用，婴儿配方奶粉的发展过程其实质就是向母乳功能成分日益接近的过程。绝大部分婴儿配方奶粉是指以牛乳为基质，按照母乳的营养构成对其营养素的含量水平、质量等进行适当调整后的产品。也有少部分是以大豆粉为基质的产品。

奶基配方奶粉，以母乳营养成分为参照，降低牛乳中蛋白质的总量，以减轻肾负荷。调整蛋白质的构成，增加乳清蛋白的比例至 60%，减少酪蛋白至 40%，以利于消化吸收和体内利用。在脂肪方面，部分或全部脱去以饱和脂肪为主的奶油，以多种植物油调配使脂肪酸构成接近母乳，包括 n-3 与 n-6 系列脂肪酸的比例，以满足婴儿的需要。减少牛乳矿物质总量，降低牛乳的肾溶质负荷，适当增加了铁、锌的含量。此外，适当增加婴儿所需牛磺酸、肉碱、核苷酸以及维生素 A、维生素 D 等维生素的含量。

豆基配方奶粉，是以大豆蛋白为基质，按照母乳的营养构成对其营养素的含量水平、质量等进行适当调整后的产品。其特点是不含乳糖，蛋白质优于牛乳中的酪蛋白，适用于对牛乳过敏或乳糖酶活性低下的婴儿。

婴幼儿配方奶粉与普通奶粉有着不少不同之处，比如调整了蛋白质、脂肪及乳糖的比例；此外，还含有婴幼儿生长发育过程中不可或缺的维生素和矿物质等多种人体必需的微量营养素。

婴幼儿配方奶粉属于营养强化食品的范畴，但又与普通营养强化食品有一定的差异。其所含有的营养素在水平与配比上必须同婴幼儿的实际营养需要相吻合。而且，伴随着科学技术的发展，人们对母乳成分的不断了解和认识，婴幼儿配方奶粉中不断加入各种营养成分，从简单地对母乳营养成分的模拟发展到功能营养物质的添加，配方也由简单到复杂，日趋合理。所以应该说，婴幼儿配方奶粉是一种比较高端的营养强化食品。

对于那些无法实施母乳喂养的婴幼儿来说，配方奶粉是维持其生命和保证其健康的重要营养来源之一。鉴于消费群体的特殊性，婴幼儿配方奶粉的质量和安全当然不可以与普通食品相提并论。婴幼儿配方奶粉三项强制性国家标准，包括《婴幼儿配方粉及婴幼儿补充谷粉通用技术条件》、《婴儿配方乳粉Ⅰ》、《婴儿配方乳粉Ⅱ、Ⅲ》，对配方粉（含婴幼儿配方乳粉和婴幼儿配方豆粉）及补充谷粉的各类营养素限量指标作出了明确的规定，而且区分了适于婴儿（0至6个月）、较大婴儿（6个月至12个月）和幼儿（12个月至36个月）的3种不同需要。《婴儿配方乳粉Ⅰ》和《婴儿配方乳粉Ⅱ、Ⅲ》是分别针对特定配方制定的婴儿配方乳粉标准。

2. 营养强化面粉

小麦粉是我国重要主食如馒头、面条、饺子以及面包、糕点的原料。小麦的营养成分是非常全面的，但各种成分的分布很不均匀。面粉加工主要是将小麦胚和皮层去除，以得到灰分低、粉色好的精致面粉，并且精度越高则面粉中微量营养素损失就越大。此外小麦粉本身存在着一定的营养缺陷，主要表现在蛋白质的氨基酸组成不平衡，第一限制性氨基酸是赖氨酸，其含量不足推荐模式的40％；第二限制性氨基酸是苏氨酸，其含量不足推荐模式的57％。这样会影响其生物效价，即营养学的"木桶效应"：蛋白质是否优质关键要看蛋白质的氨基酸比例是否合适，特别是8种必需氨基酸（人体不能自身合成）是否均衡，只要其中某一种氨基酸缺失，机体需要的特定蛋白质就不能被合成，以致其他氨基酸得不到利用而被排泄。

在国际经验和国内试点基础上,根据我国城乡居民微营养素摄入量普遍缺乏的情况,2002年经各方专家研究讨论,提出了一个称为"7+1"的面粉营养强化建议配方(表8-4),经过试点后逐步推开。"7+1"是国家公众营养与发展中心和国家营养改善项目办公室组织国内营养专家,参照国际营养强化的标准,针对中国人群的特点确定的强化面粉配方,营养成分符合中国营养学会DRI标准及基础配方+建议配方的模式。配方中的"7"就是准备强制添加的7种微营养素,"1"则是建议添加的维生素A。这一配方的产生是近年来我国食品营养强化方面的进展之一,是实施小麦粉强化的基础。

表8-4 "7+1"面粉营养强化建议配方(国家公众营养与发展中心推荐配方)

营养素	添加量/(mg/kg)	功 能 作 用
维生素A	2	缺乏时,视网膜细胞中视红质含量下降,便是夜盲症
维生素B_1	3.5	摄入不足,碳水化合物代谢会发生障碍,影响神经系统,导致酸碱平衡紊乱
维生素B_2	3.5	摄入不足,会出现眼睛、口腔、皮肤等部位炎症。甚至会干扰铁的吸收
烟酸	35	维持神经系统、消化系统和皮肤的正常功能。缺乏会导致皮炎、腹泻、甚至神经错乱、痴呆等症
叶酸	2	预防神经管畸形(包括脊柱畸形和无脑畸形),预防巨幼红细胞缺乏、孕妇胎儿早产
铁	20	是人体内血红蛋白的重要组成部分,参与体内氧的运输、传送
锌	25	①促进生长发育;②改善味觉,增进食欲;③增强对疾病的抵抗力
钙	1000	构成集体骨骼和牙齿的主要成分;维护神经、肌肉的正常生理功能;参与血液凝固

按照这一配方,以每日食用200~300g小麦粉计,可以补人体所需的日微营养素摄取量的一部分,而每人每天用于面粉强化的消费仅为1~2分钱。

营养素在面粉中的添加工序如下:

面粉+营养素→预混合→面粉+预混合营养素→混合→营

面粉

面粉强化的工艺比较简单,可在面粉加工过程即将结束时把营养素直接按比例与面粉混合。因为复合营养素的添加比例都很小,建议在进入混合机器之前,增加一预混合设备,将复合营养素按一定的比例预放大,以保证最终产品(面粉)的均匀度。

3. 营养强化饼干

普通饼干的主要配方原料是小麦粉(有的加米粉或糯米粉)、油脂、糖、疏松剂,以及乳制品、鸡蛋、果仁、椰丝、巧克力、葡萄干等。配方不同的饼干,营养成分会有一定差别,但一般都以糖类(碳水化合物)含量为最多,占51%~68%,蛋白质占5%~10%,脂肪占5%~30%,主要为食用者提供热量。

我国规定可在饼干等粮食类食品中添加的营养强化剂有赖氨酸、牛磺酸、维生素B_1、维生素B_2、维生素C、烟酸、钙、铁、锌、硒等10种,并分别制定了允许加入量标准。与普通饼干相比,在饼干配方中添加人体缺乏的某一种或多种营养成分,就成了营养强化饼干(表8-5)。其中需要注意生产过程中的焙烤工序对营养素的影响,从而选择合适的营养素进行添加。

表8-5 三种营养强化饼干配方

原 辅 料	强化赖氨酸儿童饼干	强化钙饼干	强化铁苏打饼干
面粉(强)/kg	100	96	66
面粉(弱)/kg	—	—	34
淀粉/kg	—	4	—
起酥油/kg	32	30	16
磷脂/kg	1	1	1
白砂糖/kg	43	45	—
淀粉糖浆/kg	2	6	—
全脂奶粉/kg	3	4	2
鸡蛋/kg	—	2	4
食盐/kg	0.6	0.5	1
小苏打/kg	0.3	0.2	0.5

续表

原 辅 料	强化赖氨酸儿童饼干	强化钙饼干	强化铁苏打饼干
碳酸氢铵/kg	0.2	0.1	—
香油/kg	0.1	0.1	—
鲜酵母/kg	—	—	0.5
抗氧化剂/g	3.2	3	1.6
增效剂（柠檬酸）/g	6.4	6	3.2
L-赖氨酸-L-天门冬氨酸盐/g	700	—	—
葡萄糖酸钙/g	—	5700	—
硫酸亚铁/g	—	—	26

营养饼干中强化了某一种或几种营养素，吃后可增加营养素摄入，可预防和纠正相应营养素缺乏引起的健康问题。对于偏食、挑食者或因各种原因不能保证平衡膳食的人来说，吃些营养强化食品是获得营养的好方法。但平时能做到膳食平衡的人，则没有必要吃强化饼干或其他营养强化食品。

第三节 保健食品设计

我国 2005 年发布的《保健食品注册管理办法（试行）》，对保健食品进行了定义：保健食品，是指声称具有特定保健功能或者以补充维生素、矿物质为目的的食品。即适宜于特定人群食用，具有调节机体功能，不以治疗疾病为目的，并且对人体不产生任何急性、亚急性或者慢性危害的食品。

这里的"保健食品"，就是第二代、第三代功能性食品。它具有三种属性：①食品属性，它不能脱离食品，是食品的一个种类；②功能属性，具有一般食品无法比拟的功效作用，能调节人体的某种功能；③非药品属性，不是为治疗疾病而生产的产品。可以说，保健食品

图 8-2 保健食品标志

是介于食品和药品之间一种特殊的食品。

《保健食品管理办法》第5条规定:"凡声称具有保健功能的食品必须经卫生部审查确认";第16条规定:"未经卫生部审查批准的食品,不得以保健食品名义生产经营"。2003年10月国家食品药品监管局(SFDA)接管保健食品审批工作后,以往两种批准文号"卫食健字"及"国食健字"统一规范为"国食健字"。其标志见图8-2。

一、配方分类

保健食品配方可分为中药类、食物原料类、营养素类三类:

1. 中药类

中药类保健食品是我国的主要品种,这是中国特色。我国的中医药食疗养生理论及实践,已有5000年的历史,为中华民族的繁衍昌盛及人民的健康做出了不可磨灭的贡献,早已传播海外,也是世界人民的福祉,是全人类的宝贵遗产。前人的理论和实践,为现代保健产品的继承和发展打下了坚实的基础。中医药具有药食同源的医学传统,其中很多中药和中药饮片都可以作为保健品进入市场。国内企业要在国际保健品市场上占有一席之地,首先要加大研发投入,注重新产品的开发,运用中医药的传统理论来指导新产品的研发,推陈出新、取精用宏,使之更加完善,创出更新的成就。

2. 食物原料类

食品原料提取物作为保健食品的配方日益增多,如大豆异黄酮、葡萄子提取物、二十八烷醇、玉米油、甲壳素等,这类植物提取物作为保健食品原料,近年已成趋势。加之中国中药现代化战略的推出,植物提取物在中国市场蕴藏着巨大商机。

3. 营养素类

营养素补充剂是以补充一种或多种人体所必需的营养素为目

的，各国管理情况不同，内容也不完全一样，其管理方法有的属于膳食补充剂，有的作为药品管理。我国于 1997 年 7 月 1 日发布的《卫生部关于保健食品管理中若干问题的通知》、卫法监（1997）第 38 号文件明确将营养素补充剂纳入保健食品管理范畴。

二、功能定位

2003 年新发布的《保健食品检验与评价技术规范》，保健食品功能由原来的 22 项调整为 27 项（表 8-6）。这是产品设计的出发点。

表 8-6　27 项保健功能及相对应的适宜人群、不适宜人群表

保健功能	适宜人群	不适宜人群
1. 增强免疫力	免疫力低下者	
2. 抗氧化①	中老年人	少年儿童
3. 辅助改善记忆①	需要改善记忆者	
4. 缓解体力疲劳②	易疲劳者	少年儿童
5. 减肥①②		孕期及哺乳期妇女
6. 改善生长发育①	生长发育不良的少年儿童	
7. 提高缺氧耐受力	处于缺氧环境者	
8. 对辐射危害有辅助保护功能	接触辐射者	
9. 辅助降血脂①	血脂偏高者	少年儿童
10. 辅助降血糖①	血糖偏高者	少年儿童
11. 改善睡眠	睡眠状况不佳者	少年儿童
12. 改善营养性贫血①	营养性贫血者	
13. 对化学性肝损伤有辅助保护功能	有化学性肝损伤危险者	
14. 促进泌乳①	哺乳期妇女	
15. 缓解视疲劳③	视力易疲劳者	
16. 促进排铅①	接触铅污染环境者	
17. 清咽①	咽部不适者	

续表

保健功能	适宜人群	不适宜人群
18. 辅助降血压①	血压偏高者	少年儿童
19. 增加骨密度	中老年人	
20. 调节肠道菌群①	肠道功能紊乱者	
21. 促进消化①	消化不良者	
22. 通便①	便秘者	
23. 对胃黏膜损伤有辅助保护功能①	轻度胃黏膜损伤者	
24. 祛痤疮②	有痤疮者	儿童
25. 祛黄褐斑②	有黄褐斑者	儿童
26. 改善皮肤水分②	皮肤干燥者	
27. 改善皮肤油分②	皮肤油分缺乏者	

①动物试验＋人体试食试验；②人体试食试验；③增加兴奋剂检测。

我国受理的这 27 项"保健功能"及其声称，大体可以按图 8.3 进行分类。

保健功能的设定会随着科学技术的发展和认识水平进一步更改和扩展，正如我国对某些功能的具体名称进行修正一样。在保健食品学术界，有的学者认为食物抗癌的理论学说及科学研究是近年非常热门的话题，并且许多食物的防癌抗癌作用比较肯定，如香菇、灵芝等，但却不包括在我国受理的 27 项功能之中。其实早在 1996 年最初的 12 项功能中包括了辅助抑制肿瘤功能。但癌症是一个非常漫长的发病过程，究竟某一种单一的营养素在整个发病过程中起什么作用，是很难说得清楚的。说具有辅助治疗癌症的作用，但它的作用剂量非常之窄，如果不能控制这个剂量，就很难见效。后来许多肿瘤大夫提出异议，认为这不合适。卫生部在 1998 年取消了该项功能。

在表 8-6 中，许多功能均以"辅助治疗×××"命名，表明保健食品应用范围可以扩大到疾病、亚健康、预防的各个领域，发挥其辅助作用。

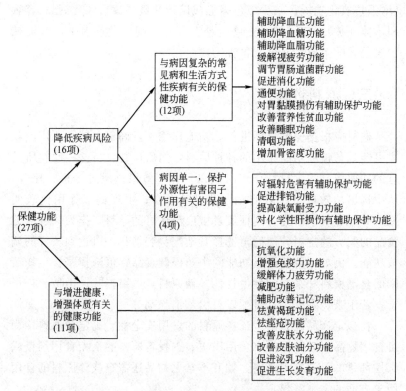

图 8-3　保健功能分类图

可以依据市场需求，协调产品的功效，发挥目前保健功能间的相互促进作用，扩大保健食品适应范围。同一种产品最多可以申报两种功能。例如：

糖脂代谢紊乱方面：①辅助降血糖和辅助降血脂功能的组合（糖脂代谢紊乱相伴生）；②辅助降血糖和辅助降血压功能的组合（糖尿病多伴有动脉硬化、高血压并发症）；③辅助降血脂和辅助降血压功能的组合（高血脂、动脉硬化、高血压相互关联）。

美容方面：减肥和降脂功能的组合（标本兼治，由内而外的美）；祛痤疮和通便功能的组合（解毒消痤与通便排毒相结合，以达排毒养颜目的）；祛黄褐斑与下列保健功能的组合：①抗氧化

(增强抗氧化功能,减少黑色素形成以达祛斑之效),②减肥(容貌和形体并美),③增加骨密度(补益肝肾,调节激素水平,既可减少黑色素的生成,又可改善骨钙代谢)。

三、原料选择

选料应根据保健目标进行。功能作用一旦确定,就需要广泛收集可能具备该项功能作用的各种原料,然后认真分析这些原料所具有的功效成分的含量、作用机制以及作用效果。通过分析、比较,从中选出功效成分比较明确、含量较丰富、生理调节作用比较明显,并经过科学研究得到证实且被广泛认可的原料,作为该种保健食品的配方的主料。然后再选择其他配料和辅料,以达到较好的调节功能。例如,调节血脂功能的中药保健食品,可选择富含生物黄酮的食品原料和某些活性生物性多糖原料,如银杏叶、山楂、枸杞子、苦丁茶、香菇等,再配以自由基消除剂等。

在拟定产品配方前考证各原料的食用安全性,确定各原料均为可食用物品,且在国内有食用历史。查找各原料的最大食用剂量或毒性剂量的科学文献资料,如有不常见物品还需查找该原料的食用历史方面的文献资料。

1. 主要原料类型

现在用于保健食品的原料来源主要有:①中草药;②动植物提取物;③化学合成物。

我国保健食品所用原料有一个明显的中国特色,主要是中国传统上有食用习惯、民间广泛食用,但又在中医临床中使用的物品。卫生部已第四次调整,这是许可范围的变动。就目前水平来说,它们是生产保健食品(主要是第二代功能性食品)的重要配料。

既是食品又是药品的物品名单(87个):丁香、八角茴香、刀豆、小茴香、小蓟、山药、山楂、马齿苋、乌梢蛇、乌梅、木瓜、火麻仁、代代花、玉竹、甘草、白芷、白果、白扁豆、白扁豆花、龙眼肉（桂圆）、决明子、百合、肉豆蔻、肉桂、余甘子、佛手、杏仁（甜、苦）、沙棘、牡蛎、芡实、花椒、赤小豆、阿胶、鸡内金、麦芽、昆布、枣（大枣、酸枣、黑枣）、罗汉果、郁李仁、金银花、青果、鱼腥草、姜（生姜、干姜）、枳椇子、枸杞子、栀子、砂仁、胖大海、茯苓、香橼、香薷、桃仁、桑叶、桑葚、橘红、桔梗、益智仁、荷叶、莱菔子、莲子、高良姜、淡竹叶、淡豆豉、菊花、菊苣、黄芥子、黄精、紫苏、紫苏籽、葛根、黑芝麻、黑胡椒、槐米、槐花、蒲公英、蜂蜜、榧子、酸枣仁、鲜白茅根、鲜芦根、蝮蛇、橘皮、薄荷、薏苡仁、薤白、覆盆子、藿香。

在我国目前的保健食品中还大量应用了传统滋补类中药。可用于保健食品的物品名单（114 个）：人参、人参叶、人参果、三七、土茯苓、大蓟、女贞子、山茱萸、川牛膝、川贝母、川芎、马鹿胎、马鹿茸、马鹿骨、丹参、五加皮、五味子、升麻、天门冬、天麻、太子参、巴戟天、木香、木贼、牛蒡子、牛蒡根、车前子、车前草、北沙参、平贝母、玄参、生地黄、生何首乌、白及、白术、白芍、白豆蔻、石决明、石斛（需提供可使用证明）、地骨皮、当归、竹茹、红花、红景天、西洋参、吴茱萸、怀牛膝、杜仲、杜仲叶、沙苑子、牡丹皮、芦荟、苍术、补骨脂、诃子、赤芍、远志、麦门冬、龟甲、佩兰、侧柏叶、制大黄、制何首乌、刺五加、刺玫果、泽兰、泽泻、玫瑰花、玫瑰茄、知母、罗布麻、苦丁茶、金荞麦、金樱子、青皮、厚朴、厚朴花、姜黄、枳壳、枳实、柏子仁、珍珠、绞股蓝、胡芦巴、茜草、荜茇、韭菜子、首乌藤、香附、骨碎补、党参、桑白皮、桑枝、浙贝母、益母草、积雪草、淫羊藿、菟丝子、野菊花、银杏叶、黄芪、湖北贝母、番泻叶、蛤蚧、越橘、槐实、蒲黄、蒺藜、蜂胶、酸角、墨旱莲、熟大黄、熟地黄、鳖甲。它们不能在普通食品中使用。保健食品的原料采用中药，其用量需要控制在临床用量的 1/2 以下。

2004 年卫生部发布公告，将食品新资源油菜花粉、玉米花粉、松花粉、向日葵花粉、紫云英花粉、荞麦花粉、芝麻花粉、高粱花粉、魔芋、钝顶螺旋藻、极大螺旋藻、刺梨、玫瑰茄、蚕蛹列为普通食品管理。它们也是开发保健食品的常用原料。

可用于生产保健食品的真菌菌种有 11 种：酿酒酵母、产朊假丝酵母、乳酸克鲁维酵母、卡氏酵母、蝙蝠蛾拟青霉、蝙蝠蛾被毛孢、灵芝、紫芝、松杉灵芝、红曲霉、紫红曲霉。

可用于生产保健食品的益生菌有 10 种：两歧双歧杆菌、婴儿两歧双歧杆菌、长两歧双歧杆菌、短两歧双歧杆菌、青春两歧双歧杆菌、保加利亚乳杆菌、嗜酸乳杆菌、嗜热链球菌、干酪乳杆菌干酪亚种、罗伊氏乳杆菌。

2. 注意事项

（1）为防止草地退化，禁止使用野生甘草、麻黄草、苁蓉和雪莲及其产品作为保健食品成分；使用人工栽培的甘草、麻黄草、苁蓉和雪莲及其产品作为保健食品成分，应提供原料来源、购销合同以及原料供应商出具的收购许可证（复印件）。

（2）保健食品禁用物品名单（共有 59 个）：八角莲、八里麻、千金子、土青木香、山莨菪、川乌、广防己、马桑叶、马钱子、六角莲、天仙子、巴豆、水银、长春花、甘遂、生天南星、生半夏、生白附子、生狼毒、白降丹、石蒜、关木通、农吉痢、夹竹桃、朱砂、米壳（罂粟壳）、红升丹、红豆杉、红茴香、红粉、羊角拗、羊踯躅、丽江山慈菇、京大戟、昆明山海棠、河豚、闹羊花、青娘虫、鱼藤、洋地黄、洋金花、牵牛子、砒石（白砒、红砒、砒霜）、草乌、香加皮（杠柳皮）、骆驼蓬、鬼臼、莽草、铁棒槌、铃兰、雪上一枝蒿、黄花夹竹桃、斑蝥、硫磺、雄黄、雷公藤、颠茄、藜芦、蟾酥。

（3）禁止使用国家保护一、二级野生动植物及其产品作为保健食品原料；禁止使用人工驯养繁殖或人工栽培的国家保护一级野生动植物及其产品作为保健食品原料。

（4）肌酸、熊胆粉、金属硫蛋白不能作为保健食品原料。

（5）生大黄、三黄（黄芩、黄连、黄柏）、石菖蒲、天花粉、蚓激酶、急性子、钩藤、半枝莲、白花蛇舌草、鹅不食草、王不留行、脱氢表雄酮、水飞蓟素、漏芦、路路通、生长激素等一般也不能用于保健食品。

（6）为明确划分保健食品与药品的界限，已获国家药政管理部门批准的中成药和已受国家中药保护的中成药不能作为保健食品加以开发。

（7）供儿童、孕产妇类食品不得含激素类物质。

3. 原料的功效

选择原料时一定要有科学依据。一种保健食品应首先确定其功能目标，针对其功能作用去选择合适的原料。

（1）具有延缓衰老功能的物质：生育酚、超氧化歧化酶、姜黄素、茶多酚、谷胱甘肽等；

（2）具有减肥功能的物质：脂肪代谢调节肽、魔芋精粉、葡甘露聚糖、乌龙茶提取物、L-肉碱、荞麦、红薯等；

（3）具有缓解体力疲劳功能的物质：人参、西洋参、二十八醇、牛磺酸、鱼鳔胶、葛根、乌骨鸡、鹿茸、大枣等；

（4）具有辅助抑制肿瘤功能的物质：大蒜、鲨鱼软骨粉、琼脂低聚糖、番茄红素、冬凌草、虾青素、硒及含硒制品、十字花科蔬菜等；

（5）具有辅助降血脂功能的物质：小麦胚芽油、米糠油、紫苏油、沙棘（籽）油、葡萄籽油、深海鱼油、玉米（胚芽）油、燕麦麦麸、燕麦-β葡聚糖、大豆蛋白银杏叶提取物、山楂、绞股蓝皂苷等；

（6）具有促进美容功能的物质：芦荟、珍珠粉、神经酰胺、阿魏酸、苹果多酚等；

（7）具有增强免疫力功能的物质：营养强化剂（蛋白质、维生素、微量元素）、免疫球蛋白、免疫活性肽、活性多糖、超氧化物歧化酶、双歧杆菌、乳酸菌、大蒜素、生物制剂等；

（8）具有调节肠道菌群功能的物质：有益活菌制剂、有益菌增殖促进剂、有益菌及其增殖因子的综合制剂；

（9）具有调节血糖功能的物质：糖醇类、麦芽糖醇、木糖醇、山梨糖醇、蜂胶、南瓜、铬、三氯化铬、番石榴叶提取物等；

（10）具有辅助改善记忆功能的物质：芹菜甲素、辣椒素、石松、银杏、人参、胆碱、钴胺素、褪黑激素、脱氧核糖核酸、核糖核酸、单不饱和脂肪酸、叶酸、硼等；

（11）具有缓解视疲劳功能的物质：花色苷、叶黄素，富含维生素A的食物，富含维生素C、钙、铬、锌的食物，珍珠，海带等；

（12）具有改善睡眠功能的物质：褪黑激素、酸枣仁、酸奶加香蕉、葡萄、葡萄酒、富含锌、铜的食物等；

（13）具有改善生长发育功能的物质：牛初乳、肌醇、藻蓝蛋白、富锌食品；

（14）具有辅助降血压功能的物质：大豆低聚肽、杜仲叶提取物、芸香苷提取物等；

（15）具有改善营养性贫血功能的物质：乳酸亚铁、血红素铁、硫酸亚铁、葡萄糖亚铁等。

四、选方途径

我国的保健食品具有浓厚的中国特色，这是因为许多配方都是取材于某个中药方剂。中医具有独特临床疗效的根本原因在于合理、灵活的运用中药几千年来历代医家通过不断组方改进，不断研制出许多行之有效的、新的中药配方。许多经典方、药茶在中国运用了千年，如果用现代术语讲，其临床观察时间长达千年，沙里淘金，百代验证。这为中药保健食品的研制与开发提供了宝贵的配方资源。选方有如下的途径：

① 从古今方剂医籍中选择；
② 从历代名医医案话中选择；
③ 从国内外有关期刊杂志上选择；
④ 从名老中医、民间医生和医院制剂中选择；

⑤ 从民间单方、验方中选择；

⑥ 从科研处方中选择。

可以采用综合比较的分析方法。综合古今医籍、期刊、民间单验方、老中医经验方中功效相近或药理作用、主治相近的方剂，先初步选定几个方剂，再运用中医药理论，结合临床实际对各处方进行综合分析，从中筛选出最佳处方确定下来。分析的内容范围包括处方来源、药材品种、性味归经、配伍禁忌、功能主治、毒性大小、有效成分、用法用量以及存在问题。分析结果若有不合理的地方可以通过调整和研究加以修正、确定。

这是一个严谨的、科学的过程，不能草率行事。例如：确定申报某功能产品，首先查一下哪种中药成分可以在试验室做出该功能，然后再去查询在国家规定允许使用的中药名单中那些中药含有该成分，再将这些中药机械地拼凑在一起，形成配方。这不是真正的传统保健食品，如果这样做，传统保健食品的内涵就被大量丢弃了。

五、组方依据

1. 以我国传统中医保健理论组方

传统中医保健理论为保健食品的功能定位提供了理论依据。传统中医保健理论认为"不治已病，治未病"、"不病而治易得，小病而治可得，大病而治难得"，强调早期预防、防患于未然的重要性。中医历代医家都十分强调饮食营养的重要性。

食疗即饮食疗法，或称食治，是在中医理论指导下，利用食物的特性或调节膳食中的营养成分，达到治疗疾病，恢复人体健康的目的。传统中医保健理论不仅在理论上明确了食疗的重要性，而且积累了丰富的经验，许多食疗保健配方在民间流传甚广，被百姓普遍接受，起到了很好的预防保健效果，在人体健康方面发挥了巨大作用。

2. 以现代科研成果组方

现代医学、现代营养学为保健食品的功能定位提供了科学依据。我们通常说患了疾病，但在古代"疾"与"病"含义不同。"疾"是指不易觉察的小病，如果不采取有效的措施，就会发展到可见的程度，便称为"病"，这种患疾的状态，现代科学叫"亚健康"，即指非病非健康状态，亚健康人群是疾病的高发人群。许多学者认为，人的健康状况可分为健康、亚健康、疾病三种状态，而且这三者处于动态的相互演变过程中。亚健康状态的理论为保健食品的功能定位提供了理论支持。随着生活水平的提高，人们重视解决由于工作、生活紧张而带来的"亚健康"问题，如何从饮食方面加以调整，使之向健康状态转化，未雨绸缪、防患于未然，是保健食品面临的重大挑战。

3. 以我国传统中医保健理论和现代科研成果相结合组方

现代科学技术的应用，正在不断提升科研试验的研究水平，药理学试验理论和技术的发展，为进一步明确我国传统保健食品原料的功能活性物质和作用机理提供了科学的手段，使保健食品的研究与中医学、中药学以及现代医学的研究紧密结合起来。

六、设计评价

保健食品的评价体系包括功能学评价、毒理学评价和卫生学评价。申报保健食品的产品，必须完成安全性毒理学试验、功能学试验（营养素补充剂除外）、稳定性试验、卫生学检验、功效成分鉴定试验。根据产品的功能和原料特性，还有可能要求申报的产品进行激素、兴奋剂检测、菌株鉴定试验、原料品种鉴定等。

1. 稳定性评价

按照"保健食品评审技术规程"进行评价。

目的：核定产品的保质期。

方法：用加速实验的方法，在温度 37～40℃，相对湿度 75% 的条件下，于潮湿箱中放置产品 3 个月，每月检测一次，3 月后如指标稳定即相当于产品可保存 2 年。

指标：在稳定性试验中选取所有代表产品内在质量指标均应检测，应注意直接与产品接触的包装材料对产品稳定性的影响。指标一般为功效成分的全部理化指标。

样品：测试样品至少对 3 批样品进行观察。

2. 卫生学评价

按"保健食品通用卫生要求"进行评价。

目的：保健食品系口服食品，因此，卫生学指标必须合格。

指标：检测项目为菌群总数、大肠菌群、致病菌、霉菌、酵母。对液态食品与固态或半固态食品有不同要求。

样品：用三个不同批号（生产日期相隔一个月）产品进行检测，在进行卫生学评价同时，应对产品按标准进行感官测定，即色泽、气味、组织形态。不得有异味、杂质或腐败变质现象。供儿童、孕产妇用保健食品不得检出有激素类物质。

3. 安全性毒理学评价

对样品按照评价程序和检验方法进行以验证食用安全性为目的的动物试验，必要时可进行人体试食试验。目前规定了 17 个安全性毒理学试验。

4. 功能学评价

对保健食品进行功能学评价是功能食品科学研究的核心内容，主要针对保健食品所宣称的生理功效进行动物试验甚至是人体试验。

例如，按照《保健食品功能学评价程序和检验方法》，对减肥功能评价，试验项目包括动物试验和人体试食试验。结果判定：

①动物试验：试验组的体重和体内脂肪重量，或体重和脂/体比低于模型对照组，差异有显著性，摄食量不显著低于模型对照组，可判定该受试样品动物减肥功能试验结果阳性。②人体试食试验：a. 不替代主食的减肥功能食品：体内脂肪重量减少，皮下脂肪四个点中任两个点减少，腰围与臀围之一减少，且差异有显著性，运动耐力不下降，对机体健康无明显损害，并排除膳食及运动对减肥功能作用的影响，可判定该受试样品具有减肥功能作用。b. 替代主食的减肥功能食品：体内脂肪重量减少，皮下脂肪四个点中任两个点减少，腰围与臀围之一减少，且差异有显著性，运动耐力不下降，且对机体健康无明显损害，并排除运动对减肥功能作用的影响，可判定该受试样品具有减肥功能作用。

七、评审内容

自 2003 年 10 月国家食品药品监管局（SFDA）接管保健食品审批工作以来，保健食品的审批工作由国家中药品种保护审评委员会保健食品审评中心受理。审评会由原来的三个月一次改为每月一次，一般在中下旬开始，每次评审会历时约 7 天。

省级药监局或进口申报单位递交申报资料后，保健食品审评中心接到申报资料后，对其进行审核，在 5 个工作日内，对符合要求的予以受理并发给申报单位"受理通知书"；不符合要求的资料退回并提出修改要求。已受理的申报资料和产品样品将在评审会议上评审，评审委员会由各方面专家组成。申报产品必须有全体参加会议的委员的 2/3 以上同意方可认为评审通过。

评审结果有四种：通过；原则通过但需补充一些资料；补充资料后再审；不通过。

保健食品批准证书有效期为 5 年；保健食品批准证书有效期届满需要延长有效期的，申请人应当在有效期届满三个月前申请再注册。

评审主要从以下几方面进行。

(1) 配方的评审　评审保健食品最重要的是审配方，配方必须合理。所谓合理包括五方面内容：一是配方的依据，是根据古人的经验、根据文献还是根据研究的结果，需要提出一个科学根据；二是配方的原料，必须都是合法的原料；三是评审特殊原料，比如一些进口原料，或者是属于国家保护的动植物，这些作为特殊原料是否允许使用需要评审；四是配方的剂量。保健食品里使用的辅料也必须是合法的食品辅料，药用辅料用于保健食品要经过评审。

(2) 生产工艺的评审　生产工艺要合理、科学。生产工艺的基本要求就是把好的成分尽可能留下来，把不好的成分尽可能清除掉。

(3) 质量控制评审　对保健食品的质量控制和对药品的质量控制基本上相似，要求都很严格。比如有效成分、有效组分、指标成分、重金属残留、农药残留、兴奋剂、激素、违禁药物都要检测。

(4) 安全性评审　保健食品要绝对安全，这方面的评审非常严格，有任何一点可疑或不安全因素的产品都可能被否决。

(5) 保健功能评审　保健功能提得是否合适，是否有根据。提倡一个保健食品只申报一个保健功能，最多不能超过两个，而且两个保健功能不能互相矛盾。此外，声称具备某种保健功能必须有科学根据，要做动物实验，有些还要做人体观察（相当于药物的临床研究），也要设对照图。

(6) 标签和说明书评审　标签说明书评审会逐字逐句修改，确定后作为有法律效力的文件不准随便修改。因为这是指导人群使用的，不能有任何安全隐患。标签说明书不能夸大，不能对用法、用量、不适宜人群、可能出现的不良反应及注意事项等忽略或有意隐瞒。

评审内容之中，最重要的是配方和安全性，这两个不能有任何缺陷，有缺陷的产品立即否决，不给改正错误的机会。因为配方不合理，这个产品就彻底否决了，不可能通过补报材料获得通过。安全性有问题也是一次否决，因为已经证明不安全了，再怎么做实验，再怎么补材料也解决不了。

八、常见设计错误

(1) 配方缺乏科学依据,具有申报功能的依据不足。例如,蝙蝠蛾被毛孢菌丝体具有改善睡眠功能的科学依据不足,配方不合理。

(2) 配方原料配伍不合理。例如,配方以何首乌提取物、枸杞子提取物、银杏叶提取物、大豆低聚肽及维生素等,与核苷酸配伍,缺乏合理性和科学依据,配方不合理。

(3) 配方原料与确定的适宜人群不符。例如,人参(西洋参)、蜂王浆等以少年儿童作为适宜人群(用少年儿童为试食对象)。适宜人群、不适宜人群的选择及依据,可参考《保健食品检验与评价技术规范》(卫生部)。

(4) 违规。例如,配方为传统中药经典方或受保护的中药处方;配方含有保健食品禁用的原料(如雷公藤、藜芦等)及国家保护的野生动植物原料;在减肥产品中加入西布曲明、芬氟拉明或甲状腺素,在促进生长发育的产品中加入雄性激素,在女性产品中加入雌性激素。尽管西布曲明作为国际公认的安全有效减肥药,其效果是显著的,但是保健食品不能添加药物成分,主要是其"身份"不允许添加,而非添加的药物本身有问题。

(5) 配方食用量过低,该推荐食用量下具有申报功能的依据不足。例如,产品配方由单一大枣组成,食用 50g/日,具有增强免疫力和改善睡眠功能的依据不足;产品以鱼蛋白粉、葡萄糖酸锌为原料,每日服用 2 克(其中鱼蛋白粉为 0.5g),该食用量下具有增强免疫力功能的依据不足。

(6) 配方含有不是"可用于保健食品的原料"的原料,且未进行新资源食品安全性毒理学评价。例如,蜂胎、蚕丝蛋白、金盏菊、珍珠草等。

(7) 使用食品添加剂超过限量。例如,使用的防腐剂苯甲酸钠、产品包衣所用的柠檬黄、二氧化钛、可可壳色素等超量使用,营养素超过最大推荐量。

九、配方设计举例

(一) 减肥产品

医学意义上的肥胖,是指一定程度的明显超重与脂肪层过厚。肥胖是体内脂肪,尤其是甘油三酯积聚过多而导致的一种状态,是一种亚健康状态。

1. 肥胖的分类

肥胖可分为单纯性肥胖和继发性肥胖两大类。平时我们所见到的肥胖多属于前者,单纯性肥胖所占比例高达99%。单纯性肥胖是一种找不到原因的肥胖,医学上也可把它称为原发性肥胖,可能与遗传、饮食和运动习惯有关。

所谓继发性肥胖,是指由于其他健康问题所导致的肥胖,也就是说继发性肥胖是有因可查的肥胖。继发性肥胖占肥胖的比例仅为1%。根据引起肥胖的原因,又可将继发性肥胖分为下丘脑性肥胖、垂体性肥胖、甲状腺功能低下性肥胖、库欣综合征导致的肥胖、性腺功能低下性肥胖等,分别因下丘脑、垂体、甲状腺、肾上腺和性腺疾病而致。其中,成人以库欣综合征和甲状腺功能低下性肥胖为多见,儿童中以颅咽管瘤所致的下丘脑性肥胖为最多。

2. 肥胖的标准

肥胖是由于人体生理机能的改变引起体内脂肪堆积过多,导致体重增加,从而使机体发生一系列病理、生理变化的病症。一般认为,体重超过标准体重10%为超重,超过20%且脂肪量超过30%为肥胖。

成人标准体重的计算方法:

$$标准体重(kg) = [身高(cm) - 100] \times 0.9$$

3. 保健食品的减肥原理

① 减少热量的摄入　这里不是指减少饮食，是指通过服用保健食品达到减少热量摄入。此类产品主要是富含膳食纤维的食物。服用膳食纤维要适度。选择低能量食品要注意营养素搭配比例。

② 减少脂肪的吸收　主要通过吸附脂肪使其不被吸收和抑制消化酶的活性起作用。例如壳聚糖。维生素A、维生素E等营养物质是脂溶性的，减少脂肪的吸收同时会减少这些营养物质的吸收。所以在服用此类产品时应当多吃一些含维生素A、维生素E的食物，或者服用一些营养补充剂。

③ 促进脂肪的转化　左旋肉碱是此类物质的代表。

④ 中草药　中草药中含有相当多的有效成分，可以抑制消化酶活性、增快食物的排泄、促进脂肪的转化，具有相当好的减肥效果。

中医学认为：肥胖是人体的一种不均衡（失调）现象，它是由湿浊、血瘀造成脂肪滞留而引起的，应通过利水、渗湿、消肿、化浊、去瘀、降脂、通便等方法进行减肥。

单味中药往往不能达到减肥的效果，而必须通过复方中各药味配伍来产生药效。在药品中典型的是治疗实证肥胖的"防风通圣散"和治疗虚证的"防己黄芪汤"。减肥保健食品较中成药组方要简单，大部分成分为"药食同源"之品。

已批准的减肥保健食品所用部分中药如下：乌龙茶、绿茶、普洱茶、苦丁茶、绞股蓝、荷叶、桑叶、山楂、银杏叶、黄芪、红花、枸杞、泽泻、决明子、茯苓、莱菔籽、陈皮、灵芝、番泻叶、冬瓜子、川芎、金银花、红花、车前草、昆布、菊花、罗汉果、冬虫夏草、蜂花粉等。

4. 素材与功效成分

减肥功能的保健食品主要分两大类：替代主食的和不替代主食

的。在组织配方时,在保证其安全性的同时,要有足够的研究文献论证支持。引起腹泻或抑制食欲的不能作为减肥功能食品;服用者每日营养素摄入量应基本保证机体正常生命活动的需要;产品对机体健康无明显损害;不得使用违禁药物。

目前,国外减肥食品素材主要有:森林匙羹藤、脱乙酰壳多糖、肉碱、辣椒素、藤黄、桑叶提取物、共轭亚油酸等。肉碱前些年在欧洲减肥食品市场较为火爆,产品多为合成品;在日本,肉碱大多从牛羊肉中提取。最近几年,藤黄、桑叶提取物、森林匙羹藤是国外较为关注的减肥食品素材。最近,国外还有人探索用 β-肾上腺素受体激动剂和酯酶抑制剂减肥。国内许多人也在探索用党参、泽泻、荷叶、土鳖虫、苍术、决明子等中草药减肥。

现许多产品都测定某类功效成分的总量,如总黄酮、总蒽醌、总皂苷、总生物碱等作为企业标准。如大印象减肥茶测定总皂苷含量,三叶减肥茶、乌龙减肥茶测定总黄酮含量。测总含量通常使用紫外分光光度计按药典方法测定。

在市售的各类减肥保健品中,有些含有非法添加的有害物质,其中以合成食欲抑制剂最为常见,典型的食欲抑制剂主要包括芬氟拉明、苯丁胺、苄非他明、氯苯丁胺、氯苄苯丙胺、苯双甲吗啉、苯甲吗啉和安非泼拉酮等。日本、美国和中国都有因服用过量食欲抑制剂致死的报道。

减肥保健食品中不得添加药物成分,减肥保健品和药品是两个不同的领域,不能混淆。目前在我国上市的减肥药的化学药品主要有西布曲明、奥利司他。西布曲明是一种食欲抑制剂,主要作用于中枢神经系统。奥利司他主要是胃肠道的脂肪酶抑制剂,主要是胃脂肪酶和胰脂肪酶的抑制剂,减少脂肪在肠道的吸收从而达到减肥的目的。以前还有盐酸芬氟拉明,国家药品不良反应监测中心的监测数据表明,使用盐酸芬氟拉明可引起心脏瓣膜损害、肺动脉高压、心力衰竭、心动过速、心慌、胸闷、血尿、皮疹、恶心、头晕等严重不良反应。该药品用于减肥的风险大于利益,被国家药监局 2009 年 1 月叫停。

5. 适宜人群和不适宜人群说明

减肥保健食品适用于单纯性肥胖。而继发性肥胖需要对疾病进行治疗，单单服用保健食品效果差，没有任何意义。儿童、孕妇不适宜服用减肥保健食品。

6. 常见产品

目前，市场上的减肥保健食品的原料主要是膳食纤维、L-肉碱、茶多酚等以及一些有降脂作用的传统中草药。剂型多为胶囊剂和饮料类。

7. 参考配方（表 8-7）

表 8-7　高效减肥食品典型配方

核心配料	剂量	核心配料	剂量
苦荞麦片	12.5g	烟酸	10mg
菊粉	6g	Ca^{2+}	100mg
大豆磷脂	4g	Fe^{2+}	4mg
奶粉	8g	Zn^{2+}	5mg
维生素 A	185μg	Cr^{2+}	20μg
维生素 D	3μg	Se^{2+}	20μg
维生素 E	8mg	Mo^{2+}	20μg
维生素 C	100mg	丙酮酸盐	500mg
维生素 B_1	0.5mg	肌酸	500mg
维生素 B_2	0.5mg	银杏叶提取物	10mg
维生素 B_6	0.5mg	辅酶 Q_{10}	10mg
维生素 B_{12}	2μg	壳聚糖	4g

注：本产品每餐一包（35g），同时饮用 800mL 以上的水。

（二）辅助降血脂产品

1. 基本概念

对于辅助降血脂功能的保健食品而言，要从其基本概念入手。血脂主要是指血清中的总胆固醇和甘油三酯。胆固醇和甘油三酯都是人体必需的营养物质，但体内的营养讲求平衡，无论是胆固醇含量增高，还是甘油三酯的含量增高，或是两者皆增高，统称为高脂血症，易诱发动脉粥样硬化和冠心病。根据测定结果，通常将高脂血症分为四种类型：高胆固醇血症、高甘油三酯血症、混合型高脂血症、低高密度脂蛋白血症。

凡能改善高脂血症，降低总胆固醇、甘油三酯、低密度脂蛋白或升高高密度脂蛋白的产品，就可以申报"辅助降血脂"功能。

在保健食品的 27 种功能里，减肥和辅助降血脂是非常相近的，都可以降低血脂。可以说，能够减肥的产品都可以降血脂。相比减肥功能的保健品来说，降血脂起效较慢，需要长时间服用。

调节血脂类的保健食品通过多种机制，有些能够降低血液中胆固醇浓度，有些能够降低血液中甘油三酯浓度，有些能够将此两项在血液中的浓度同时降低，还有一些保健食品能够提高对人体有益的高密度脂蛋白胆固醇的浓度，从而有利于降低血脂，延缓和预防动脉硬化、预防高血脂引起的心脑血管等疾病的发生。

需要调节血脂的人群一般为中老年人和高血脂人群。不适宜人群为少年儿童。

2. 降血脂保健食品分类

（1）保健油脂类：亚油酸类，包括亚油酸和 γ-亚麻酸；多不饱和脂肪酸类，包括 α-亚麻酸、DHA、EPA，其中 DHA 和 EPA 是由 α-亚麻酸转化成的；卵磷脂。

（2）中草药类：①主要降胆固醇的中药材：蒲黄、三七、没药、决明子、大黄、茵陈蒿、人参、泽泻、何首乌、灵芝、冬虫夏草、酸枣仁、银杏叶、花粉、月见草等；②主要降甘油三酯的中药材：丹参、绞股蓝、柴胡、山楂、野菊花、菊花、黑木耳等；③降胆固醇、甘油三酯并重的中药材：荷叶、姜黄、赤芍、大蒜、罗布麻、红花、玉竹麦芽、毛冬青等；④能提高高密度脂蛋白含量的中药材：大黄、罗布麻、没药、何首乌、山楂、柴胡、冬虫夏草、酸枣仁、泽泻、黑木耳等。市场上常见的降血脂保健食品大都是以这些中草药为原料生产的。

（3）其他：膳食纤维、维生素（如维生素 E、C、B_3、B_5）、微量元素（钙、铬、铜、镁、锰、钒、硒、碘等）。

（4）抗氧化剂：抗氧化剂能够抑制脂质过氧化，从而起到降低血脂的作用。

现有的辅助降血脂保健食品中，所用物质多为银杏叶（功效成分：总黄酮）、绞股蓝（功效成分：绞股蓝皂苷）、大蒜油（功效成分：大蒜素）、月见草油、卵磷脂、大豆磷脂、沙棘油、蜂胶、洛伐他汀等。其中一些进口产品多采用γ-亚麻酸、膳食纤维、亚油酸、壳聚糖、深海鱼油（海兽油）、小麦胚芽油等。

3. 产品评价

一个产品研发出来后到国家局申报辅助降血脂功能保健食品，要先进行五个方面的检测：安全性毒理学评价、保健功能评价（辅助降血脂——动物和人体：对血清胆固醇的影响、对血清甘油三酯的影响、对血清高密度脂蛋白胆固醇的影响）、功效成分检测、稳定性试验、卫生学检查。

4. 常见产品

目前，市场上的降血脂功能的保健食品原料选用，主要以传统中草药（提取物）、普通食品浓缩物及新兴的多肽蛋白类为主。

5. 参考配方（表 8-8）

表 8-8　特效降脂软胶囊的典型配方

核心配料	剂量/mg	核心配料	剂量/mg
γ-亚麻酸	1500	γ-谷维素	100
α-亚麻酸	500	维生素 A	0.5

第四节
运动饮料设计

一、概述

运动饮料是功能性饮料中重要的一类。功能性饮料的较大部分是《中国软饮料分类标准》中的特殊用途饮料,即通过调整饮料中天然营养素的成分和含量比例,以适应某些特殊人群营养需要的饮品,包括运动饮料、营养素饮料和其他特殊用途饮料三种。部分属于保健食品,如红牛、承德露露拥有卫生部批准的保健食品的批号。

功能饮料中具有代表性的是运动饮料,占有最大份额。根据GB 15266—2009《运动饮料》的定义,运动饮料是营养素的组分和含量能适应运动或参加体育活动人群的生理特点,能为机体补充水分、电解质和能量,可被迅速吸收的饮料。

二、主要设计项目

运动饮料的作用其实就是补充运动中所需要的营养物质,形式是通过饮料的方式进行补充,主要是补充能量和水分。因此运动饮料的主要成分是糖和电解质等,主要考虑的是能量是否充足和饮料的渗透压。

一些运动饮料的主要成分见表8-9。

1. 水分和电解质

人体的近三分之二是水,它在人体中发挥组成细胞、排泄废物、保护组织、传输营养物质及气体、维持血液的容积和调节体温六大功能。体内各种代谢活动所以能正常进行,在很大程度上取决于水的比例是否恒定。

表 8-9 一些运动饮料的主要成分

名称	糖/%	糖种类	能量/(kcal/100mL)	钠/(mg/100mL)	钾/(mg/100mL)	CO_2
佳得乐	6.0	蔗糖、果糖、葡萄糖	24	42	12	无
健力宝	9.0	蔗糖、蜜糖	26	9	14	有
宝矿力水特	6.5	蔗糖、果糖、葡萄糖	24	62	25	无
葡萄适	6.5	葡萄糖、多聚糖	28	69	9	无
耐力	9.0	蔗糖	20	48	16	无
激能21	8.2	蔗糖、果糖、葡萄糖	34	47	14	无

一般人一天大约出 0.5 升汗，但是跑步一小时的出汗量就是此量的 2~3 倍；踢一场 90 分钟的足球时的出汗量可以是这个量的 4~10 倍。在长距离或长时间运动中，身体大量出汗，如果不及时补充适当水分，就要大量消耗体液，破坏身体的内环境平衡，进而因细胞内渗透压的严重失调而造成中枢神经活动的不可逆变化。因此，运动前、中、后都要补水。

人体的体液含有一些电解质成分，包括钠、氯、钾、镁、钙等。其中，钠能够调节人体内的水平衡，参与神经冲动传导；氯是胃酸的成分，能够调节渗透压；而钙则能影响肌肉收缩和骨骼的功能。电解质中最重要的是钠、钾、氯这三种元素，其次才是镁和钙。它们使体液有一定的渗透压，以维持正常的水分含量。水和电解质代谢平衡是机体中一切生命活动的基础，包括免疫功能。运动过程中大量排汗，会使人体流失如钠、钾之类的电解质，使得人体处于不平衡的状态之下。此时如果单纯补充水分，会事与愿违，越喝越渴，既达不到补水的目的，甚至会导致体温升高，小腿肌肉痉挛，昏迷等"水中毒"症状的发生。合理的补充水和电解质，还有助于预防和纠正由于水和电解质代谢紊乱造成的体液酸碱平衡。

水分和电解质的补充都应根据丢失情况进行科学的配比，不合理的电解质补充会延缓、甚至不利于各种代谢紊乱和脱水的纠正。过量的电解质由肾脏以尿液的方式排出体外，无疑对肾脏造成了额外的负担。保持水、电解质、酸碱平衡的艺术就在于饮用水的同时，补充特定成分和数量的无机盐；也在于合理的液体温度、含气量、渗透压、补充量、补充时间和其他有益成分的补充。

2. 能量

能量是否充足是评价运动饮料是否合适的重要因素。人体生命活动的运行需要消耗能量。在人们参加剧烈体育运动时，肌肉长时间地收缩和舒张，脏器的活动增强，以及神经系统能量消耗增加，将使运动时总的能量消耗比静息时增加几倍到几十倍，甚至百倍以上。这些能量的来源是自食物中的六大营养素中的三大营养物质，即糖、脂肪和蛋白质。它们在体内的生物氧化分解、代谢释放能量，通常把此三种营养素统称为生热营养素。

糖是人体最经济、最直接的主要能源物质。它以糖原的形式储存于骨骼肌和肝脏。体内的糖储备有限，在运动时如因大量消耗而没有补充，肌肉就会乏力，运动能力也随之下降。另一方面因大脑90％以上的供能来自血糖，血糖的下降将会使大脑对运动的调节能力减弱，并产生疲劳感。

关于糖的种类，一般多用单糖（果糖）和双糖（蔗糖），也有用蜂蜜的。不同种类的碳水化合物对血糖水平的影响和在胃中排空速率是不同的，葡萄糖、麦芽糖、蔗糖及麦芽低聚糖、多糖等都能提供几乎相同的热焓，对运动能力无明显不同的影响，但它们的代谢途径有所不同。人在摄入葡萄糖、蔗糖、麦芽糖等单、双糖后，其吸收速度几乎与水一样快，立即会引起胰岛素的分泌增加，使血糖进入肌细胞，从而会产生回跃性低血糖，血糖水平甚至低于正常值。现在认为低聚糖饮料比较好，由3～10个单糖组合而成的低聚麦芽糖具有独到之处，它渗透压低、甜度低、口感好、胰岛素反应低，有利于补充血糖，使大脑和肌肉在运动时不断吸收糖，从而提高耐力，延缓疲劳并加速运动后的恢复。

3. 蛋白质和氨基酸

蛋白质是组成人体结构成分和酶等特殊的功能性物质,并在几乎所有生命活动过程中发挥关键性作用。在运动过程中,骨骼肌收缩活动影响蛋白质和氨基酸代谢,这种运动的影响还延续到运动后。

蛋白质组成的基本单位是氨基酸,人类体内已发现有20余种氨基酸,它们按照一定序列编码连接起来,并形成一定的立体结构。不同蛋白质的结构差异决定了它们生理功能上的差异。人类有9种氨基酸为必需氨基酸和2种为条件必需氨基酸。必需氨基酸包括亮氨酸、异亮氨酸、缬氨酸、苏氨酸、赖氨酸、蛋氨酸、色氨酸、苯丙氨酸、组氨酸(婴幼儿期)。它们在人体内不能合成或合成速度满足不了代谢需要,必须由膳食供给。胱氨酸和酪氨酸为条件必需氨基酸。

长时间运动可使支链氨基酸、谷氨酰胺浓度下降,芳香族氨基酸浓度上升,导致运动性疲劳。科学地、合理地使用氨基酸营养补剂,对于抗运动性疲劳有重要的作用。某些氨基酸在运动训练中具有特殊的营养功能,其补充品在增强机体能量代谢、延迟中枢疲劳、增强免疫能力、促进肌肉合成、加快机体恢复等方面具有一定的功效。

支链氨基酸含有人体所必需的异亮氨酸、亮氨酸、缬氨酸三种氨基酸。支链氨基酸与运动性疲劳之间的关系非常密切,它能降低运动后机体内自由基的水平并提高抗氧化酶的活性,同时也有利于机体内钙浓度的稳定,并提高机体的运动能力。

4. 维生素

经常参加运动的人对维生素的需要量比普通人要多。维生素是通过组成辅酶或辅基的形式参与体内的代谢,在进行运动时,机体能量消耗增加,加速了代谢过程,各种酶的活性增加,使得维生素消耗相应增多;同时,运动时出汗使得水溶性维生素尤其是维生素

C 丢失。

与运动能力密切相关的维生素主要有以下三种。

① 维生素 C　参与组织的生物氧化过程，促进物质代谢等，对提高机体的运动能力有重要作用。

② 维生素 B_1　促进代谢，维护神经系统功能，减轻疲劳，促进运动能力。

③ 维生素 E　主要生理功能是清除体内自由基、保护生物膜和促进疲劳的恢复。

体内的抗氧化系统有多种维生素的参与，包括维生素 E、C、B_2、B_6、B_{12}、叶酸等。这些维生素缺乏，可以明显降低机体免疫功能。一些学者认为，额外补充这些维生素，可以增强免疫功能。

5. 其他营养素的加入

很多资料称"第一代运动饮料"为"水＋碳水化合物＋电解质"型（CHO＋E），诉求方向在于快速补充水分和汗液流失的电解质。

相对于第一代运动饮料，除碳水化合物、电解质外，加入其他营养素成分的运动饮料统称为"第二代运动饮料"。产品卖点也主要是通过其功能诉求进行诠释与表现。应该说，有助于人体运动的可补充物质很多，但出于科学的态度我们不得不对它们的功能性进行深入的研究，要求所加入成分有足够的科学数据支持。

例如，红牛的配方主要依据牛磺酸、赖氨酸、多种 B 族维生素等营养成分合理配比，并依据这些成分的协同作用所形成的抗疲劳的功效。糖帮助提供能量，其他各种物质全部都有益于增强糖的代谢，或弥补因为糖的代谢所消耗的物质，从而帮助饮用者迅速消除疲劳，恢复体力。牛磺酸有很好的补充作用。泛醇的作用，主要用来提升口味，消除咖啡因的苦味。部分功能饮料的特点见表 8-10。

表 8-10　部分功能饮料的一些特点

饮料名称	红牛	力保健	露露（杏仁露）	脉动	苹果醋
类别	饮料	类药品	饮料	饮料	饮料
口味	微苦	微苦	杏仁香	清洌爽口	酸甜爽口
功效成分	牛磺酸等、多种维生素	牛磺酸等、多种维生素	杏仁蛋白	维生素	醋、果汁
功能	抗疲劳	抗疲劳	养生	补充维生素	醒酒

运动饮料通常无碳酸气、无咖啡因、无酒精，不能含有化学合成的糖精之类的甜味剂。碳酸气会引起胃部的胀气和不适，如果过快大量饮用碳酸饮料，有可能引起胃痉挛甚至呕吐等症状；咖啡因和酒精有一定的利尿、脱水的作用，会进一步加重体液的流失。此外，二者还对中枢神经有刺激作用，不利于疲劳的恢复。

6. 营养素的加入规定

运动饮料中所添加的营养素，应遵守卫生部公告（2008 年第 18 号）《运动营养食品中食品添加剂和食品营养强化剂使用规定》，见表 8-11。

表 8-11　运动营养食品中营养强化剂使用规定

营养强化剂名称①	使用范围	强化量②
维生素 $A/\mu gRE$	运动营养食品	120～1000
维生素 $D/\mu g$	运动营养食品	1.5～12.5
维生素 $E/mg\alpha\text{-}TE$	运动营养食品	2.1～150
维生素 $K/\mu g$	运动营养食品	20～100
维生素 B_1/mg	运动营养食品	0.2～20
维生素 B_2/mg	运动营养食品	0.2～20
维生素 B_6/mg	运动营养食品	0.2～10
维生素 $B_{12}/\mu g$	运动营养食品	0.4～10
维生素 C/mg	运动营养食品	15～500

续表

营养强化剂名称①	使用范围	强化量②
叶酸/μg	运动营养食品	60~400
烟酸/mg	运动营养食品	2.1~30
胆碱/mg	运动营养食品	75~1500
生物素/μg	运动营养食品	4.5~100
泛酸/mg	运动营养食品	0.8~20
钙/mg	运动营养食品	150~1500
钾/mg	运动营养食品	300~3000
镁/mg	运动营养食品	53~500
铁/mg	运动营养食品	2.3~25
锌/mg	运动营养食品	1.7~25
硒/μg	运动营养食品	7.5~150
铜/mg	运动营养食品	0.3~1.5
碘/μg	运动营养食品	22.5~100
锰/mg	运动营养食品	0.5~3.0
磷/mg	运动营养食品	105~1000
左旋肉碱/g	运动营养食品	1~4
牛磺酸/g	运动营养食品	1~6

① 营养强化剂的来源使用《食品营养强化剂使用卫生标准》(GB 14880—1994) 批准的营养素来源 (见表 8-1)。

② 强化量以运动员的每天营养素摄入量计。

另外,根据卫生部 2010 年第 4 号公告,左旋肉碱在运动饮料中的强化量扩大到 100~1000mg/kg。

三、确定添加量的依据

1. 相关研究

运动饮料的根基在于运动生理学、营养学研究。在实践中,针对不同的运动项目和强度,确定某一个营养物质在运动时需要增加的供给量,需要有科学研究基础。最有说服力的数据来自于有关营养物质在运动人群中的代谢研究。此外,设计严谨的人群调查数据也有一定参考价值。

对运动时出汗情况和汗液中电解质水平的数据研究(包括相关文献研究),对设计运动饮料中电解质内容具有重要的参考价值。集汗方法可以采用 Verde 法加以改进,汗液中电解质可以采用原子吸收分光光度计法。最好的补水饮料应是恰好包含了汗液中所损失的电解质,以氯化钾、氯化钠、氯化镁、葡萄糖酸钙等形式出现的电解质,需要在不影响口感的前提下加入,加入比例以汗液中电解质比例为依据。人体体液和汗液中电解质的组成见表 8-12。

表 8-12　人体体液和汗液中电解质组成　　　　mg/L

类别	钠	氯	钾	镁	钙	锌	铁	磷	葡萄糖
体液	3220	3690	160	20	100	1	1	50	800
汗液	1080.0	1064.0	336.0	3.2	29.0	1.1	0.3	0.2	70.0

透过运动过程中的氧气消耗量与二氧化碳产生量推算,可以评估运动过程的实际能量消耗,还可以用来评量运动时的脂肪与葡萄糖消耗比例。运动饮料是运动人群补糖的重要途径,糖浓度可以影响胃排空的时间,从而改变糖吸收入血的速度。如果浓度太高,胃排空就减慢,小肠吸收水也受影响。如果糖浓度太低,则不能满足机体对外源性能量的需求。由于糖浓度达到 8% 时,小肠内水的吸收显著地减少。所以,饮料中的糖浓度以低于 8% 为宜,建议采用 5%~8%。

如果以低聚糖为主,配以蔗糖、葡萄糖和果糖,可调到 11%。低聚麦芽糖(聚糖类)+葡萄糖、低聚麦芽糖+果糖、低聚麦芽糖+蔗糖进行复合使用提供碳水化合物,避免因糖浓升高而渗透压增大。

2. 渗透压

人体血液的正常血浆渗透压范围为 280~320mmol/L,在此范围内为等渗，相对应而言，低于血浆渗透压的为低渗，高于血浆渗透压的为高渗。医院临床上常用的 0.9％氯化钠溶液（生理盐水）、5％葡萄糖溶液是等渗溶液。体液渗透压过高或过低均可引起机体功能的紊乱。要使饮料中的水及其他营养成分尽快通过胃，并充分被吸收，饮料的渗透压要比血浆渗透压低，即低渗饮料，而饮料中所含糖和电解质的种类和量是饮料渗透压的直接决定者。

渗透压浓度影响胃排空和小肠的吸收。但是，当溶液的渗透压浓度在 243～374mmol/L 的范围时，胃的排空速率不受影响。因此，饮料的渗透压浓度在 250～370 毫渗透压为佳。通常采用低渗浓度的饮料，提高饮料的吸收速度，减少对运动员胃肠的刺激。

3. 口感

运动饮料首先是饮料，所以其口味应该向饮料看齐。必须考虑运动饮料的口感，同时比较一下各种运动饮料对运动员的刺激程度，进行调整，以利于饮用。

4. 相关规定

运动饮料的各项规定应符合《运动饮料》、《食品添加剂使用卫生标准》的各项规定。

四、设计评价

按国家标准 GB 15266—2009《运动饮料》进行评价。
技术要求如下：

1. 原辅材料

① 应符合相应原辅材料的相应标准和有关规定。
② 不得添加世界反兴奋剂机构（WADA）最新规定的禁用物质。

2. 感官要求

产品应具有应有的色泽、滋味,不得有异味、异臭,无正常视力可见的外来杂质。

3. 理化指标

① 理化指标应符合表 8-13 的规定。

表 8-13 理化指标

项目	指标
可溶性固形物(20℃时折光计数法)/%	3.0～8.0
钠/(mg/L)	50～1200
钾/(mg/L)	50～250

② 需稀释或冲溶饮用的产品,按标签标注的稀释或冲溶倍数加水混匀后,理化指标应符合表 8-13 的规定。

4. 食品添加剂和食品营养强化剂

① 应当符合 GB 2760 和 GB 14880 的规定。

② 抗坏血酸、硫胺素及其衍生物、核黄素及其衍生物或可添加成分的用量应符合限量。在直接饮用产品中,抗坏血酸不超过 120mg/L;硫胺素及其衍生物为 3～5mg/L;核黄素及其衍生物为 2～4mg/L。

5. 卫生指标

固体饮料应符合 GB 7101、不含气体产品应符合 GB 16322、含气液体产品应符合 GB 2759.2 的规定。

五、参考配方

1. 用于旅游、运动的等渗饮料

葡萄糖　　　　　73.52kg　　　维生素 C　　　　0.48kg

三氯蔗糖	0.16kg	苯甲酸钠	80g
食用色素	20g	氯化钠	1.6kg
香精	0.16kg	磷酸二氢钠	0.56kg
无水柠檬酸	3.2kg	加水至 1000L	
磷酸二氢钾	0.48kg		

2. 电解质等渗饮料

葡萄糖	20.07kg	三氯蔗糖	0.65kg
磷酸二氢钾	3.6kg	氯化钠	2.96kg
香精	1.75kg	食用色素	40g
维生素 C	0.42kg	柠檬酸	9.73kg
氯化钾	0.87kg	柠檬酸钠	2.36kg
蔗糖	20.07kg	加水至 1000L	

3. 低渗运动饮料

蔗糖	55kg	多种低聚糖	20kg
氯化钠	1kg	柠檬酸	1.8kg
柠檬香精	1kg	加水至 1000L	

参 考 文 献

[1] 黄玉媛，杜上鉴主编. 精细化工配方研究与产品配制技术（上册）. 广州：广东科技出版社，2003.
[2] 肖丽娟等. 食品添加剂的复配. 中国食品添加剂，2005，（1）：49-52.
[3] 曹雁平编著. 食品调味技术. 北京：化学工业出版社，2002.
[4] 胡国华编著. 功能性食品胶. 北京：化学工业出版社，2004.
[5] 黄来发主编. 食品增稠剂. 北京：中国轻工业出版社，2000.
[6] 汉斯·莫利特等著. 乳液、悬浮液、固体配合技术与应用. 北京：化学工业出版社，2004.
[7] 屠康等. 食品物性学. 南京：东南大学出版社，2006.
[8] 蔡云升等. 新版糖果巧克力配方. 北京：中国轻工业出版社，2002.
[9] 曹雁平. 食品调色技术. 北京：化学工业出版社，2003.
[10] 张水华等. 食品感官分析与实验. 北京：化学工业出版社，2006.
[11] 胡国华主编. 复合食品添加剂. 北京：化学工业出版社，2006.
[12] 连军强. 天然香辛料在肉制品中的使用原则与作用. 肉类工业，2003，（12）：37-38.
[13] 尤新主编. 功能性低聚糖生产与应用. 北京：中国轻工业出版社，2004.
[14] 刘晶晶. 苦味机理及苦味物质的研究概况. 食品科技，2006，（8）：22-23.
[15] 宁辉，廖国洪. 肉制品调香调味整体策划与设计. 中国调味品，2001，（3）：27-32.
[16] 高桂英等. 复合香辛调味料的功能及生产. 中国调味品，1993，（6）：9-11.
[17] 周晓媛等. 发酵辣椒的风味调配. 中国食品添加剂，2004，（5）：85-88.
[18] 宋莲军. 鸡腿菇保健饮料的工艺探讨. 食品工业科技，2005，（7）：158-159.
[19] 李宏梁等. 食品添加剂对乳酸菌饮料稳定性及口感的影响. 食品工业，2004，（6）：38，45.
[20] 吴晖等. 新型营养保健果胶软糖的研制. 食品工业，2004，（6）：18-19.
[21] 黄来发主编. 蛋白饮料加工工艺与配方. 北京：中国轻工业出版社，1996.
[22] 怀丽华等. 磷酸盐对面条品质影响研究. 郑州工程学院学报，2003，（4）：49-51.
[23] 鲍丽敏. 复合面条改良剂的研究. 粮食与饲料工业，2002，（5）：8-9.
[24] 潘欣等. 大豆多肽方便面的研制. 粮油加工与食品机械，2005，（5）：77-78.
[25] 杜艳等. 复合磷酸盐对去骨块状火腿品质改良的研究. 肉类研究，2005，（11）：28-30.
[26] 吕兵等. 肉制品保水性的研究. 食品科学，2000，（4）：23-26.
[27] 李蜜等. 磷酸盐对酸性乳稳定性的影响. 食品科技，2005，（1）：62-64.
[28] 杨健等. 面团 pH 对馒头膨松效果的影响. 食品工业科技，2002，（8）：28-29.
[29] 董少华等. 无铝油条膨松剂配方的优化. 河南工业大学学报（自然科学版），2005，（2）：33-35.

[30] 高建华等. 非油炸甘薯脆片的工艺研究. 食品工业科技, 2000, (6): 45-46.
[31] 殷七荣. 脆香豆的研制. 常德师范学院学报 (自然科学版), 2001, (2): 75-76.
[32] 于新等. 非油炸芋头脆片加工工艺的研究. 广州食品工业科技, 2004, (4): 64-66, 68.
[33] 张晓云等. 真菌复合酶制剂对面包品质改良作用的研究. 中国粮油学报, 2003, (1): 21-23.
[34] 蒋晓玲. 面包改良剂配方的研究. 食品工业科技, 2005, (9) 154-156.
[35] 杜荣茂. 复配型面包品质改良剂的实验研究. 粮油食品科技, 2005, (3): 24-25.
[36] 于明等. 面包专用粉复合改良剂研究. 新疆农业科学, 2003, (6): 332-336.
[37] 赵凯等. 低热量果冻的开发研究. 食品工业科技, 2004, (7): 85-87, 90.
[38] 缪铭. 甜玉米营养果冻的研制. 食品工业科技, 2004, (11): 114-116.
[39] 刘树兴. 复合魔芋胶果冻的研制. 食品科技, 2002, (10): 30-32.
[40] 周先汉等. 蜂蜜果冻的研制. 食品工业科技, 2002, (12): 58-59.
[41] 于新等. 银杏果冻加工工艺研究. 广州食品工业科技, 2004, (4): 59-61.
[42] 宗留香等. 杜仲茶果冻的研究. 食品工业科技, 2005, (4): 140-142.
[43] 程道梅. 绿茶果冻的制作. 农产品加工 (学刊), 2005, (1): 53-55.
[44] 宋照军等. 山药保健果冻的研制. 食品工业科技, 2002, (2): 58-60.
[45] 李向红等. 藕粉果冻的研制. 食品科技, 2003, (8): 44-45, 48.
[46] 李宏梁等. 冰淇淋复合乳化稳定剂流变特性及其应用的研究. 中国食品添加剂, 2001, (4): 45-48.
[47] 刘梅森等. 一种含活性乳酸菌的酸奶软冰淇淋的研制. 食品与机械, 2005, (6): 73-75.
[48] 刘梅森等. 酸奶软冰淇淋粉的研制. 冷饮与速冻食品工业, 2006, (1): 12-14.
[49] 侯振建等. 酸奶冰淇淋的配方及工艺条件. 食品与机械, 2003, (6): 37-38.
[50] 杨劲松等. 低脂低糖酸奶冰淇淋的研制. 江苏食品与发酵, 2000, (1): 12-15.
[51] 段善海等. 低能量保健冰淇淋的开发研究. 食品工业科技, 2005, (5): 84-86.
[52] 赵玉巧等. 发酵黑小麦冰淇淋的研制. 食品工业, 2004, (1): 12-13.
[53] 鄂卫峰. 杏仁冰淇淋的制作工艺研究. 乳业科学与技术, 2005, (5): 210-212.
[54] 徐群英. 银杏冰淇淋的研制. 食品工业, 2001, (1): 6-7.
[55] 张海华等. 营养型甜玉米冰淇淋的开发研究. 食品科技, 2005, (4): 57-59, 62.
[56] 汪建明等. 凝胶珠冰淇淋的研制. 中国乳品工业, 2000, (4): 13-15.
[57] 梁敏. 营养麦胚胡萝卜冰淇淋的研制. 食品工业科技, 2004, (9): 108-110.
[58] 赵培城、倪裕强. 豆奶的乳化与增稠. 食品与发酵工业, 1993, (1): 32-36.
[59] 赵谋明等. 多糖对大豆蛋白在水相介质中乳化特性的影响研究. 食品工业科技, 2002, (6): 31-34.

[60] 白卫东, 王琴. 豆奶稳定性的研究. 现代食品科技, 2006, (1): 5-7.
[61] 容元平等. 红豆奶加工工艺和配方研究. 广西工学院学报, 2004, (3): 45-48.
[62] 陈根洪等. 花生奶的研制. 食品工业科技, 2004, (6): 91-92.
[63] 侯彦喜. 营养型花生乳的研究. 郑州工程学院学报, 2004, (2): 64-66.
[64] 任亚梅等. 花生乳稳定性研究. 西北农林科技大学学报（自然科学版）, 2005, (12): 159-162.
[65] 张钟等. 花生奶茶的开发研制. 饮料工业, 2003, (4): 18-21.
[66] 李彬, 张向东. 添加剂对核桃乳的稳定效果研究. 商洛师范专科学校学报, 2005, (2): 40-42.
[67] 周玉宇, 吕兵. 核桃奶饮料的研制. 食品科技, 2006, (2): 69-72.
[68] 张京芳, 陈思思. 加酸核桃红枣复合饮料加工工艺研究. 西北农林科技大学学报, 2005, (33): 81-84.
[69] 马利华等. 核桃红果乳的研制. 食品研究与开发, 2006, (4): 90-92, 89.
[70] 杨胜敖等. 金针菇核桃乳饮料工艺的研究. 食品工业科技, 2005, (8): 122-123, 125.
[71] 叶暾昊. 松籽汁饮料复合稳定剂的研制. 应用科技, 2000, (1): 26-27.
[72] 林媚, 方修贵. 南瓜籽保健饮料的研制. 食品工业科技, 2002, (1): 44-45.
[73] 任亚梅等. 南瓜籽饮料的研制. 饮料工业, 2004, (5): 25-28.
[74] 杨富民. 南瓜籽乳饮料的研制. 甘肃农业大学学报, 2002, (4): 452-455.
[75] 程超等. 葛仙米饮料的研制. 食品科学, 2003, (8): 59-61.
[76] 张佳程等. 芝麻奶的工艺及其稳定性研究. 中国乳品工业, 2006, (1): 32-34.
[77] 张佳程等. 可可奶稳定剂的研究. 中国供销商情·乳业导刊, 2004, (6): 24-25.
[78] 樊黎生. 新型甘薯乳饮料的研制. 饮料工业, 2001, (5): 32-34.
[79] 邓放明等. 马铃薯奶饮料生产工艺的研究. 饮料工业, 2000, (5): 37-39.
[80] 曹凯光. 乳化稳定剂对红薯奶稳定性影响的研究. 食品科技, 2002, (8): 46-48.
[81] 刘福林等. 红薯原汁饮料的研制. 石河子大学学报（自然科学版）, 2001, (1): 63-64.
[82] 刘福林等. 野巴旦杏蛋白饮料的研制. 石河子大学学报（自然科学版）, 2002, (4): 327-329.
[83] 张淑平等. 巴旦木的营养评价及乳饮料的开发. 食品工业科技, 2000, (1): 36-38.
[84] 杜世祥. 我国传统香料香精的防腐功能. 中国食品添加剂, 1999, (3): 33-37.
[85] 乔旭光等. 大蒜油的防腐杀菌作用研究. 山东农业大学学报（自然科学版）, 2001, (3): 275-279.
[86] 关洪全等. 生姜与食盐协同对食品防腐作用的基础研究. 中国微生态学杂志, 2000, (3): 139-141.
[87] 周辉等. 新型复合防腐剂及其在三文治火腿中的应用研究. 食品工业, 2005,

(6): 48-50.

[88] 郑立红等. 腊肉复合保鲜剂的筛选研究. 肉类研究, 2005, (9): 35-37.
[89] 林琳等. 用复合防腐剂延长红肠货架期的研究. 肉类工业, 2003, (2): 14-17.
[90] 李爱江等. 低温灌肠肉制品中复合防腐剂的研究. 肉类工业, 2006, (1): 20-23.
[91] 朱俊晨等. 挥发型面包复合防腐剂的研究. 食品科技, 2004, (2): 63-65.
[92] 陈俊标等. 食用抗氧化剂对花生油抗氧化活性的影响. 广东农业科学, 2005, (6): 71-72.
[93] 李书国等. 油脂复合抗氧化剂抗氧化协同增效作用的研究. 粮油加工与食品机械, 2004, (40): 42-44.
[94] 王毕妮等. 松籽油的抗氧化稳定性研究. 食品工业科技, 2005, (7): 96-98.
[95] 梁艳等. 一种含有竹叶黄酮的复配型肉类食品添加剂的开发. 竹子研究汇刊, 2004, (4): 46-50.
[96] 齐占峰. 食品防腐栅栏技术在肉制品生产中的应用. 肉类工业, 2004, (7): 23-27.
[97] 何唯平. 食品防腐剂概念. 中国食品添加剂, 2004, (5): 37-40.
[98] 王卫主编. 现代肉制品加工实用手册. 北京: 科学技术文献出版社, 2002.
[99] 李景明等. 食品营养强化技术. 北京: 化学工业出版社, 2006.
[100] 钟耀广主编. 功能性食品. 北京: 化学工业出版社, 2004.
[101] 党毅等. 中药保健食品研制与开发. 北京: 人民卫生出版社, 2002.
[102] 郑建仙编著. 功能性食品典型配方和关键技术. 北京: 科学技术出版社, 2005.
[103] 侯振建编著. 食品添加剂及其应用技术. 北京: 化学工业出版社, 2004.
[104] 范青生主编. 保健食品配方原理与依据. 北京: 中国医药科技出版社, 2007.
[105] 梁世杰等. 运动饮料配方设计概论. 饮料工业, 2003, (3): 1-7.
[106] 李书国等. 我国营养强化面粉现状及关键技术的研究. 粮食与饲料工业, 2005, (10): 6-8.
[107] 左曙辉, 孙程. 膳食补充片剂（胶囊）的生产. 中国食品添加剂, 2004, (2): 70-74, 92.
[108] 陈正行, 狄济乐主编. 食品添加剂新产品与新技术. 南京: 江苏科学技术出版社, 2002.